普通高等教育电气工程与自动化（应用型）"十二五"规划教材

电力拖动自动控制系统

周渊深　陈　涛　朱希荣　宋永英　许开其　周玉琴　编著

机械工业出版社

本书是一本将交直流调速技术和 MATLAB 仿真技术有机结合在一起的新颖教材。书中精简了传统的调速技术内容，重点介绍典型的直流和交流调速系统。本书加强了调速系统的实验内容，丰富了仿真实验和实物实验的内容，以满足应用型本科院校的教学需要。本书遵循理论和实际相结合的原则，具有如下特点：①典型的调速系统都配有相关的仿真实验和实物实验，做到学以致用；②书中安排了课程设计大纲、任务书、指导书和相关的设计资料，将实践内容与理论教学内容紧密结合；③本书采用基于调速系统原理框图的图形化仿真技术，其仿真方法与实物实验方法相似，仿真效果好；④每章开头有内容提要，章尾有习题。第 3、6、7 章的 MATLAB 仿真实验及课程设计内容等可发邮件到 zys62@126.com（或 yaxin_w74@126.com）索取。

全书共分 7 章，包括直流调速系统的基本原理与方法、直流调速系统的动态分析与设计、直流调速系统的 MATLAB 仿真以及实验与实训、交流调速系统的基本原理与方法、矢量控制的高性能异步电动机变频调速系统、交流调速系统的 MATLAB 仿真以及实验与实训、交直流调速系统课程设计。

本书可作为应用型本科学校的电气工程及其自动化、自动化、机械设计制造及其自动化等专业，以及高职高专、继续教育等学校的电气技术、工业电气自动化、机电一体化技术等专业学生的教材，也可作为电气爱好者和工程技术人员的参考用书。

图书在版编目（CIP）数据

电力拖动自动控制系统/周渊深等编著. —北京：机械工业出版社，2013.2
（2019.1 重印）
普通高等教育电气工程与自动化（应用型）"十二五"规划教材
ISBN 978 - 7 - 111 - 40411 - 8

Ⅰ．①电… Ⅱ．①周… Ⅲ．①电力传动—自动控制系统—高等学校—教材②自动控制系统—系统仿真—软件包—高等学校—教材 Ⅳ．①TP273②TM921.5

中国版本图书馆 CIP 数据核字（2012）第 273017 号

机械工业出版社（北京市百万庄大街 22 号 邮政编码 100037）
策划编辑：王雅新 责任编辑：王雅新
版式设计：霍永明 责任校对：闫玥红 丁丽丽
封面设计：张 静 责任印制：常天培
北京圣夫亚美印刷有限公司印刷
2019 年 1 月第 1 版第 3 次印刷
184mm × 260mm · 20.75 印张 · 513 千字
标准书号：ISBN 978 - 7 - 111 - 40411 - 8
定价：39.00 元

普通高等教育电气工程与自动化（应用型）"十二五"规划教材

编审委员会委员名单

主 任 委 员：刘国荣

副主任委员：

张德江　　梁景凯　　张　元　　袁德成　　焦　斌

吕　进　　胡国文　　刘启中　　汤天浩　　黄家善

钱　平　　王保家

委　　　员（按姓氏笔画排序）：

丁元明　　马修水　　王再英　　王　军　　叶树江

孙晓云　　朱一纶　　张立臣　　李先允　　李秀娟

李海富　　杨　宁　　陈志新　　周渊深　　尚丽萍

罗文广　　罗印升　　罗　兵　　范立南　　娄国焕

赵巧娥　　项新建　　徐建英　　郭　伟　　高　亮

韩成浩　　蔡子亮　　樊立萍　　穆向阳

前　言

本书根据应用型本科教学要求而编写，主要介绍典型的直流和交流调速系统，以及调速系统的仿真技术。本书针对应用型本科学生的特点，在内容上做到理论和实际相结合，强调工程应用，具有如下特点：

1）典型的调速系统配有相关的仿真实验和实物实验，做到学以致用。

2）书中安排的课程设计大纲、任务书、指导书和相关的设计资料，将实践内容与理论教学内容紧密结合。

3）为了加强实践教学，本书利用作者早期的科研成果，采用基于调速系统原理框图的图形化仿真技术，完成了交直流调速系统中典型系统的仿真实验。该仿真方法与实物实验方法相似，仿真效果好，简单易学，好理解。

本书除绪论外，分为7章：第1章直流调速系统的基本原理与方法，介绍典型的直流调速系统，以研究直流可控电源为线索讨论调速系统的主电路；在熟悉常用反馈检测装置的基础上，按照系统由简单到复杂的发展过程，介绍开环直流调速系统、单闭环直流调速系统、转速电流双闭环直流调速系统、可逆直流调速系统和脉宽（PWM – M）直流调速系统；着重介绍各种闭环控制系统的建立和系统的工程实现，学习分析调速系统的基本方法。本章按照调速系统不断改进和完善的过程编排内容。第2章直流调速系统的动态分析与设计，首先介绍传统的频率域对数频率特性（Bode 图）设计方法，然后重点介绍简洁的直流调速系统的工程设计方法。第3章直流调速系统的 MATLAB 仿真以及实验与实训，采用较新的 MATLAB7.6 版仿真软件，针对前述介绍的各种典型直流调速系统，运用面向调速系统原理框图的图形化仿真技术进行仿真实验；基于与课程相关的教学实验设备，介绍实物实验技术；适当进行直流调速系统的实例分析。第4章交流调速系统的基本原理与方法，介绍交流调压调速系统、串级调速系统和传统的变频调速系统，注重与直流调速系统进行对比分析；分别讨论了三种系统所涉及的晶闸管交流调压电源、串级调速系统的转子整流器和晶闸管有源逆变电源、变频调速系统使用的变频电源。第5章矢量控制的高性能异步电动机变频调速系统，重点介绍异步电动机高性能的矢量控制技术、矢量控制变频调速系统及其调节器的设计方法。第6章交流调速系统的 MATLAB 仿真以及实验与实训，应用 MATLAB 仿真软件，采用面向调速系统原理框图的图形化仿真技术，对各种典型的交流调速系统进行仿真实验；利用相关的教学实验设备进行实物实验；进行交流调速系统的实例分析。第7章交直流调速系统课程设计，根据交直流调速系统实践性强的特点，安排专业课程设计；给出课程设计大纲和课程设计任务书模板，提供基本的课程设计指导书和相关的设计资料，将实训内容与理论教学内容紧密结合。

本书按64学时理论教学内容编写。仿真实验可由学生在课后时间借助计算机自行完成；实物实验可结合课程教学安排 10～12 学时进行，建议完成5个实验项目；复杂和综合性实验可安排在专业实习中进行。课程设计时间以 2~3 周为宜。

　　本书是一本将交直流调速技术和 MATLAB 仿真技术以及实验与实训有机结合在一起的教材，通观全书，实践教学内容占了相当篇幅。本书第 3、6 章的仿真实验、实物实验和实例分析以及第 7 章的课程设计内容都具有典型性和独立操作性，具体内容可发邮件到 zys62@126.com（或 yaxin_w74@126.com）索取。

　　本书由江苏淮海工学院周渊深教授编写绪论和第 2 章；河南工程学院陈涛老师编写第 1 章；淮海工学院朱希荣副教授编写第 4、5 章；宋永英、许开其、周渊深编写 3、6、7 章，其中，淮海工学院宋永英高级实验师和江苏省溧阳市电子电器设备厂的许开其高级工程师编写实验和课程设计指导书并对全部实物实验进行了试做，周渊深和宋永英完成仿真实验的调试和相关内容的编写；周玉琴老师绘制本书插图。全书由周渊深统稿。

　　在编写本书的过程中参阅和引用了部分兄弟院校的教材及国内外文献资料，对原作者也一并致谢。

　　由于作者水平有限和编写时间比较仓促，书中的疏漏和不妥之处，敬请读者批评指正。

作　者

目　录

绪　　论

1. 电力拖动控制技术的发展

现代工业生产中，各种生产工艺的实现大多采用电动机拖动生产机械来完成。随着生产工艺要求的提高，对生产机械和拖动的电动机也提出更高的要求：有的要求电动机能迅速起动、制动和反转；有的要求多台电动机之间的转速按一定的比例协调运动；有的要求电动机达到极慢的稳速运动；有的要求电动机起、制动平稳，并能准确地停止在给定的位置。而各种拖动系统都是通过控制转速（更本质地说，是控制电动机的转矩）来实现的，因此，调速控制技术是最基本的电力拖动控制技术。电力拖动控制技术是一门以被控电动机的转速为研究对象，根据生产工艺的各种要求，应用自动控制理论建立交直流调速控制系统，使生产过程实现自动化的自动控制学科。

电力拖动控制技术主要包括直流调速控制技术和交流调速控制技术。

2. 交直流调速控制技术的发展概况

（1）直流调速控制技术发展概况

直流调速系统的主要优点在于调速范围广、静差率小、稳定性好以及具有良好的动态性能。在高性能的拖动技术领域中，相当长时期内几乎都采用直流电力拖动系统。按供电方式不同，它可分为交流拖动的直流发电机的旋转变流机组供电、汞整流器供电、相控整流器供电和脉宽调制（PWM）变换器供电等类型。

目前，我国直流调速控制技术的发展趋势主要有以下几个方面：

1）提高调速系统的单机容量。

2）提高电力电子器件的生产水平，使变流器结构变得简单、紧凑。

3）提高控制单元水平，使其具有控制、监视、保护、诊断及自修复等多种功能。

（2）交流调速控制技术发展概况

交流电动机自1885年出现后，由于一直没有理想的调速方案，因而只被应用于恒速拖动领域。20世纪70年代后，矢量控制、直接转矩控制、无速度传感器等交流调速控制技术的发展方兴未艾，各种智能控制策略不断涌现，展现出更为广阔的应用前景，必将进一步推动交流调速控制技术的发展。

3. 控制系统的计算机仿真

控制系统的计算机仿真是一门涉及控制理论、计算数学与计算机技术的综合性新型学科，它是以控制系统的数学模型为基础、以计算机为工具、对系统进行实验研究的一种方法。系统仿真就是用模型（即物理模型或数学模型）代替实际系统进行实验和研究。由于计算机仿真能够为各种实验提供方便、廉价、灵活可靠的数学模型，因此，凡是要用模型进行实验的，几乎都可以用计算机仿真来研究被仿真系统的工作特点、选择最佳参数和设计最合理的系统方案。随着计算机技术的发展，计算机仿真越来越多地取代纯物理仿真，为控制系统的分析、计算、研究、综合设计以及自动控制系统的计算机辅助教学提供了快速、经济、科学及有效的手段。

目前，较流行的控制系统仿真软件是 MATLAB，传统的仿真方法是以控制系统的传递函数为基础，使用 MATLAB 的 Simulink 工具箱对其进行计算机仿真研究。本教材应用一种面向控制系统原理框图、使用 SimPower System 工具箱进行调速系统仿真的新方法。

4. 交直流调速系统的分类

随着科学技术的不断发展，交直流调速系统的应用越来越广泛。按生产机械要求控制的物理量来分类，交直流调速控制系统可分为以下类型：

1）速度控制系统。即调速控制系统，例如发动机的转速调节、磁带的速度调节等。调速控制系统又可分为直流调速和交流调速两种，又常称为直流传动系统和交流传动系统。

2）位置控制系统。即位置随动（伺服）系统，例如液面位置的控制、雷达方位角的控制、火炮角位置的控制、机械加工中的轨迹控制等。

3）张力控制系统。例如在加工各种带材和线材的过程中，必须保持一定的卷进卷出张力，才能使带材卷得紧而齐，线材拉得粗细均匀而不断。

4）多电机同步控制系统。即整个系统中有多个传动点，每个传动点由一个电动机拖动单元拖动，组成了多单元同步控制系统。系统中各单元应能同时按规定的速比稳速运行，并有良好的统调、单调性。系统对起、制动要求一般不高，起动时，一般缓慢均匀协调升速，制动时要求停车迅速协调。

5. 调速控制系统的技术指标

不同的生产机械，因生产工艺的不同，对控制系统的性能指标要求也有所不同，归纳起来有下列三个方面：

1）调速：在一定的最高转速和最低转速范围内，有级或无级地调节转速；

2）稳速：以一定的精度在要求的转速上稳定运行，不因各种可能的外来扰动（负载变化、电网电压波动等）而产生过大的转速波动，以确保产品质量；

3）加、减速控制：对频繁起、制动的设备要求尽可能快地加、减速，缩短起、制动时间，以提高生产效率；对不宜经受剧烈速度变化的机械，则要求起、制动尽可能的平稳。

上述三方面要求，可具体转化为调速系统的稳态和动态两方面的性能指标。

（1）稳态性能指标

所谓稳态性能指标是指系统稳定运行时的性能指标，例如调速系统稳定运行时的调速范围和静差率等。下面具体介绍调速系统中的稳态性能指标。

1）调速范围。交直流调速控制系统的调速范围是指电动机在额定负载下，运行的最高转速与最低转速之比，用 D 表示，即

$$D = \frac{n_{max}}{n_{min}} \tag{0-1}$$

对于调压调速系统来说，电动机的最高转速 n_{max} 等于其额定转速 n_{nom}。D 越大，说明系统的调速范围越宽。对于少数负载很轻的机械，例如磨床，也可以用实际负载时的转速来定义调速范围。

根据这个指标的大小，交直流调速控制系统可分为：①$D < 3$，为调速范围小的系统；②$3 \leqslant D < 50$，为调速范围中等的系统；③$D \geqslant 50$，为宽调速范围的系统。现代交直流调速控制系统的调速范围可以做到 $D \geqslant 10000$。

2）静差率。当系统在某一转速下运行时，负载由理想空载增加到额定值所引起的额定

转速降落 Δn_{nom} 与理想空载转速 n_0 之比，称作静差率，用 s 表示，即

$$s = \frac{\Delta n_{\text{nom}}}{n_0} = \frac{n_0 - n_{\text{nom}}}{n_0}$$

或用百分数表示

$$s = \frac{\Delta n_{\text{nom}}}{n_0} \times 100\% \qquad (0\text{-}2)$$

静差率用来表示负载转矩变化时电动机转速变化的程度，它与机械特性的硬度有关，特性越硬，静差率越小，转速稳定度越高。

然而静差率和机械特性硬度又是有区别的。如图 0-1 所示，a 和 b 为两个调压调速系统的机械特性，两者的硬度相同，即额定转速降 $\Delta n_{\text{n,a}} = \Delta n_{\text{n,b}}$；但它们的静差率却不同，其原因是理想空载转速不同。根据式（0-2）的定义，由于 $n_{0a} > n_{0b}$，因此 $s_a < s_b$。这就是说，对于同样硬度的特性，理想空载转速越低，静差率越大，转速的相对稳定度也越差。在一个交直流调速系统中，如果能满足最低速时的静差率要求，则大于最低速时的静差率一般都能满足要求。所以，一般所提的静差率要求，都是指系统在最低速时的静差率指标。

图 0-1　不同转速下的静差率

调速范围和静差率这两项指标是相互联系的。例如，若额定负载时的额定转速降 $\Delta n_{\text{nom}} = 50\text{r/min}$，则：当理想空载转速 $n_0 = 1000\text{r/min}$ 时，转速降占 5%；当 $n_0 = 500\text{r/min}$ 时，转速降占 10%；当 $n_0 = 50\text{r/min}$ 时，转速降占到 100%，电动机就停止转动了。由此可见，离开了对静差率的要求，调速范围便失去了意义。也就是说，一个调速系统的调速范围，是指在最低速时满足静差率要求下系统所能达到的最大调速范围。脱离了对静差率的要求，任何调压调速系统都可以得到极高的调速范围；脱离了调速范围，静差率要满足要求也就容易得多了。

3）D、s 和 Δn_{nom} 之间的关系。因为调速系统的静差率是指系统工作在最低速时的静差率，即

$$s = \frac{\Delta n_{\text{nom}}}{n_{0\min}}$$

于是有 $n_{\min} = n_{0\min} - \Delta n_{\text{nom}} = \frac{\Delta n_{\text{nom}}}{s} - \Delta n_{\text{nom}} = \frac{1-s}{s} \Delta n_{\text{nom}}$，代入调速范围的表达式 $D = \frac{n_{\max}}{n_{\min}}$，得

$$D = \frac{s n_{\text{nom}}}{\Delta n_{\text{nom}}(1-s)} \qquad (0\text{-}3)$$

式（0-3）表示调速范围、静差率和额定转速降之间所应当满足的关系。对于同一个调速系统，它的特性硬度或 Δn_{nom} 值是一定的，因此由式（0-3）可见，如果要求的静差率 s 越小，则系统能够达到的调速范围越小。

例如，某调速系统的额定转速 $n_{\text{nom}} = 1450\text{r/min}$，额定转速降 $\Delta n_{\text{nom}} = 80\text{r/min}$，当要求静率差 $s \leqslant 25\%$ 时，系统能达到的调速范围是

$$D = \frac{s n_{\text{nom}}}{\Delta n_{\text{nom}}(1-s)} = \frac{0.25 \times 1450}{80(1-0.25)} = 6.04$$

如果要求 $s \leqslant 15\%$ ，则调速范围只有

$$D = \frac{sn_{\text{nom}}}{\Delta n_{\text{nom}}(1 - s)} = \frac{0.15 \times 1450}{80(1 - 0.15)} = 3.20$$

当对 D、s 都提出一定要求时，为了满足要求，就必须使 Δn_{nom} 小于某一个值。可见调速要解决的问题就是如何减少转速降落。

（2）动态性能指标

交直流调速系统在动态过程中的指标称为动态性能指标。由于实际系统存在着电磁和机械惯性，因此，转速调节时总有一个动态过程。衡量交直流调速系统动态性能的指标可分为跟随性能指标和抗扰性能指标两类。

1）跟随性能指标。交直流调速系统的跟随性能指标一般用零初始条件下系统对阶跃输入信号的输出响应过程来表示，系统的阶跃响应曲线和跟随过程如图0-2所示。主要跟随性能指标如下：

①上升时间 t_r：在阶跃响应过程中，输出量从零开始，第一次上升到稳态值 C_∞ 所经历的时间称为上升时间，它反映了系统动态响应的快速性。

②超调量 $\sigma\%$：在阶跃响应过程中，输出量超出稳态值的最大偏差与稳态值之比的百分值，称为超调量，即

$$\sigma\% = \frac{C_{\text{max}} - C_\infty}{C_\infty} \times 100\% \tag{0-4}$$

超调量反映了系统的相对稳定性，超调量越小，相对稳定性越好，动态响应越平稳。

③调节时间 t_s：在阶跃响应过程中，输出衰减到与稳态值之差进入 $\pm 5\%$ 或 $\pm 2\%$ 的允许误差范围之内所需的最小时间称为调节时间，又称为过渡过程时间。调节时间是用来衡量系统整个调节过程快慢的，调节时间 t_s 越小，系统响应的快速性越好。

图0-2　阶跃响应曲线和跟随过程

在实际系统中，快速性和稳定性往往是相互矛盾的。减小了超调量往往就延长了过渡过程时间；缩短了过渡过程时间却又增大了超调量。对于一般要求的系统，可以根据生产工艺的要求，哪一方面的性能是主要的，就以哪一方面为主。对于特殊要求的较高性能的系统，还可以考虑采用一些综合性的优化性能指标。

2）抗扰性能指标。当控制系统在稳定运行过程中受到电动机负载变化、电网电压波动等干扰因素的影响时，会引起输出量的变化，经历一段动态过程后，系统总能达到新的稳态。这一恢复过程就是系统的抗扰过程。系统稳定运行中突加一个使输出量降低的扰动以后的动态过程和抗扰过程如图0-3所示。主要抗扰性能指标如下：

①动态降落 $\Delta C_{max}\%$：系统稳定运行时，突加一个扰动量 N，在过渡过程中引起输出量的最大降落值称为动态降落，一般用输出量原稳态值 $C_{\infty1}$ 的百分数表示，即

$$\Delta C_{max}\% = \frac{\Delta C_{max}}{C_{\infty1}} \times 100\% \tag{0-5}$$

当输出量在动态降落后又恢复到新的稳态值 $C_{\infty2}$ 时，偏差 $C_{\infty1} - C_{\infty2}$ 表示系统在该扰动作用下的稳态降落，动态降落一般都大于稳态降落。

②恢复时间 t_v：从阶跃扰动作用开始，到输出量恢复到与新稳态值 $C_{\infty2}$ 之差进入 $C_{\infty2}$ 的 $\pm5\%$ 或 $\pm2\%$ 范围之内所需的时间，称为恢复时间 t_v，如图 0-3 所示。一般来说，阶跃扰动下输出量的动态降落越小，恢复时间越短，系统的抗扰能力越强。

t_m 的含义见图中标注。

图 0-3　突加扰动的动态过程和抗扰过程

实际控制系统对于各种动态性能指标的要求各异。例如，可逆轧钢机需要连续正反向轧制钢材多次，因而对系统的动态跟随性能和抗扰性能要求都较高；而一般不可逆的调速系统则主要要求有一定的抗扰性能，跟随性能好坏问题不大。数控机床的加工轨迹控制和仿形机床的跟踪控制要求有较严格的跟随性能；而雷达天线随动系统则对跟随性能和抗扰性能都有一定的要求。一般来说，调速系统的动态性能指标以抗扰性能为主，而随动系统的动态性能指标则以跟随性能为主。

第1章　直流调速系统的基本原理与方法

本章概述直流调速系统的基本概念和基本组成。在此基础上从最简单的开环系统入手，系统地介绍转速负反馈有静差和无静差调速系统、电压负反馈调速系统、转速电流双闭环调速系统以及可逆调速系统的组成、工作原理、稳态分析及稳态参数计算；叙述限流保护——电流截止负反馈的工作原理；简述转速微分负反馈对转速超调的抑制。

1.1　直流调速系统的基本概念

直流电动机具有良好的运行和控制特性，长期以来，直流调速系统在调速领域一直占据着垄断地位。虽然近年来交流调速系统发展很快，并有望取代直流调速系统，但就目前而言，直流调速仍然是自动调速系统的主要形式，在许多工业部门，如轧钢、矿山采掘、纺织、造纸等需要高性能调速的场合仍有着广泛的应用。而且由于直流调速系统在理论和实践方面都比较成熟，从控制技术的角度来看，它又是交流调速系统的基础，因此，首先着重讨论直流调速系统是十分必要的。

1.1.1　直流电动机的调速方法

1. 直流他励电动机供电原理框图

直流他励电动机供电原理框图如图 1-1 所示。

图1-1　直流他励电动机供电原理框图

2. 直流他励电动机电气方程

由图 1-1 可得直流他励电动机的有关电气方程如下：

$$U_{d0} = E + I_d(R_n + R_a + R_l)$$
$$= E + I_d R$$
$$E = C_e n = K_e \Phi n$$
$$n = \frac{E}{K_e \Phi} = \frac{U_{d0} - I_d R}{K_e \Phi} = \frac{U_d - I_d R_a}{K_e \Phi} \tag{1-1}$$

式中，U_{d0} 为电枢供电直流电源的空载电压；U_d 为电枢电压；E 为电枢电动势；R 为电枢回路总电阻，$R = R_n + R_a + R_l$；R_n 为直流电源内阻；R_a 为电枢电阻；R_l 为线路或外接电阻；n

为转速，单位为 r/min；Φ 为励磁磁通；C_e 为电动机的电动势转速比，$C_e = K_e\Phi$；K_e 为由电动机结构决定的电动势系数。

3. 直流他励电动机的调速方法

由直流他励电动机转速方程可见，有三种调节转速的方法，即调节电枢供电电压 U_{d0}、减弱励磁磁通 Φ 和改变电枢回路总电阻 R。

（1）调节电枢供电电压的调速

从式（1-1）可知，当磁通 Φ 和电阻 R 一定时，改变电枢供电电压 U_{d0}，可以平滑地调节转速 n，机械特性将上下平移，如图 1-2 所示。由于受电动机绝缘性能的影响，电枢电压只能向小于额定电压的方向变化，所以这种调速方式只能在电动机额定转速以下调速。对于要求在一定范围内无级平滑调速的系统来说，以调节电枢供电电压方式为最好，因此调压调速也是调速系统的主要调速方式。

（2）减弱励磁磁通的调速

减弱励磁磁通的调速也称弱磁调速，由式（1-1）可知，当 U_{d0} 和 R 不变时，减小 Φ（考虑到直流电动机额定运行时，磁路已接近磁饱和，因此励磁磁通只能向小于额定磁通的方向变化），电动机转速将高于额定转速，其机械特性向上移动，机械特性如图 1-2 中虚线以上部分所示。

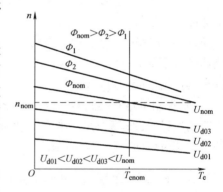

由于弱磁调速是在额定转速以上调速，电动机最高转速受换向器和机械强度的限制，其调速范围不可能太大。在实际生产中，往往只是配合调压调速，在额定转速以上作小范围的升速。这样，调压与调磁相结合，可以扩大调速范围。

（3）改变电枢回路电阻的调速

改变电枢回路电阻的调速一般是在电枢回路中串接附加电阻，该调速方法损耗较大，只能进行有级调速，电动机的人为机械特性比固有特性软，通常只用于少数小功率场合。

图 1-2　直流他励电动机调压调速和
弱磁调速时的机械特性

1.1.2　直流调速系统的基本结构

直流调速系统是以直流电动机作为原动机拖动生产机械运动的一种传动系统。直流调速系统的基本结构如图 1-3 所示，一般由电源、变流器、电动机、控制器、传感器和负载（生产机械）组成。

图 1-3　直流调速系统的基本结构

直流调速系统的基本工作原理是，将控制指令（如速度给定指令）和传感器采集的反馈检测信号（如速度、电流和电压等）经过一定的处理，作为控制器的输入；控制器按一定的控制算法进行运算并输出相应的控制信号，控制变流器改变输入到电动机的电源电压等参数，使电动机改变转速；再由电动机驱动负载按照相应的控制要求运动。

根据图 1-3 所示系统的基本结构可以看出，直流调速系统由下列几部分组成：

1. 系统主电路

直流调速系统的主电路由电源、变流器、直流电动机等部件组成。直流电动机的控制是通过改变其供电电源来实现的。例如，改变直流电动机电枢电压或励磁电压的方向可以控制电动机的正反转；改变电枢电压或励磁电流的大小可以实现电动机的调速等。

当电源是交流电源时，为了给直流电动机供电，变流器应该采用整流器；当电源是直流电源时，为了改变提供给直流电动机电枢供电电压的大小，变流器通常采用直流斩波器或脉宽调制变换器。

2. 系统控制电路

直流调速系统的控制电路由控制指令装置、控制器、反馈信号检测装置等部件组成。

1）控制指令装置是产生控制系统工作的给定信号的部件。对直流调速系统而言，它发出速度给定信号。

2）反馈信号检测装置是构成反馈系统的重要部件。根据反馈控制原理，需要实时检测调速控制系统的各种状态，如电压、电流、转矩或转速等，因此，研究系统状态检测方法是提高其控制性能的重要课题。

3）控制策略和控制器的设计。任何自动控制系统的核心都是对控制方法的研究和控制策略的选择，调速系统也不例外，因此，研发或选择适当的控制方法或策略是实现自动速度控制系统时所面对的主要问题。

1.1.3 直流调速系统主电路中的可控直流电源

实现直流调压调速，首先要有一个平滑可调的直流电源。常用的可调直流电源有以下三种：

1）旋转变流机组。用交流电动机和直流发电机构成机组，以获得可调的直流电压。

2）相控整流器。用静止的相控整流器，如晶闸管可控整流器，以获得可调的直流电压。

3）直流斩波器或脉宽调制变换器。用恒定直流电源或不可控整流电源供电，利用直流斩波器或脉宽调制变换器产生可变的直流平均电压。

采用旋转式变流机组给直流调速系统供电，如图 1-4 所示。由交流电动机 M_1 拖动直流发电机 G 发电，发电机给需要调速的直流电动机 M 供电。调节发电机的励磁电流 I_f 可改变其输出电压 U，从而调节直流电动机的转速 n。这样的调速系统简称为 G-M 系统。

为了供给直流发电机和电动机励磁电流，通常专门设置一台直流励磁发电机 GE。因此，G-M 系统设备多、体积大、费用高、效率低、安装维护不便、运行有噪声。

随着 20 世纪 50 年代晶闸管的问世，从 60 年代开始，晶闸管控制的相控整流器逐渐取代了旋转变流机组，使直流调速系统产生了重大变革。相控整流器由工频交流电源供电，通过改变触发延迟角 α 的大小来控制输出直流电压，使得其响应时间在毫秒级，比旋转变流

图 1-4　旋转式变流机组供电的直流调速系统

机组快了 2~3 个数量级。由于没有运动部件，相控整流器也称为静止变流器；因为没有机械磨损和电磁火花，使得相控整流器体积更小、寿命更长；与旋转变流机组相比，相控整流器还有效率高、噪声小等诸多优点。相控整流器的主要缺点是功率因数低、负载谐波电流大，特别是当容量较大时，已成为不可忽视的"电力公害"，需要进行无功补偿和谐波治理。

　　脉宽调制（PWM）变换器，也称直流斩波器，是可控直流电源的另一种主要形式。它由固定的直流电源供电，通过调节全控型电力电子器件的通断占空比来控制输出电压的平均值。它首先被应用于直接由直流电源供电的直流电动机调速场合，例如城市电车驱动系统。随着全控型电力电子器件的不断发展，脉宽调制变换器的开关频率可以选择在超声频率范围，使得其响应速度达到 10μs 级，又比相控整流器高出 2~3 个数量级。在工频电源供电场合，可以先采用不可控整流得到固定的直流电压，再由脉宽调制变换器调节直流电压，使得在提高响应速度的同时，也提高了电源功率因数。

　　在中小功率直流调速范围内，以及要求快速响应的场合，脉宽调制变换器已经广泛应用，但在大功率及超大功率（兆瓦以上）直流调速范围内，相控整流器仍然是不可替代的。相控整流器和脉宽调制变换器的结构和工作原理已在电力电子技术课程中学习过，下面从直流调速系统分析和设计的要求出发，简单介绍这两种电源的控制特性。

1. 相控整流器

由相控整流器供电的直流调速系统原理框图如图 1-5 所示。

图 1-5　相控整流器供电的直流调速系统原理框图

　　触发装置 GT 将控制电压 u_{ct} 转换为移相触发脉冲，在触发脉冲的控制下晶闸管整流装置 VT 对交流电源进行整流，输出与 u_{ct} 成比例的直流电压 u_d，然后供电给直流电动机使用。

(1) 电路结构

相控整流器的主电路接线及运行象限有多种形式，图1-6所示为三种典型形式。

图1-6 相控整流器主电路接线及运行象限
a) 全控型 b) 半控（或有续流二极管）型 c) 可逆型

图1-6a所示为全控型相控整流器，最常用的是单相桥式或三相桥式电路。由于晶闸管的单向导电性，因此输出电流 i_d 只能取正值。当整流器工作于整流状态时，输出平均电压 U_d 为正，工作于第 I 象限，对应于直流电动机正向电动运行，此时能量由交流电网流向直流电动机；当整流器工作于逆变状态时，输出平均电压 U_d 为负，工作于第 IV 象限，对应于直流电动机反向再生制动（例如起重机下放重物），此时能量由直流电动机回馈交流电网。

图1-6b所示为半控型或有续流二极管的相控整流器，此时由于续流作用，输出平均电压 U_d 不可能为负，因此只能工作于第 I 象限，对应于直流电动机正向电动运行状态。

图1-6c所示为可逆相控整流器，它由一个正向晶闸管全控整流电路VF和一个反向晶闸管全控整流电路VR反并联组成。VF工作时输出直流电流 I_d 为正，直流电动机可分别工作于第 I 和第 IV 象限，与图1-6a中相同。VR工作时输出直流电流 I_d 为负，直流电动机工作于第 II 和第 III 象限；当VR工作于整流状态时，输出直流电压 U_d 为负，工作于第 III 象限，对应于直流电动机反向电动状态；当VR工作于逆变状态时，输出直流电压 U_d 为正，工作于第 II 象限，对应于直流电动机正向再生制动，此时能量由电动机回馈交流电网。

（2）控制特性

晶闸管相控整流器供电的直流电动机调速系统简称为 V-M 系统，如图 1-5 和图 1-6 所示。对于相控整流器而言，直流电动机是一个反电动势负载。晶闸管整流装置的输出电压平均值 U_d 与触发延迟角之间的关系可分三种情况考虑。

第一种情况是全控型整流电路工作于电流连续状态时，有稳态关系式

$$U_d = KU_2\cos\alpha \qquad (1-2)$$

式中，α 为触发延迟角；U_2 为交流电源相电压；K 为由电路结构决定的常数，例如三相全控桥式电路时，$K = 2.34$。

第二种情况是半控型整流电路工作于电流连续状态时，对于结构上对称的半控电路有稳态关系式

$$U_d = KU_2\frac{1+\cos\alpha}{2} \qquad (1-3)$$

式中，K 为由电路结构决定的常数，与全控或半控无关，与第一种情况数值相同。

"结构上对称"是指半控整流电路中晶闸管和整流二极管在拓扑上是对称的。

第三种情况是电流断续工作状态。当电枢电流断续时，由于电枢电压是一个反电动势负载，使得输出电压平均值偏离式（1-2）和式（1-3）而明显上升，且随着电流断续加重，电压上升更加明显。其特性在稍后的机械特性分析中再详细给出。

可控直流电源的控制特性是指图 1-5 中输入控制电压 u_{ct} 与输出电压平均值 U_d 的关系。输出量与输入量之间的放大系数 K_s 可以通过实测特性法或参数估算法得到。

实测特性法：先用试验方法测出该环节的输入/输出特性，即 $U_d(t) = f(U_{ct})$，如图 1-7 所示。

图 1-7　触发—整流环节输入/输出
特性 $U_d(t) = f(U_{ct})$

由图 1-7 可知，该特性是非线性的，只能在一定的工作范围内近似看成线性特性。应用中可按调速范围截取线性段，因而放大系数 K_s 可由线性段内的斜率决定，即

$$K_s = \frac{\Delta U_d}{\Delta U_{ct}} \qquad (1-4)$$

参数估算法：这是工程设计中常用的方法。例如，当触发器控制电压的调节范围为 $0 \sim 10V$ 时，对应整流器输出电压 U_d 的变化范围如果是 $0 \sim 220V$，则可估算得到 $K_s = 220/10 = 22$。

2. 脉宽调制变换器

脉宽调制（PWM）变换器有多种电路形式。本节讨论电路的结构、工作原理、控制特性等。

（1）电路结构与工作原理

1）单象限 PWM 变换器如图 1-8 所示。

当 VT 导通（t_{on} 期间）时，输出电压 $u_d = U_s$；当 VD 导通时 $u_d = 0$。一个载波周期 T_c 内输出电压平均值为

$$U_d = \frac{t_{on}}{T_c}U_s = DU_s \qquad (1-5)$$

式中，D 为占空比，$D = \dfrac{t_{on}}{T_c}$，由于 $0 \leqslant D \leqslant 1$，因此 $0 \leqslant u_d \leqslant U_s$。

输出电压 U_d 和电流 I_d 都是单方向的，因此该电路只能工作于第 I 象限，如图 1-8c 所示。

图 1-8 单象限 PWM 变换器的电压、电流波形和工作象限

a) 电路 b) 电压、电流波形 c) 工作象限

2) I、II 象限 PWM 变换器如图 1-9 所示。

图 1-9 I、II 象限 PWM 变换器

a) 电路 b) 电压、电流波形 c) 工作象限 d) 轻载时电流不会断续

当VT$_2$或VD$_2$导通（t_{on}期间）时，$u_d = U_s$；当VT$_1$或VD$_1$导通时，$u_d = 0$。在一个斩波周期内输出电压平均值为$0 \leq u_d \leq U_s$。

在图1-9b左图中$U_d > E_a$，使得$I_d > 0$，电路工作于第Ⅰ象限，PWM变换器工作于降压斩波（Buck）方式，直流电动机工作于正向电动状态。此时直流电源U_s输出能量，直流电动机吸收能量，如图1-9c所示。

在图1-9b右图中，$U_d < E_a$，使得$I_d < 0$，电路工作于第Ⅱ象限，PWM变换器工作于升压斩波（Boost）方式，直流电动机工作于正向再生制动状态。此时直流电动机（电枢电压E_a）输出能量，直流电源U_s吸收能量，也如图1-9c所示。

显然，图1-9a的二象限PWM变换电路只能输出正向电压$U_d > 0$，使直流电动机正向运转，属于不可逆PWM变换器。但是，由于电流I_d可以正反两个方向流动，使得在轻载，甚至空载（$I_d = 0$）时也不会发生电流断续，所以不会出现输出特性非线性，使得PWM变换器的控制特性和数学模型比相控整流电路更为理想。图1-9d所示为$I_d = 0$时的u_d和i_d波形。

由图1-9可知，电源电压U_s、输出电压平均值U_d和导通占空比$D = t_{on}/T_c$之间的关系与式（1-5）相同。

3）Ⅲ、Ⅳ象限PWM变换器如图1-10所示。

图1-10　Ⅲ、Ⅳ象限PWM变换器

a）电路　b）电压、电流波形　c）工作象限　d）轻载时电流不会断续

图1-10a所示为一个典型的Ⅲ、Ⅳ象限PWM变换器，图1-10b是其分别工作于第Ⅲ和

第Ⅳ象限时的电压和电流波形，这时输出电压平均值 $-U_s \leqslant U_d \leqslant 0$。

当电枢反电动势 E_a 的幅值小于 U_d 时，输出平均值电流 $I_d < 0$，PWM 变换器工作于第Ⅲ象限，为反向降压斩波（Buck），直流电动机工作于反向电动状态；当 $|E_a| > |U_d|$ 时，$I_d > 0$，PWM 变换器工作于第Ⅳ象限，为反向升压斩波（Boost），直流电动机工作于反向再生制动状态。同样地，图 1-10d 所示为轻（空）载时电流连续的情况。图 1-10c 是其工作象限示意图。由图可知，电源电压 U_s、输出平均电压 U_d 和导通占空比 $D = t_{on}/T_c$ 之间的关系为

$$U_d = -DU_s \leqslant 0 \tag{1-6}$$

4）将图 1-9a 和图 1-10a 结合起来，就得到一个 H 形桥式四象限 PWM 变换器，如图 1-11 所示。

图 1-11　H 形桥式四象限 PWM 变换器

a）电路　b）Ⅰ、Ⅱ象限电压、电流波形　c）Ⅲ、Ⅳ象限空载时电压、电流波形

当 VT$_3$ 导通、VT$_4$ 关断时，对 VT$_1$ 和 VT$_2$ 进行 PWM 控制，就是如图 1-9a 所示，可工作于Ⅰ、Ⅱ象限；当 VT$_3$ 关断、VT$_4$ 导通时，对 VT$_1$ 和 VT$_2$ 进行 PWM 控制，就是如图 1-10a 所示，可工作于Ⅲ、Ⅳ象限。由图 1-11a 的对称性可知，当 VT$_1$ 导通、VT$_2$ 关断时，控制 VT$_3$ 和 VT$_4$ 也可使其工作于第Ⅲ、Ⅳ象限；当 VT$_1$ 关断、VT$_2$ 导通时，同样控制 VT$_3$ 和 VT$_4$ 也可使其工作于第Ⅰ、Ⅲ象限。

表 1-1 示出了图 1-11 所示变换器可能的各种工作方式，表中"√"表示导通，"×"表示关断，"P"表示 PWM 控制。一个全控开关 VT 和一个二极管 VD 反并联称为一个拓扑开

关，在表 1-1 中，一个拓扑开关"导通"、"关断"或"PWM"控制，指的是这个开关中的 VT 或 VD 导通。在某一时刻具体是 VT 或 VD 哪个管子导通，由这个时刻的电流 i_d 的方向决定。

表 1-1　H 形桥式四象限 PWM 变换器工作状态

工作象限		VT_1	VD_1	VT_2	VD_2	VT_3	VD_3	VT_4	VD_4	电枢电流	调制方式
单象限方式	I	×	P	P	×	√	×	×	×	电流可能断续	单极型 PWM 控制
		×	×	√	×	P	×	×	P		
	II	P	×	×	P	×	√	×	×		
		×	×	×	√	×	P	P	×		
	III	√	×	×	×	×	P	P	×		
		P	×	×	P	×	×	√	×		
	IV	×	√	×	×	×	P	×	P		
		×	P	P	×	×	×	×	√		
二象限方式	I	P		P		√		×		电流连续	
	II	×		√		P		P			
	III	√		×		P		P			
	IV	P		P		×		√			
四象限方式		P		P		P		P			双极型 PWM 控制

　　由图 1-9b 和图 1-10b 可见，图 1-11 所示系统工作于单象限方式或二象限方式时，输出电压 u_d 都是单方向的。通过调节导通占空比 $0 \leqslant D \leqslant 1$，只可以调节输出电压平均值的幅值，但不能控制输出电压平均值的方向。这种控制方式称为单极型 PWM 控制方式。

　　在图 1-11b 中，当 1#和 4#拓扑开关导通时，$u_d = -U_s$；当 2#和 3#拓扑开关导通时，$u_d = U_s$。其中，左侧是 $U_d < E_a$ 使 $I_d < 0$ 的情况，右侧是 $U_d > E_a$ 使 $I_d > 0$ 的情况。这种 u_d 双向取值的控制方式称为双极型 PWM 控制方式。表 1-1 中的"四象限方式"是双极型 PWM 控制方式，其他都是单极型控制方式。

　　图 1-11b 所示为双极型 PWM 控制方式时的典型波形，由此可得输出电压平均值为

$$U_d = (2D - 1)U_s \tag{1-7}$$

　　式（1-7）中，占空比 $D = t_{on}/T_c$，与式（1-5）和式（1-6）相同。

　　图 1-11c 所示为直流电动机空载时的波形，显然在任何情况下，电枢电流 i_d 都不会断续。

　　由图 1-11 及以上分析可知，H 形桥式 PWM 变换器是一个可逆四象限变换器；当占空比 $D = 0.5$ 时，$U_d = 0$；当 $D < 0.5$ 时，$U_d < 0$；当 $D > 0.5$ 时，$U_d > 0$；输出电流平均值 I_d 的方向由 U_d 和 E_a 的幅值大小决定；输出电流不会断续，因此不会出现输出特性非线性。

（2）控制特性

　　PWM 变换器的控制一般采用锯齿波同步的自然采样调制法，或者基于自然采样调制原理的规则采样法。PWM 调制原理如图 1-12 所示。

　　图 1-12a 所示为锯齿波信号 u_t 与控制信号 u_{ct} 相比较得到 PWM 信号的电路，图 1-12b 所

图 1-12　PWM 调制原理

a）电路　b）单极型调制　c）双极型调制

示为单极型 PWM 调制原理，由图可得，单极型调制时占空比和控制电压 U_{ct} 的关系为

$$D = \frac{t_{on}}{T_c} = \frac{U_{ct}}{U_{tmax}} \tag{1-8}$$

图 1-12c 所示为双极型 PWM 调制原理波形，由图可得双极型调制时占空比 D 和控制电压的关系为

$$D = \frac{1 + U_{ct}/U_{tmax}}{2} \tag{1-9}$$

式中，U_{tmax} 为锯齿波的峰值，$0 \leqslant D \leqslant 1$。

将式（1-9）代入式（1-7）得四象限双极型 PWM 变换器的控制特性为

$$U_d = \frac{U_s}{U_{tmax}}U_{ct} = K_s U_{ct} \tag{1-10}$$

式中，K_s 为 PWM 变换器的放大倍数，$K_s = U_s/U_{tmax}$。

（3）PWM-M 系统的机械特性

图 1-8 所示的单象限 PWM 变换器，当负载电流充分小时还会出现电流断续，使得输出平均电压 U_d 出现非线性。当选择适当的载波频率和平波电感 L 时，其电流断续区非常小，一般可以忽略不计。二象限或四象限 PWM 变换电源是电流可逆的电源，不会出现电流断续。因此，由 PWM 变换器供电的直流电动机调速系统（简称为 PWM-M 系统）的机械特性，一般不考虑电流断续的情况。PWM-M 系统的四象限机械特性如图 1-13 所示。

图 1-13　PWM-M 系统的四象限机械特性

（4）PWM-M 系统的能量回馈与电压泵升

在工业应用中，除了少数有直流电源的场合，PWM 变换器的直流电源 U_s 大都是由交流市电通过整流和滤波得到的。图 1-14 所示为常用的 PWM-M 系统的主电路。三相工频交流电源经桥式不可控整流，并经电容 C 滤波后得到直流电压 U_s，再经 H 形桥式 PWM 变换得到可逆直流电压 U_d，以控制直流电动机调速。

当 PWM-M 系统工作于第 Ⅱ、Ⅳ 象限时，直流电动机再生制动，PWM 变换器工作于升压斩波状态。这时直流电动机的动能转换成电能以提供能量，直流电源 U_s 吸收能量。由于

图 1-14 常用的 PWM-M 系统的主电路

二极管整流桥是不可逆的，能量无法送回电网，实际上是由滤波电容 C 吸收能量，使得电容电压 U_s 升高，称为"电压泵升"现象。考虑到 H 形桥中开关器件 VT 和 VD 的耐压，U_s 过高会使 VT 和 VD 击穿，也会使电解电容本身击穿。

解决电压泵升问题的一个常用方法是在滤波电容上并联一个泄能开关 VT_b，如图 1-14 所示。R_1 和 R_2 组成一个分压取样电路，当取样电压大于阈值电压 U_T 时，泄能开关 VT_b 导通，电容 C 通过 R_b 泄放能量，以防止泵升电压过高；当取样电压低于 U_T 时，VT_b 关断，不再泄能。显然，只要适当选择 R_1 和 R_2 的分压比，就可调节电容最大电压 U_{smax} 和 VT_b 支路的泄流能力。C 的容量大小以及电动机再生制动时的能量大小和制动的频繁程度都需要进行统筹计算和设计。

对于较大容量，或者频繁制动的 PWM-M 系统，为了提高系统效率，可以将不可控的整流桥换成可逆的整流电路，例如 PWM 整流桥；或者在不可控整流桥上再并联一个相控逆变器，以使电动机再生制动产生的能量进一步送回电网。

3. PWM 整流器

PWM 整流器是在整流电路中用全控型电力电子开关器件代替晶闸管，采用 PWM 控制输出电压，并同时改善功率因数和抑制电流谐波。为简便起见，以一个单相 PWM 整流电路为例说明其工作原理。

（1）PWM 整流器电路结构

单相电压型 PWM 整流器电路结构如图 1-15 所示。每个桥臂由一个全控器件和反并联的整流二极管组成。L_N 为交流侧附加的电抗器，起平衡电压、支持无功功率和储存能量的作用。图 1-15 中，$u_N(t)$ 是正弦电网电压；U_d 是 PWM 整流器的直流侧输出电压；$u_s(t)$ 是交流侧输入电压，为 PWM 控制方式下的脉冲波，其基波与电网电压同频率，幅值和相位可控；$i_N(t)$ 是 PWM 整流器从电网吸收的电流。由图 1-15 所示，能量可以通过构成桥式整流的整流二极管 $VD_1 \sim VD_4$ 完成从交流侧向直流侧的传递，也可以经全控器件 $VT_1 \sim VT_4$ 从直流侧逆变为交流，反馈给电网。所以 PWM 整流器的能量变换是可逆的，而能量的传递趋势是整流

图 1-15 单相电压型 PWM 整流器电路结构

还是逆变，主要视 $VT_1 \sim VT_4$ 的脉宽调制方式而定。

因为 PWM 整流器从交流电网吸取跟电网电压同相位的正弦电流，其输入端的功率是电网频率脉动的 2 倍。由于理想状况下输出电压恒定，因此此时的输出电流 i_d 与输入功率一样也是电网频率的 2 倍 $[i_0 = I_0(1 - \cos 2\omega t)]$，于是设置串联型谐振滤波器 $L_2 C_2$，让其谐振电流频率为基波频率的 2 倍，从而短路掉交流侧的 2 倍频谐波。

(2) PWM 整流器的工作原理

图 1-16 所示为单相电压型 PWM 整流器的运行方式相量图，$u_{s1}(t)$ 设为交流侧电压 $u_s(t)$ 的基波分量，$i_{N1}(t)$ 为电流 $i_N(t)$ 的基波分量，在忽略电网电阻情况下，对于基波分量，有下面的相量方程成立，即

$$\dot{U}_N = \dot{U}_{s1} + j\omega L_N \dot{I}_{N1} \tag{1-11}$$

可以看出，如果采用合适的 PWM 方式，使产生的调制电压与网压同频率，并且调节调制电压，以使得流出电网电流的基波分量与网压相位一致或正好相反，从而使得 PWM 整流器工作在如图 1-16 所示的整流或逆变的不同工况，来完成能量的双向流动。

图 1-16　单相电压型 PWM 整流器的运行方式相量图

假设整流时交流电源电压

$$u_N(t) = U_m \sin \omega t \tag{1-12}$$

假定交流输入电流的相位滞后于电源电压，其相位差为 φ，即 $i = I_m \sin(\omega t - \varphi)$。

(3) PWM 控制

如果采用 PWM 控制方式，用高频三角波 u_t 作为载波，其幅值 U_{tm} 为恒值，载波频率 f_t 远高于电源频率 f；设正弦波调制信号为

$$u_r = U_{rm} \sin(\omega t \pm \alpha) \tag{1-13}$$

式中，U_{rm} 为正弦调制波的幅值；α 为 PWM 整流器触发延迟角，可使 u_r 的相位按需要超前或滞后于电源电压。

将三角载波与正弦调制波相比较，可得到开关器件的通、断控制信号。这样，在每一个载波周期 T_c 内，控制开关器件导通时间为 t_{on}，则整流电路开关的占空比为

$$D(t) = \frac{t_{on}}{T_c} = \frac{U_{rm}}{U_{tm}} |\sin(\omega t \pm \alpha)| \tag{1-14}$$

这里，占空比是一个随时间变化的变量。并定义调制信号的幅值与载波信号幅值之比为调制比，即有

$$M = \frac{U_{rm}}{U_{tm}} \tag{1-15}$$

由式 (1-15) 可见，改变 PWM 的调制比 M，可以改变整流电路开关的占空比 $D(t)$，以

达到调节整流器输出电压的目的。

（4）输出电压调节

由于采用 PWM 控制，PWM 整流器输入电压 u_s 也是一个 PWM 波形，它在一个载波周期内的平均值 $\bar{u}_s$ 可表示为

$$\bar{u}_s = \begin{cases} D(t)U_d & (0 \leqslant t \leqslant T_c/2) \\ -D(t)U_d & (T_c/2 \leqslant t \leqslant T_c) \end{cases} \tag{1-16}$$

式（1-16）表明，在 PWM 整流器输出平均直流电压 U_d 恒定时，其输入的平均电压 $\bar{u}_s$ 是占空比 $D(t)$ 的函数。将式（1-14）和式（1-15）代入式（1-16）可得

$$\bar{u}_s = MU_d\sin(\omega t \pm \alpha) \tag{1-17}$$

设 PWM 整流器输入电压 u_s 的基波分量 u_{s1} 为

$$u_{s1} = U_{s1m}\sin(\omega t \pm \alpha) \tag{1-18}$$

由于 $f_t \gg f$，使得基波分量 u_{s1} 近似于其平均电压，比较式（1-17）和式（1-18）可得

$$U_{s1m} = MU_d \tag{1-19}$$

考虑到 u_s 与电源电压 u_N 的相位差为 α，则两个电压的幅值有如下关系：

$$U_{s1m} = \frac{U_m}{\cos\alpha} \tag{1-20}$$

由式（1-19）和式（1-20）可推导出

$$U_d = \frac{U_m}{M\cos\alpha} \tag{1-21}$$

式（1-21）说明，PWM 整流器的输出平均电压 U_d 与 M 和 $\cos\alpha$ 有关，即可以通过控制 PWM 调制比 M 或触发延迟角 α 来调节整流器的输出电压。这就是 PWM 整流器的调节原理。

综上分析，采用 PWM 控制方法，可以通过调节 PWM 控制的调制波信号 u_m 的触发延迟角 α，改变 PWM 整流器输入电压 u_s 和输入电感的电压降 u_L 的大小和相位，以补偿网侧功率因数，从而实现功率因数为 1 的双向电能变换。

1.1.4　直流调速系统控制电路中的转速、电流、电压测量方法

系统的闭环控制离不开反馈信号检测，通常需要检测的物理量有速度、电压、电流等。

信号检测的方法有直接检测和间接检测两种：直接检测是采用各种传感器直接获取检测信号；间接检测是用其他可测信号通过数学模型和函数关系推算出难以直接检测的所需信号。本节主要介绍常用的直接检测方法。

1. 速度检测

常用的转速检测传感器有测速发电机、旋转编码器等。测速发电机输出的是转速的模拟信号；旋转编码器则为数字测速装置。

（1）测速发电机

测速发电机的作用是把输入的转速信号转换成输出的电压信号，对测速发电机的基本要求如下：

1）输出电压与转速间有严格的正比关系。

2）在一定的转速时所产生的电动势及电压应尽可能的大，以达到高灵敏度的要求。

测速发电机可分为直流测速发电机和交流测速发电机两类，这里仅介绍直流测速发

电机。

直流测速发电机的基本结构和工作原理与普通直流发电机相同，采用直流测速发电机的转速检测电路如图 1-17 所示。

图 1-17   采用直流测速发电机的转速检测电路

当主磁通 Φ 一定时，直流发电机电枢绕组的感应电动势为 $E_a = K_e\Phi n$，若取样电阻为 R_2，则其输出电压为

$$U_n = I_a R_2 = \frac{E_a}{R}R_2 = \frac{K_e\Phi n R_2}{R} \tag{1-22}$$

式中，R 为回路总电阻；R_2 为取样电阻。

令 $\alpha = \dfrac{K_e\Phi R_2}{R}$，则 $U_n = \alpha n$。可见，直流测速发电机的输出电压 U_n 与转速 n 成正比。α 称为速度反馈系数。

（2）旋转编码器

测速发电机常用于模拟控制系统中，而且测速精度有限。在数字测速中，常用光电式旋转编码器作为转速或转角的检测元件。光电式旋转编码器的测速原理及其输出波形如图 1-18 所示。

图 1-18   光电式旋转编码器测速原理及其输出波形
a）测速原理   b）输出波形

光电式旋转编码器由与电动机同轴相联的码盘、码盘一侧的发光器件和另一侧的光敏器件构成。码盘上有 3 圈透光细缝，如图 1-18a 所示。第 1 圈与第 2 圈的细缝数相等，细缝位置相差 90°电角度。输出 A、B、Z 三路方波脉冲，A 脉冲相位与 B 脉冲相位相差 90°，如图 1-18b 所示。第 3 圈只有一条细缝，码盘转一圈生成一个 Z 脉冲，可以作为定位脉冲或复位脉冲。为简化起见，图中仅绘出了部分细缝，实际的码盘一周有数百条到数千条细缝，可以达到很高的分辨率。

利用旋转式光电编码器输出的脉冲可以计算转速，方法有 M 法、T 法和 M/T 法。

1）M 法。如图 1-19a 所示，在一定的采样间隔时间 T_s 内，将来自编码器的脉冲信号计

数，然后根据计数值，使用式（1-23）推算转速 n（r/min）

$$n = 60000 \frac{m}{MT_s} \tag{1-23}$$

式中，T_s 为采样周期，单位为 ms；m 为在 T_s 时间间隔内所计的脉冲数；M 为码盘每转的脉冲数，由铭牌参数得到。

图 1-19 光电编码器测速
a）M 法 b）T 法

例如，当 $M = 1000$，$T_s = 1\text{ms}$ 时，计数值 $m = 20$，则利用式（1-23）计算实测转速 $n = 1200\text{r/min}$。

M 法的缺点是低速测量受限制。由于低速时脉冲的频率低，若在 T_s 内只能采集到一个脉冲，即 $m = 1$ 时，由上面给出的参数计算实际转速为 $n_{\min} = 60\text{r/min}$。这就是说低于 60r/min 的转速无法测到。考虑到一定的测量误差，实际能达到的最低测量速度还进一步受限制。应用 M 法如果要测低于 60r/min 的转速，一种改进方法是增大采样周期，通过计算可知，要使能测量的最低转速达到 $n_{\min} = 1\text{r/min}$，则 T_s 应增大到 60ms，但这样系统的快速性大为下降；另一种改进方法是增大 M，但这要受机械制造技术的限制。如何能在不增加 M、不改变 T_s 的情况下测量低速呢？可以考虑采用另外一种方法——T 法。

2）T 法。如图 1-19b 所示，在两个码盘脉冲的间隔 T_W 内，计算已知频率 f_c 的高频脉冲的个数，从而计算出 T_W 及转速。转速 n（r/min）的计算式为

$$n = 60000 \frac{f_c}{MN} \tag{1-24}$$

式中，f_c 为高频时钟脉冲频率，单位为 kHz；M 为码盘每转脉冲个数；N 为 T_W 时间内所计高频时钟脉冲的个数。

例如，$M = 1000$，$f_c = 5\text{kHz}$，$N = 250$ 时，按照式（1-24）计算转速 $n = 1.2\text{r/min}$。但是，与 M 法相反，T 法的缺点是高速测量受限制。例如，当 $N = 1$ 时，可测得的最高转速 $n_{\max} = 300\text{r/min}$。改进的可能方法之一是提高时钟脉冲的频率 f_c。

3）M/T 法。以上两种方法各有优缺点，若要在大范围内测量转速时，可以在同一系统中分段采用这两种方法，即在高速段采用 M 法，在低速段采用 T 法，称之为 M/T 法。有关增量式光电编码器测速的改进方法有许多种，读者可以参阅相关的论述或专著。

在可逆调速系统中，不仅要测转速，还要测转向。可以利用 A、B 脉冲串之间的相位差，进行转速方向的辨别。采用一个 D 触发器，电路如图 1-20a 所示，输出 Q 端信号为转向信号，波形如图 1-20b、c 所示。逆时针旋转时，A 脉冲超前 B 脉冲，Q 端为高电平；顺时

针旋转时，B 脉冲超前 A 脉冲，Q 端为低电平。Q 端电平的高低指示旋转的方向。

图 1-20　转速方向辨别电路和波形

a）电路　b）逆时针旋转　c）顺时针旋转

2. 电流检测

（1）电流互感器

电流互感器类似于一个升压变压器，它的一次绕组匝数 N_1 很少，一般只有一匝到几匝；二次绕组匝数 N_2 很多。使用时，一次绕组串联在被测线路中，流过被测电流，而二次绕组与电流表等阻抗很小的仪表接成闭路。采用电流互感器可在不切断电路的情况下，测得电路中的电流。电流互感器结构如图 1-21 所示。

图 1-21　电流互感器结构

假设一次电流为 i_1，匝数为 N_1；二次电流为 i_2，匝数为 N_2，根据变压器原理，可得二次电流为

$$i_2 = \frac{N_1}{N_2} i_1 \qquad (1\text{-}25)$$

可见，只要测得二次电流 i_2，就可得知一次电流 i_1 的大小。

由于电流互感器二次绕组的匝数远大于一次绕组，在使用时不允许二次侧开路。否则会使一次电流完全变成励磁电流，铁心进入高度饱和状态，使铁心严重发热并在二次侧产生很高的尖峰脉冲电压，引起互感器的热破坏和电击穿，甚至对人身及设备造成伤害。为了安全，互感器的二次侧必须可靠接地。

电流互感器输出的是电流，测量时，互感器二次侧接一电阻，将电流信号转变成电压信号，然后接到放大器或交直流变换器上供进一步的处理。

由于存在电磁惯性，电流互感器检测电流有一定的时间延迟。对快速性要求比较高的过电流保护不宜采用电流互感器作为电流检测元件。

图 1-22 所示为电流互感器在直流调速系统中的一个具体应用。电流互感器测得的交流电流经二极管桥式整流后输出直流电压反馈信号。

（2）取样电阻测电流

这种方法使用阻值很小的标准电阻串接在被测电路中，称为取样电阻，将被测电流转换成被测电压。如果得到的被测电压很小，还需要放大处理。如果在高频下使用，取样电阻还

图 1-22 电流互感器在直流调速系统中的应用

应该是无感的。

这种方法的特点是简单可靠、没有时间延迟，但负载电流很大的情况下不宜采用。此外，测得的信号没有电隔离，给处理电路带来不便。

（3）霍尔电流传感器

1879 年，霍尔（Edwin H. Hall）发现：当载流体或半导体处于与电流流向相垂直的磁场中时，在其两端将产生电位差，这一现象称为霍尔效应。利用霍尔效应制成的霍尔元件可作为检测磁场、电流、位移等传感器。

图 1-23 所示为采用霍尔传感器检测电流的电路。

图 1-23 采用霍尔传感器检测电流的电路

图 1-23 中，HL 为霍尔元件，通过施加直流电压后产生原电流 I_c，由被测电流产生磁场，按霍尔效应输出相应的电位差 U_H，即有

$$U_H = K_H B I_c \tag{1-26}$$

式中，K_H 为霍尔常数；B 为与被测电流成正比的磁感应强度；I_c 为控制电流。

由霍尔器件输出的电压 U_H 再经过放大器 A 放大后，输出电流检测信号 U_i。

3. 电压检测

电压检测可采用电压互感器。电压互感器实质上就是一个降压变压器，其工作原理和结构与双绕组变压器基本相同。图 1-24a 所示为电压互感器的检测原理，它的一次绕组匝数 N_1 很多，直接并联到被测的高压线路上；二次绕组匝数 N_2 较少，接高阻抗的测量仪表（如电压表或其他仪表的电压线圈）。

图1-24　电压互感器的检测原理及其在电路中的图形符号

a）检测原理　b）图形符号

由于电压互感器的二次绕组所接仪表的阻抗很高，二次电流很小，近似等于零，所以电压互感器正常运行时相当于降压变压器的空载运行状态。根据变压器的变压原理，有

$$\frac{U_1}{U_2} = \frac{N_1}{N_2} = k \text{ 或 } U_2 = \frac{U_1}{k} \tag{1-27}$$

式（1-27）表明，利用一、二次绕组的不同匝数，电压互感器可将高电压转换成低电压供测量等。电压互感器常用来检测交流电压。直流电压可采用电阻分压器法或电容分压器法等检测方法。

上面根据直流调速系统的基本结构，从系统的主电路和控制电路两个方面重点介绍了直流电动机的供电电源的类型和反馈信号的检测方法。由此可知，旋转变流机组由于体积大、效率低、快速性差等缺点，处于淘汰阶段；相控整流器具有效率高、体积小、成本低、无噪声、快速性好等优点，尤其在大功率场合处于应用推广阶段。但是相控整流器也有缺点，例如，晶闸管的单向导电性，给系统的可逆运行造成困难；晶闸管对过电压、过电流以及过高的 du/dt 和 di/dt 都很敏感，因此电路需设置许多保护环节；系统的功率因数低，并产生较大的谐波电流，引起电网电压畸变，殃及附近的用电设备等。为了弥补相控整流器的不足，可以采用直流斩波器或 PWM 整流器。与相控整流器相比，PWM 整流器具有开关频率高、动静态性能好、效率高等一系列优点。但受到器件容量的限制，PWM 整流器目前只应用于中、小容量系统。

为此，本教材仍然以介绍晶闸管-电动机（V-M）系统为主，适当介绍脉宽调制-电动机（PWM-M）系统。

1.2　单闭环直流调速系统

1.2.1　开环 V-M 系统及其存在的问题

1. 系统组成

由晶闸管相控整流器给直流电动机供电的调速系统简称为 V-M 系统。图1-25 所示为最简单的 V-M 系统原理框图。

图1-25 中，电动机 M 是被控对象，转速 n 是被调量。晶闸管相控整流器可以是单相、

图 1-25　最简单的 V-M 系统原理框图

三相或更多相数，可采用半波、全波、半控、全控等类型，通过调节触发器的移相电压，便可改变整流电压 U_d，实现平滑调速。

2. 工作原理

由图 1-25 可见，调节转速给定电压 U_n^*，即可改变晶闸管触发电路的触发延迟角 α，从而调节晶闸管整流器的空载整流电压 U_{d0} 和电枢电压 U_d，也就改变了转速 n。

3. 开环系统机械特性

(1) 电流连续时

$$n = \frac{1}{C_e}(U_{d0} - I_d R) = \frac{1}{C_e}(\frac{m}{\pi}E_m \sin\frac{\pi}{m}\cos\alpha - I_d R) = n_0 - \Delta n \qquad (1-28)$$

式中，C_e 为电动机在额定磁通下的电动势转速比，$C_e = K_e \Phi$；m 为整流电压一个周期中的波头数；n_0 为开环调速系统的理想空载转速；Δn 为开环调速系统的稳态转速降。其机械特性如图 1-26 的实线部分所示。

当电动机加负载时，电枢回路就产生相应的电流 I_d，此时即产生 $\Delta n = I_d R / C_e$ 的转速降。Δn 越小，机械特性的硬度越大。系统开环运行时，Δn 完全取决于电枢回路总电阻 R 及所加负载的大小。

(2) 电流断续时

由于晶闸管相控整流器的输出电压是脉动的，相应的负载电流也是脉动的，因此当电动机负载较轻或主电路电感量不足时，会造成电流断续。这时，随着负载电流的减小，反电动势反而急剧升高，使理想空载转速比图 1-26 中的 n_0 高得多，如图中虚线所示。

由图 1-26 可见，V-M 系统的机械特性由两段组成，即电流连续段和断续段。当电流连续时，特性较硬而且呈线性；当电流断续时，特性较软且呈显著的非线性。

图 1-26　开环系统机械特性

(3) 机械特性的近似处理方法

当主电路电感量足够大，电动机又有一定的空载电流时，可近似认为电动机工作电流连续，把特性曲线直线段的延长线与纵轴的交点（n_{01} 等）作为理想空载转速。对于特性断续比较显著的情况，可以改用另一段较陡的直线来近似断续段的特性，这相当于把电枢回路总电阻 R 换成一个更大的等效电阻 R'。R' 的数值可以从实测特性上计算出来，严重时 R' 可达实际电阻 R 的几十倍。

从总体来看，开环 V-M 系统的机械特性是很软的，一般满足不了工业生产对调速系统的要求，通常需要设置反馈环节，以改善系统的机械特性。

1.2.2 单闭环转速负反馈有静差直流调速系统

1. 问题的提出

例1-1 某一车床拖动电动机的额定转速 $n_{nom} = 900r/min$，要求 $n_{min} = 100r/min$，由开环系统决定的 $\Delta n_{nom} = 80r/min$；要求 $s \leqslant 0.1$。问开环 V-M 系统能否满足要求？如不满足怎么办？

解：系统要求 $D = \dfrac{900}{100} = 9$，而满足 $s \leqslant 0.1$ 要求的 $D = \dfrac{n_{nom}s}{\Delta n_{nom}(1-s)} = \dfrac{900 \times 0.1}{80 \times 0.9} = 1.25$，不满足调速范围要求的原因是系统的 Δn_{nom} 太大。若要系统同时满足 $D = 9$ 和 $s \leqslant 0.1$ 的指标要求，则必须降低 Δn_{nom}，而满足要求的

$$\Delta n_{nom} = \frac{n_{nom}s}{D(1-s)} = \frac{900 \times 0.1}{9 \times 0.9} = 11.1r/min$$

因为 $\Delta n_{nom} = n_0 - n_{nom}$，要使 Δn_{nom} 降低，实际是要使机械特性变硬。即负载从空载变到满载时，要求速度基本不变，也就是要求转速 n_{nom} 基本不受负载变化的影响。根据反馈控制原理，要维持某一物理量基本不变，就应该引入该物理量的负反馈。因此可以引入被控量转速的负反馈，构成转速闭环控制系统。

由于例1-1的系统只有一个转速反馈环，故称其为单闭环调速系统。

2. 系统的组成

在自动调速系统中，凡无论采用何种方法，最终都无法消除转速偏差的系统均称为有静差调速系统；凡通过适当方法调节，最终可消除转速偏差的系统均称为无静差调速系统。下面首先讨论有静差调速系统。

（1）原理框图

V-M 闭环系统原理框图如图 1-27 所示。该系统的控制对象为直流电动机 M，被调量是转速 n。测速发电机 TG 与电位器 RP_2 组成转速检测环节，从而引出与转速成正比的负反馈电压 U_n；U_n 与转速给定电压 U_n^* 比较后，得到偏差电压 ΔU_n；ΔU_n 经放大器 A 放大后产生移相控制电压 U_{ct} 送给晶闸管触发器 GT，用以调节晶闸管整流输出电压 U_d，从而控制电动机的转速。这就组成了转速反馈控制的调速系统。

图 1-27　V-M 闭环系统原理框图

（2）系统的主要控制环节

1）给定环节。它的作用是产生控制信号，一般由高精度的直流稳压电源和用于改变给定信号大小的精密电位器组成。

2）比较与放大环节。它的作用是将给定信号和反馈信号进行比较与放大，一般由比例（P）、积分（I）、比例积分（PI）等类型的运算电路组成。

3）触发器和整流装置环节（组合体）。该环节的作用是进行功率放大，将直流移相控制信号 U_{ct} 放大成直流平均电压 U_{d0}。一般触发器的输出触发延迟角 α 与输入移相控制电压 U_{ct} 呈非线性、整流器的输出平均电压 U_{d0} 与 α 呈非线性，而当将触发器和整流器作为一个整体来分析时，其输出 U_{d0} 与输入 U_{ct} 却基本呈线性关系，即 U_{d0} 正比于 U_{ct}。

通常触发器的类型有单结晶体管触发器、锯齿波触发器、正弦波触发器和集成触发器；整流器从电路结构上可分为单相、三相，从整流波形上可分为半波、全波，从电路中使用元器件的情况可分为半控、全控整流电路。

4）速度检测环节。该环节的作用是通过一台小型直流发电机（测速发电机），将调速电动机的转速转换成速度反馈电压，电压的大小与转速成正比。

5）直流电动机环节。为分析方便起见，该环节中的电压、电动势、电流均使用大写字母，在动态分析时，就认为是瞬时值；在稳态分析时，就认为是平均值。如图 1-28 所示，直流电动机有两个独立的电路：一个是电枢回路，另一个是励磁回路。

图 1-28　直流电动机电路

直流电动机各物理量间的基本关系如下：

$$U_{d0} = I_d R + L \frac{dI_d}{dt} + E \tag{1-29}$$

$$T_e = K_m \Phi I_d = C_m I_d \tag{1-30}$$

$$T_e - T_L = \frac{GD^2}{375} \frac{dn}{dt} \qquad \left(I_d - I_{dL} = \frac{GD^2}{375 C_m} \frac{dn}{dt} \right) \tag{1-31}$$

$$E = K_e \Phi n = C_e n \tag{1-32}$$

式中，U_{d0}、I_d 分别为电动机电枢瞬时电压、电流；I_{dL} 为负载电流；T_e 为电磁转矩；T_L 为负载转矩；R 为电枢回路总电阻；L 为电枢总电感；K_m 为转矩常量；C_m 为电动机的转矩电流比，单位为 $N \cdot m/A$，$C_m = \frac{30}{\pi} C_e$；C_e 为电动机的电动势转速比，单位为 $V \cdot min/r$；GD^2 为电力拖动系统运动部分折算到电机轴上的飞轮惯量，单位为 $N \cdot m^2$。

当电动机进入稳态运行时，其稳态关系如下：

$$U_{d0} = I_d R + E$$
$$T_e = K_m \Phi I_d = C_m I_d$$
$$T_e = T_L \quad I_d = I_{dL}$$
$$E = K_e \Phi n = C_e n$$

3. 调速系统的自动调节过程

1）对给定信号的调节——调速过程：改变 U_n^* 则 n 改变。

例如，调节前 $U_n^* = U_{n1}^*$，则

$$U_{ct} = U_{ct1}, U_d = U_{d1}, n = n_1$$

当 U_n^* 上升到 U_{n2}^* 时，则

$$U_{ct} = U_{ct2}, U_d = U_{d2}, n = n_2$$

即 n 随着 U_n^* 改变而改变。

2）对扰动信号的调节——稳速过程：n 基本不受负载波动等扰动输入的影响。

例如

$$T_L \uparrow \rightarrow n \downarrow \rightarrow U_n \downarrow \rightarrow \Delta U_n = (U_n^* - U_n) \uparrow \rightarrow U_{ct} \uparrow \rightarrow U_{d0} \uparrow \rightarrow I_d \uparrow \rightarrow n \uparrow$$

即负载波动时，n 基本不受扰动输入的影响，转速降很小。

4. 闭环系统的静特性

（1）闭环系统静特性的定性分析

闭环系统静特性如图 1-29 所示。从图可以看出：

1）未设置转速负反馈环节时。当负载电流由 I_{d1} 增加到 I_{d2} 时，转速将由 n_A 下降到 $n_{B'}$（此时输出的整流电压平均值为 U_{d01}）。

2）设置转速负反馈环节后。当负载电流由 I_{d1} 增加到 I_{d2} 时，则整流输出电压由 U_{d01} 增加到 U_{d02}，转速将由 n_A 下降到 n_B（此时输出的整流电压平均值为 U_{d02}），由于 U_{d0} 平滑变化，因此连接 n_A 和 n_B，就可得到闭环系统的静特性，它比开环机械特性硬。

图 1-29　闭环系统静特性

（2）闭环系统静特性的定量分析

1）系统结构图。根据图 1-27 可得到系统结构图，如图 1-30 所示。

图 1-30　闭环系统结构图

2）分析方法。首先列出各环节的输入输出方程，并将其填进上述结构图中各环节的方框内；然后根据系统结构，用代数法或结构图法求闭环系统的静特性方程。

3）系统中各环节的稳态输入输出方程如下：

电压比较环节 　　　　　　　　$\Delta U_n = U_n^* - U_n$

放大器 　　　　　　　　　　　$U_{ct} = K_p \Delta U_n$

晶闸管整流器及触发装置 　　　$U_{d0} = K_s U_{ct}$

V-M 系统开环机械特性 　　　$n = \dfrac{E}{C_e} = \dfrac{U_{d0} - I_d R}{C_e}$

转速检测环节 　　　　　　　　$U_n = \alpha_2 U_{tg} = \alpha_2 C_{etg} n = \alpha n$

式中，K_p 为放大器的电压放大系数；K_s 为晶闸管整流器及触发装置的电压放大系数；α_2 为反馈电位器分压比；U_{tg} 为测速发电机输出电压；C_{etg} 为测速发电机额定磁通下的电动势转速比；α 为转速反馈系数，单位为 $V \cdot min/r$，$\alpha = \alpha_2 C_{etg}$。

转速负反馈单闭环调速系统的稳态结构图如图 1-31 所示。图中各方框内的符号代表该环节的放大系数。

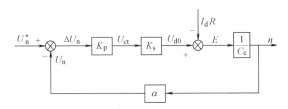

图 1-31　转速负反馈单闭环调速系统稳态结构图

消去上述各关系式中的中间变量，或通过系统稳态结构图的运算，均可得到系统的静特性方程式

$$n = \frac{K_p K_s U_n^* - I_d R}{C_e(1 + K_p K_s \alpha / C_e)} = \frac{K_p K_s U_n^*}{C_e(1 + K)} - \frac{R I_d}{C_e(1 + K)} = n_{0cl} - \Delta n_{cl} \tag{1-33}$$

式中，K 为闭环系统的开环放大系数，$K = K_p K_s \alpha / C_e$，它是系统中各环节单独放大系数的乘积；n_{0cl} 为闭环系统的理想空载转速；Δn_{cl} 为闭环系统的稳态转速降。

闭环调速系统的静特性表示闭环系统电动机转速与负载电流（或转矩）的稳态关系，它在形式上与开环机械特性相似，但在本质上二者有很大不同，故定名为闭环系统的"静特性"，以示区别。

5. 闭环系统静特性与开环系统机械特性的比较

将闭环系统的静特性方程与开环系统的机械特性进行比较，就能清楚地看出闭环控制的优越性。如果断开转速反馈回路（令 $\alpha = 0$，则 $K = 0$），则上述系统的开环机械特性为

$$n = \frac{U_{d0} - I_d R}{C_e} = \frac{K_p K_s U_n^*}{C_e} - \frac{I_d R}{C_e} = n_{0op} - \Delta n_{op} \tag{1-34}$$

式中，n_{0op} 和 Δn_{op} 分别为开环系统的理想空载转速和稳态转速降。

比较式（1-33）和式（1-34）可以得出如下结论：

1）闭环系统静特性比开环系统机械特性硬得多。在同样的负载下，两者的稳态速降分别为

$$\Delta n_{op} = \frac{R I_d}{C_e}$$

$$\Delta n_{cl} = \frac{R I_d}{C_e(1 + K)}$$

它们的关系是

$$\Delta n_{cl} = \frac{\Delta n_{op}}{1 + K} \tag{1-35}$$

显然，当 K 值较大时，Δn_{cl} 比 Δn_{op} 要小得多，也就是说闭环系统的静特性比开环系统的机械特性硬得多。

2）闭环系统的静差率比开环系统的静差率小得多。闭环系统和开环系统的静差率分别为

$$s_{cl} = \frac{\Delta n_{cl}}{n_{0cl}} \qquad 和 \qquad s_{op} = \frac{\Delta n_{op}}{n_{0op}}$$

当 $n_{0\mathrm{cl}} = n_{0\mathrm{op}}$ 时，则有

$$s_{\mathrm{cl}} = s_{\mathrm{op}}/(1 + K) \tag{1-36}$$

3）当要求的静差率一定时，闭环系统的调速范围可以大大提高。如果电动机的最高转速都是 n_{nom}，且对最低转速的静差率要求相同，则开环时

$$D_{\mathrm{op}} = \frac{n_{\mathrm{nom}}s}{\Delta n_{\mathrm{op}}(1 - s)}$$

闭环时

$$D_{\mathrm{cl}} = \frac{n_{\mathrm{nom}}s}{\Delta n_{\mathrm{cl}}(1 - s)}$$

所以

$$D_{\mathrm{cl}} = (1 + K)D_{\mathrm{op}} \tag{1-37}$$

4）闭环系统必须设置放大器。由以上分析可以看出，上述三条优越性是建立在 K 值足够大的基础上的。由系统的开环放大系数 $K = K_{\mathrm{p}}K_{\mathrm{s}}\alpha/C_{\mathrm{e}}$ 表达式可看出，若要增大 K 值，只能增大 K_{p} 和 α 值，因此必须设置放大器。在开环系统中，U_{n}^* 直接作为 U_{ct} 来控制，因而不用设置放大器（见图 1-25）。而在闭环系统中，引入转速负反馈电压 U_{n} 后，$U_{\mathrm{ct}} = K_{\mathrm{p}}\Delta U_{\mathrm{n}}$，而 $\Delta U_{\mathrm{n}} = U_{\mathrm{n}}^* - U_{\mathrm{n}}$ 很低，所以必须设置放大器，才能获得足够的控制电压 U_{ct}（见图 1-27）。

综上所述，可得出这样的结论：闭环系统可以获得比开环系统硬得多的静特性，且闭环系统的开环放大系数越大，静特性就越硬，在保证一定静差率要求下其调速范围越大，但必须增设转速检测与反馈环节和放大器。

在开环 V-M 系统中，Δn 的大小完全取决于电枢回路总电阻 R 及所加的负载大小。闭环系统能减少稳态转速降，但不能减小电阻。那么降低稳态转速降的实质是什么呢？

从静特性上看（见图 1-29），当负载电流由 I_{d1} 增大到 I_{d2} 时，若为开环系统，仅依靠电动机内部的调节作用，转速将由 n_A 降落到 $n_{B'}$（此时输出的整流电压平均值为 U_{d01}）。设置了转速负反馈环节，它将使整流输出电压由 U_{d01} 上升到 U_{d02}，电动机由机械特性曲线 1 的 A 点过渡到曲线 2 的 B 点上稳定运行。这样，每增加（或减少）一点负载，整流电压就相应的提高（或降低）一点，因而就过渡到另一条机械特性曲线上。闭环系统的静特性就是由许多这样的位于各条开环机械特性上的工作点（见图 1-29 中的 A、B、C、D 点）集合而成的。由图 1-29 可见，闭环系统的静特性比开环系统硬。闭环系统能随负载的变化而自动调节整流电压，从而调节电动机的转速。

例 1-2　龙门刨床工作台采用 Z_2—93 型直流电动机，电动机各参数为 $P_{\mathrm{nom}} = 60\mathrm{kW}$、$U_{\mathrm{nom}} = 220\mathrm{V}$、$I_{\mathrm{nom}} = 305\mathrm{A}$、$n_{\mathrm{nom}} = 1000\mathrm{r/min}$、$R_{\mathrm{a}} = 0.05\Omega$、$K_{\mathrm{s}} = 30$，晶闸管整流器的内阻 $R_{\mathrm{n}} = 0.13\Omega$，要求 $D = 20$，$s \leqslant 5\%$。若采用开环 V-M 系统能否满足要求？若采用 $\alpha = 0.015\mathrm{V} \cdot \mathrm{min/r}$ 转速负反馈闭环系统，问放大器的放大系数为多大时才能满足要求？

解：开环系统在额定负载下的转速降为

$$\Delta n_{\mathrm{nom}} = \frac{I_{\mathrm{nom}}R}{C_{\mathrm{e}}}$$

C_{e} 可由电动机铭牌额定数据求出

$$C_{\mathrm{e}} = \frac{U_{\mathrm{nom}} - I_{\mathrm{nom}}R_{\mathrm{a}}}{n_{\mathrm{nom}}} = \frac{220 - 305 \times 0.05}{1000}\mathrm{V} \cdot \mathrm{min/r} = 0.2\mathrm{V} \cdot \mathrm{min/r}$$

所以

$$\Delta n_{\text{nom}} = \frac{I_{\text{nom}}R}{C_e} = \frac{305 \times (0.05 + 0.13)}{0.2}\text{r/min} = 275\text{r/min}$$

高速时静差率

$$s_1 = \frac{\Delta n_{\text{nom}}}{n_{\text{nom}} + \Delta n_{\text{nom}}} = \frac{275}{1000 + 275} = 0.216 = 21.6\%$$

最低速为

$$n_{\text{min}} = \frac{n_{\text{nom}}}{D} = \frac{1000}{20}\text{r/min} = 50\text{r/min}$$

此时的静差率为

$$s_2 = \frac{\Delta n_{\text{nom}}}{n_{\text{min}} + \Delta n_{\text{nom}}} = \frac{275}{50 + 275} = 0.85 = 85\%$$

由以上计算可以看出，低速时的 s_2 远大于高速时的 s_1，并且二者均不能满足小于 5% 的要求，而开环系统本身的稳态转速降 $\Delta n_{\text{nom}} = I_{\text{nom}}R/C_e$ 又不能变化，所以开环系统不能满足要求。

如果要满足 $D = 20$、$s \leqslant 5\%$ 的要求，Δn_{nom} 应该为

$$\Delta n_{\text{nom}} = \frac{n_{\text{nom}}s}{D(1 - s)} = \frac{1000 \times 0.05}{20(1 - 0.05)}\text{r/min} = 2.63\text{r/min}$$

很明显，只有把额定稳态转速降从开环系统的 $\Delta n_{\text{op}} = 275\text{r/min}$ 降低到 $\Delta n_{\text{cl}} = 2.63\text{r/min}$ 以下，才能满足要求。若采用 $\alpha = 0.015\text{V} \cdot \text{min/r}$ 转速负反馈闭环系统，放大器的放大系数由式（1-35）得

$$K = \frac{\Delta n_{\text{op}}}{\Delta n_{\text{cl}}} - 1 = \frac{275}{2.63} - 1 = 103.6$$

$$K_p = \frac{K}{K_s\alpha/C_e} = \frac{103.6}{30 \times 0.015/0.2} = 46$$

可见只要放大器的放大系数大于或等于 46，转速负反馈闭环系统就能满足要求。

6. 反馈控制规律

转速闭环调速系统是一种基本的反馈控制系统，它具有以下四个基本特征，这四个基本特征就是反馈控制的基本规律。

（1）有静差

采用比例放大器的反馈控制系统是有静差的。从前面对静特性的分析中可以看出，闭环系统的稳态转速降为

$$\Delta n_{\text{cl}} = \frac{RI_d}{C_e(1 + K)} \tag{1-38}$$

只有当 $K = \infty$ 时才能使 $\Delta n_{\text{cl}} = 0$，即实现无静差。实际上不可能获得无穷大的 K 值，况且过大的 K 值将导致系统不稳定。

从控制作用上看，放大器输出的控制电压 U_{ct} 与转速偏差电压 ΔU_n 成正比，如果实现了无静差，则 $\Delta n_{\text{cl}} = 0$，转速偏差电压 $\Delta U_n = 0$，$U_{\text{ct}} = 0$，控制系统就不能产生控制作用，系统将停止工作。所以这种系统是以偏差存在为前提的，反馈环节只是检测偏差，通过控制减小偏差，而不能消除偏差，因此它是有静差系统。

（2）被调量紧紧跟随给定量变化

在转速负反馈调速系统中，改变给定电压 U_n^*，转速就随之跟着变化。因此，对于反馈控制系统，被调量总是紧紧跟随着给定信号变化的。

（3）闭环系统对包围在环内的一切主通道上的扰动作用都能有效抑制

当给定电压 U_n^* 不变时，把引起被调量转速发生变化的所有因素称为扰动。上面只讨论了负载变化引起稳态转速降。实际上，引起转速变化的因素还有很多，如交流电源电压的波动、电动机励磁电流的变化、放大器放大系数的漂移、由温度变化引起的主电路电阻的变化等。图 1-32 示出了各种扰动作用，其中代表电流 I_d 的箭头表示负载扰动，其他指向各方框的箭头分别表示会引起该环节放大系数变化的扰动作用。图 1-32 清楚地表明，反馈环内且作用在控制系统主通道上的各种扰动，最终都要影响被调量转速的变化，而且都会被检测环节检测出来，通过反馈控制作用减小它们对转速的影响。例如：

1）当放大器的放大系数漂移，使 $K_p \uparrow$，则

$$K_p \uparrow \to U_{ct} \uparrow \to U_{d0} \uparrow \to I_d \uparrow \to n \uparrow \to U_n \uparrow \to \Delta U_n = (U_n^* - U_n) \downarrow \to U_{ct} \downarrow \to U_{d0} \downarrow \to n \downarrow$$

即放大器放大系数漂移引起的转速变化，最终可通过反馈控制作用减小它们对转速的影响。

2）当电网电压扰动，使 $K_S \uparrow$，则

$$K_S \uparrow \to U_{d0} \uparrow \to I_d \uparrow \to n \uparrow \to U_n \uparrow \to \Delta U_n = (U_n^* - U_n) \downarrow \to U_{ct} \downarrow \to U_{d0} \downarrow \to n \downarrow$$

最终也可通过负反馈得到调节。

图 1-32　反馈控制系统给定作用和扰动作用

抗扰性能是闭环负反馈控制系统最突出的特征。根据这一特征，在设计系统时，一般只考虑其中最主要的扰动。例如，在调速系统中可以只考虑负载扰动，按照抑制负载扰动的要求进行设计，而其他扰动的影响则必然会受到闭环负反馈的抑制。

（4）反馈控制系统对于给定电源和检测装置中的扰动是无法抑制的

由于被调量转速紧紧跟随给定电压的变化，当给定电源发生不应有的波动，转速也随之变化。反馈控制系统无法鉴别是正常的调节还是不应有的波动，因此高精度的调速系统需要高精度的给定电源。

另外，反馈控制系统也无法抑制由于反馈检测环节本身的误差所引起的被调量的偏差。例如，若图 1-32 中测速发电机的励磁发生变化，则转速反馈电压 U_n 必然改变，通过系统的反馈调节，反而使转速离开了原应保持的数值。此外，测速发电机输出电压中的纹波、由于制造和安装不良造成的转子和定子间的偏心等，也都会给系统带来周期性的干扰。为此，高

精度的系统还必须有高精度的反馈检测元件作保障。

7. 系统的稳态参数计算

设计有静差调速系统,首先必须进行系统静特性参数计算。下面以一个具体的直流调速系统说明系统稳态参数计算。

例 1-3　直流调速系统原理框图如图 1-33 所示,根据下面给定的技术数据,对系统进行稳态参数计算。已知数据如下:

(1) 电动机:额定数据为 $P_{\text{nom}} = 10\text{kW}$、$U_{\text{nom}} = 220\text{V}$、$I_{\text{nom}} = 55\text{A}$、$n_{\text{nom}} = 1000\text{r/min}$,电枢电阻 $R_{\text{a}} = 0.5\Omega$;

(2) 晶闸管整流装置:三相全控桥式整流电路,整流变压器 Yd 联结,二次线电压 $U_{2l} = 230\text{V}$,触发整流环节的放大系数 $K_{\text{s}} = 44$;

(3) V-M 系统:主回路总电阻 $R = 1.0\Omega$;

(4) 测速发电机:ZYS231/110 型永磁式直流测速发电机,额定数据为 $P_{\text{nom}} = 23.1\text{W}$、$U_{\text{nom}} = 110\text{V}$、$I_{\text{nom}} = 0.21\text{A}$、$n_{\text{nom}} = 1900\text{r/min}$。

生产机械:要求调速范围 $D = 10$,静差率 $s \leqslant 5\%$。

图 1-33　反馈控制有静差直流调速系统原理框图

解:(1) 为了满足 $D = 10$,$s \leqslant 5\%$,额定负载时调速系统的稳态转速降应为

$$\Delta n_{\text{cl}} \leqslant \frac{n_{\text{nom}}s}{D(1-s)} = \frac{1000 \times 0.05}{10(1-0.05)}\text{r/min} = 5.26\text{r/min}$$

(2) 根据 Δn_{cl},确定系统的开环放大系数 K

$$K \geqslant \frac{I_{\text{nom}}R}{C_{\text{e}}\Delta n_{\text{cl}}} - 1 = \frac{55 \times 1.0}{0.1925 \times 5.26} - 1 = 53.3$$

式中

$$C_{\text{e}} = \frac{U_{\text{nom}} - I_{\text{nom}}R_{\text{a}}}{n_{\text{nom}}} = \frac{220 - 55 \times 0.5}{1000}\text{V} \cdot \text{min/r} = 0.1925\text{V} \cdot \text{min/r}$$

(3) 计算测速反馈环节的参数。测速反馈系数 α 包含测速发电机的电动势转速比 C_{etg} 和电位器 RP_2 的分压系数 α_2,即 $\alpha = \alpha_2 C_{\text{etg}}$。

根据测速发电机的数据

$$C_{\text{etg}} = \frac{110}{1900}\text{V} \cdot \text{min/r} \approx 0.0579\text{V} \cdot \text{min/r}$$

本系统直流稳压电源为 15V、最大转速给定电压为 12V 时，对应电动机的额定转速（即 $U_n^* = 12V$ 时）$n = 1000\text{r/min}$。测速发电机与电动机直接硬轴联接。

当系统处于稳态时，近似认为 $U_n^* \approx U_n$，则

$$\alpha \approx \frac{U_n^*}{n_{nom}} = \frac{12}{1000}\text{V} \cdot \text{min/r} = 0.012\text{V} \cdot \text{min/r}$$

$$\alpha_2 = \frac{\alpha}{C_{etg}} = \frac{0.012}{0.0579} \approx 0.2$$

电位器 RP_2 的选择方法如下：当测速发电机输出最高电压时，其电流约为额定值的 20%，这样，测速发电机电枢压降对检测信号的线性度影响较小，则

$$R_{RP_2} \approx \frac{C_{etg}n_{nom}}{0.2I_{nom}} = \frac{0.0579 \times 1000}{0.2 \times 0.21}\Omega \approx 1379\Omega$$

此时 RP_2 所消耗的功率为

$$P_{RP_2} = C_{etg}n_{nom} \times 0.2I_{nom} = 0.0579 \times 1000 \times 0.2 \times 0.21\text{W} \approx 2.43\text{W}$$

为使电位器不过热，实选功率应为消耗功率的一倍以上，故选 RP_2 为 10W、1.5kΩ 的可调电位器。

（4）计算放大器的电压放大系数

$$K_p = \frac{KC_e}{\alpha K_s} = \frac{53.3 \times 0.1925}{0.012 \times 44} \approx 19.43$$

实取 $K_p = 20$。

如果取放大器输入电阻 $R_0 = 20\text{k}\Omega$，则反馈电阻

$$R_1 = K_p R_0 = 20 \times 20\text{k}\Omega = 400\text{k}\Omega$$

1.2.3　单闭环转速负反馈直流调速系统的限流保护

1. 问题的提出

众所周知，直流电动机全压起动时会产生很大的冲击电流；另外，有些生产机械的电动机可能会遇到堵转情况，如机械轴被卡住或挖土机工作时遇到坚硬的石头等。在这些情况下，由于闭环系统的静特性很硬，若无限流环节，电枢电流将远远超过允许值。这不仅对电动机换向不利，对过载能力低的晶闸管来说也是不允许的。为此，调速系统应具备以下性能特点：

1）起动过程中和堵转状态下能自动保持电流不超过允许值。

2）在稳定运行时，仍具备闭环调速系统的一切优越性。

2. 电流截止负反馈环节

为了解决上述问题，系统中必须设有自动限制电枢电流的环节。从上述第一点考虑，可引入电流负反馈来限流；从第二点考虑，这种限流反馈作用只能在起动和堵转时存在，在电动机正常运行时应自动取消。这种当电流达到一定程度时才出现的电流负反馈叫做电流截止负反馈，如图 1-34 所示。

电流截止负反馈环节如图 1-34a 所示。电流反馈信号从串联于电枢回路的小电阻 R_s 上取出，大小为 $I_d R_s$，正比于电枢电流。电流截止环节由提供电流截止比较电压 U_{com} 的调节电位器 RP_3 及其直流电源和二极管 VD 组成，二极管的作用是保证电流反馈控制电路中只能有单方向电流，相当于电流截止的控制开关。设 I_{dcr} 为临界截止电流，引入电流截止比较电压

图 1-34　电流截止负反馈

a）利用独立直流电源作比较电压　b）利用稳压管产生比较电压

U_{com}并令其等于$I_{dcr}R_s$，将其与I_dR_s反向串联。

系统正常工作时，$I_dR_s \leqslant U_{com}$，即$I_d \leqslant I_{dcr}$，二极管截止，电流反馈被切断，此时系统就是一般的转速负反馈闭环调速系统，其静特性很硬。

当起动或堵转产生过电流时，$I_dR_s > U_{com}$，即$I_d > I_{dcr}$，二极管导通，电流反馈信号$U_i = I_dR_s - U_{com}$加至放大器的输入端，此时偏差电压$\Delta U = U_n^* - U_n - U_i$（见图1-36），$U_i$随$I_d$的增大而增大，使$\Delta U$下降，从而$U_{d0}$下降，抑制$I_d$上升。此时系统静特性较软。电流负反馈环节的限流过程如下所示：

$$I_d \uparrow \rightarrow U_i \uparrow \rightarrow \Delta U \downarrow \rightarrow U_{ct} \downarrow \rightarrow U_{d0} \downarrow \rightarrow I_d \downarrow$$

调节U_{com}的大小，即可改变临界截止电流I_{dcr}的大小，从而实现系统限制电枢电流的控制要求。图1-34b所示为利用稳压管VS的击穿电压U_{br}作为比较电压的电路，其电路简单，但不能平滑调节临界截止电流值，调节不便。

应用电流截止负反馈环节后，虽然限制了最大电流，但在主电路中，为防止短路还必须接入快速熔断器。为防止在截止环节出故障时把晶闸管烧坏，在要求较高的场合，还应增设过电流继电器。

3. 带电流截止负反馈环节的单闭环调速系统

在转速闭环调速系统的基础上，增加电流截止负反馈环节，就可构成带有电流截止负反馈环节的转速闭环直流调速系统，原理框图如图1-35所示。

图 1-35　带电流截止负反馈的转速闭环直流调速系统原理框图

　　由系统中各环节的输入/输出关系，可以画出系统的稳态结构图，如图 1-36 所示，由此来分析系统的静特性。根据电流截止负反馈的特性和稳态结构图可推出系统的静特性方程。

图 1-36　带电流截止负反馈的转速闭环直流调速系统稳态结构图

　　当 $I_d R_s \leqslant U_{com}$ 时，电流截止负反馈不起作用，系统的闭环静特性方程为

$$n = \frac{K_p K_s U_n^*}{C_e(1+K)} - \frac{R}{C_e(1+K)} I_d = n_0 - \Delta n \tag{1-39}$$

　　当 $I_d R_s > U_{com}$ 时，电流截止负反馈起作用，其静特性方程为

$$n = \frac{K_p K_s U_n^*}{C_e(1+K)} - \frac{K_p K_s}{C_e(1+K)}(R_s I_d - U_{com}) - \frac{R I_d}{C_e(1+K)}$$

$$= \frac{K_p K_s(U_n^* + U_{com})}{C_e(1+K)} - \frac{(R + K_p K_s R_s) I_d}{C_e(1+K)} = n'_0 - \Delta n' \tag{1-40}$$

　　请考虑，式（1-39）中的 R 与转速闭环负反馈调速系统中的 R 一样吗？

　　由式（1-39）和式（1-40）画出静特性曲线，如图 1-37 所示。式（1-39）对应于图中的 n_0-A 段，它就是静特性较硬的转速负反馈闭环调速系统；式（1-40）对应于图中的 A-B 段，此时电流负反馈起作用，特性急剧下垂。两段相比有如下特点：

　　1）$n'_0 \gg n_0$，这是由于比较电压 U_{com} 与给定电压 U_n^* 的作用一致，因而提高了虚拟的理想空载转速 n'_0。实际上图 1-37 中虚线 n'_0-A 段因电流负反馈被截止而不存在。

　　2）$\Delta n'_0 \gg \Delta n$，这说明电流负反馈起作用时，相当于在主电路中串入一个大电阻 $K_p K_s R_s$，因此随负载电流的增大，转速急剧下降，稳态转速降极大，特性急剧下垂。

　　这样的两段式静特性通常称为"挖土机特性"。当挖土机遇到坚硬的石块而过载时，电动机停下，如图 1-37 中的 B 点，此时的电流等于堵转电流 I_{dbl}，A 点为临界截止电流 I_{dcr}。

　　在实际系统中，也可用电流互感器来检测主电路的电流，从而将主电路与控制电路实行电气隔离，保证人身和设备的安全。

图 1-37　带电流截止负反馈的转速
闭环直流调速系统静特性

　　实现电流截止还可采用图 1-38 所示的电路。用上述的 U_i 电压信号去封锁运算放大器。在运算放大器的输入/输出端跨接开关管 VT，一旦产生 U_i，则使 VT 导通，造成运算放大器的反馈电阻短路，放大系数接近于零，则控制电压 U_{ct} 近似为零。当负载电流减小时，从电位器上引出的正比于负载电流的电压不足以击穿稳压管 VS，U_i 消失，VT 截止，运算放大器

恢复正常工作。RP_s 是用来调节截止电流的。

图 1-38　封锁运算放大器的电流截止环节

1.2.4　电压负反馈直流调速系统

要实现转速负反馈必须有测速装置，这不仅成本高而且给系统的安装与维护带来不便。电压负反馈控制可以解决此问题，它适用于对调速指标要求不高的系统。

从 $n = \dfrac{U_d - I_{nom}R_a}{C_e} \approx \dfrac{U_d}{C_e}$ 可知：如果忽略电枢压降，则直流电动机的转速 n 近似正比于电枢两端电压 U_d，因此可采用电压负反馈代替转速负反馈，维持转速 n 基本不变，原理框图如图 1-39 所示。

图 1-39　电压负反馈直流调速系统原理框图

由图 1-39 可见，电压反馈检测元件是起分压作用的电位器 RP_2。RP_2 并联于直流电动机电枢两端，把它的一部分电压 $U_u = \gamma U_d$ 反馈到输入端。与转速给定电压 U_n^* 比较后，得到偏差电压 ΔU_n，经放大器放大后产生控制电压 U_{ct} 送给晶闸管触发器 GT，用以调节晶闸管整流输出电压 U_{d0}，从而控制电动机的转速。其中 γ 为电压反馈系数。

为了获得电压反馈信号，需要把电枢回路总电阻分成两部分，即 $R = R_n + R_a$，式中，R_n 为晶闸管整流装置的内阻（含平波电抗器电阻），R_a 为电枢电阻。由此可得

$$U_{d0} - I_d R_n = U_d$$
$$U_d - I_d R_a = E$$

其稳态结构图如图 1-40a 所示，利用结构图运算规则，可将图 1-40a 分解为 b、c、d 三个部分，先分别求出每部分的输入/输出关系，再叠加起来，即得电压负反馈调速系统的静特性方程

$$n = \frac{K_p K_s U_n^*}{C_e(1 + K)} - \frac{R_n I_d}{C_e(1 + K)} - \frac{R_a I_d}{C_e} \tag{1-41}$$

式中，$K = \gamma K_{\mathrm{p}} K_{\mathrm{s}}$。

图 1-40 电压负反馈调速系统稳态结构图及其分解图

a) 稳态结构图　b)、c)、d) 分解图

由式（1-41）可知，电压负反馈把反馈环包围的整流装置内阻引起的稳态转速降减小到 $1/(1+K)$。当负载电流增加时，$I_{\mathrm{d}} R_{\mathrm{n}}$ 增大，电枢电压 U_{d} 降低，电压负反馈信号 U_{u} 随之降低。输入运算放大器偏差电压 $\Delta U_{\mathrm{n}} = U_{\mathrm{n}}^{*} - U_{\mathrm{u}}$ 增大，使整流装置输出的电压增加，从而补偿了转速降落。由此可知，电压负反馈系统实际上是一个自动调压系统。而扰动量 $I_{\mathrm{d}} R_{\mathrm{a}}$ 不包围在反馈环内，由它引起的稳态转速降便得不到抑制，系统的稳态精度较差。解决的办法是，在此基础上再引入电流正反馈，以补偿电枢电阻引起的稳态压降。

1.2.5　转速负反馈无静差直流调速系统

1. 问题的提出

从前面反馈控制规律的学习中知道：采用比例放大器的反馈控制系统是有静差的。这是因为闭环系统的稳态转速降为

$$\Delta n_{\mathrm{cl}} = \frac{R I_{\mathrm{d}}}{C_{\mathrm{e}}(1+K)}$$

只有当 $K = \infty$ 时才能使 $\Delta n_{\mathrm{cl}} = 0$，即实现无静差。由于比例放大器的放大倍数 K_{p} 为有限值，所以 K 值也不可能为无穷大。因此，采用比例放大器的反馈控制系统是有静差的。

要实现无静差，必须使 $K = \infty$ 才能使 $\Delta n_{\mathrm{cl}} = 0$。根据 $K = K_{\mathrm{p}} K_{\mathrm{s}} \alpha / C_{\mathrm{e}}$ 知道，只有通过 $K_{\mathrm{p}} = \infty$ 来实现。要使 $K_{\mathrm{p}} = \infty$ 可以使用积分调节器。

2. 积分调节器和积分控制规律

图 1-41a 所示为由线性集成运算放大器构成的积分调节器（简称 I 调节器）电路；图 1-41b 所示为积分调节器的输出特性。

图 1-41　积分调节器电路及其输出特性

a) 电路　b) 输出特性

当 U_{out} 初始值为零，U_{in} 为阶跃输入时，得

$$U_{\text{out}} = \frac{-U_{\text{in}}}{\tau}t \tag{1-42}$$

式中，τ 为积分时间常数，$\tau = R_0 C$。

可以看出，当输入量 U_{in} 为恒值时，输出量 U_{out} 随时间线性增长。只要 U_{in} 不为零，积分调节器的输出量就不断积累，如图 1-41b 所示。输出信号的响应具有滞后性，U_{outm} 为饱和值。当输入量变为零时，输出量并不变为零而是保持输入信号为零前的输出值。在电路中，这个电压就是充了电的电容器的电压。若要实现积分调节器的输出量下降，只有使输入量与原输入量的极性相反。

在转速负反馈直流调速系统中若采用积分环节，则可以实现无静差调节，这是因为若以稳态转速降 Δn 作为输入量，当稳态转速降不为零时，其积分积累过程不停止，系统输出量 n 不断增长，使稳态转速降减小，直至为零，停止积分。但因为积分控制有滞后性，满足不了系统的快速性要求，所以常采用比例积分调节器。

3. 比例积分调节器

比例积分调节器（简称 PI 调节器），如图 1-42a 所示。其输出

$$U_{\text{out}} = -\left(\frac{R_1}{R_0}U_{\text{in}} + \frac{1}{R_0 C_1}\int U_{\text{in}}\mathrm{d}t\right) = -\left(K_{\text{pi}}U_{\text{in}} + \frac{1}{\tau}\int U_{\text{in}}\mathrm{d}t\right) \tag{1-43}$$

式中，K_{pi} 为 PI 调节器的比例放大系数，$K_{\text{pi}} = R_1/R_0$；τ 为 PI 调节器的积分时间常数，$\tau = R_0 C_1$。

由上述可见，PI 调节器的输出电压是由比例和积分两个部分组成。比例部分 $K_{\text{pi}}U_{\text{in}}$ 能迅速反映输入，加快响应过程；积分部分 $\frac{1}{\tau}\int U_{\text{in}}\mathrm{d}t$ 是输入量对时间的积累过程，最终消除误差。在零初始状态和阶跃输入下，PI 调节器的输出特性如图 1-42b 所示。比例积分调节器兼有比例与积分调节器二者的优点，在自动控制系统中获得了广泛应用。

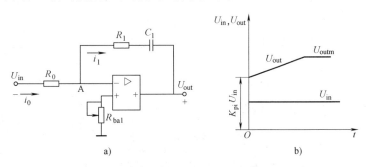

图 1-42　比例积分调节器电路及其输出特性
a）电路　b）输出特性

PI 调节器控制的物理过程实质是，当突加输入信号时（动态时），由于电容两端电压不能突变，电容相当于短路，调节器相当于一个放大系数为 $K_{\text{pi}} = R_1/R_0$ 的比例调节器，其输出端输出为输入信号的 K_{pi} 倍，实现快速控制；此时放大系数数值不大，有利于系统的稳定。随着电容充电，输出电压开始积分的积累过程，其数值不断增长，直到实现转速的无静差控制。实际上，输出量不会无限制地增长，因为调节器通常都设有输出限幅电路，当输出电压

达到运算放大器的限幅值 U_{outm} 时，就不再增长。稳态时，电容相当于开路，与积分调节器相同，其放大系数为运算放大器的开环放大倍数，数值很大（在 10^4 数量级以上），这使系统的稳态误差大大减小。这样不仅很好地实现了快速性与无静差控制，同时又解决了系统的动、静态对放大系数要求不同的矛盾。

4. 带 PI 调节器的无静差直流调速系统

图 1-43 所示为采用比例积分调节器的无静差直流调速系统原理框图。

图 1-43　采用比例积分调节器的无静差直流调速系统原理框图

由图 1-43 可以看出，此系统采用转速负反馈和电流截止负反馈环节，转速调节器（ASR）采用 PI 调节器。当系统负载突增时的动态过程如图 1-44 所示。

（1）无静差的实现

稳态时，比例积分调节器的输入偏差电压 $\Delta U_n = 0$。当负载由 T_{L1} 增至 T_{L2} 时，转速 n 下降，U_n 也下降，使偏差电压 $\Delta U_n = U_n^* - U_n$ 不为零，比例积分调节器进入调节过程。

由图 1-44 可知，比例积分调节器的输出电压的增量 ΔU_{ct} 分为两部分。在调节过程的初始阶段，比例部分立即输出

$$\Delta U_{ct1} = K_p \Delta U_n \qquad (1-44)$$

波形与 ΔU_n 相似，见图 1-44 所示虚线 1；积分部分 ΔU_{ct2} 波形为 ΔU_n 对时间的积分，见虚线 2。比例积分为曲线 1 和曲线 2 相加，见曲线 3。

在初始阶段，由于 $\Delta n(\Delta U_n)$ 较小，积分曲线上升较慢。比例部分正比于 ΔU_n，虚曲线 1 上升较快。当 Δn（ΔU_n）达到最大值时，比例部分输出 ΔU_{ct1} 达到最大值，积分部分的输出电压 ΔU_{ct2} 增长速度最大。此后，转速开始回升，ΔU_n 开始减小，比例部分 ΔU_{ct1} 曲线转为下降，

图 1-44　系统负载突增时的动态过程

积分部分 ΔU_{ct2} 继续上升，直至 ΔU_n 为零。此时积分部分起主要作用。可以看出，在调节过程的初、中期，比例部分起主要作用，保证了系统的快速响应；在调节过程的后期，积分部分起主要作用，最后消除偏差。

（2）比例积分调节器的实用电路

由 FC54 运算放大器构成的比例积分调节器的实用电路如图 1-45 所示。现对各环节的作用介绍如下：

1）零点调节、零点漂移抑制和锁零电路。由运算放大器构成的调节器的基本要求之一是"零输入时，零输出"。若由于温度变化或其他原因而造成输入为零时输出不为零，则可调节调零电位器 RP_1 使输出为零。比例积分调节器在稳态时，电容器 C_1 相当于开路，放大系数很大，运算放大器零点漂移的影响便很大，在由 R_1、C_1 串联构成的反馈电路两端并联一个反馈电阻 R'_1，可抑制零漂引起的输出电压的波动。R'_1 一般取 $2 \sim 4 \mathrm{M}\Omega$。

运算放大器零漂的存在，还可能使系统在"停车"时爬行，为此，通常采用锁零电路。图 1-45 中采用了 N 沟道耗尽型场效应晶体管（如 3DJ6），当"停车"时，系统发出锁零信号，使场效应晶体管的栅极电压为零，则源、漏极间有较大电流通过（漏、源极之间相当于短路），运算放大器的反馈电路被短接，起锁零作用；当系统运行时，锁零信号消失，栅极在 $-15\mathrm{V}$ 电源作用下呈负压，源、漏极之间相当于开路，保证系统正常运行。栅极电路中的阻容滤波环节，主要起抗干扰作用，以防误动作。

图 1-45　比例积分调节器的实用电路

2）消除寄生振荡电路。由于运算放大器的开环放大系数很高，晶体管的结间电容、引线的电感和分布电容，使输出、输入间存在寄生耦合，产生高频寄生振荡。在 FC54 的 3、10 两端间外接一补偿电容可消除寄生振荡。

3）调节器的输入、输出限幅电路和输入滤波电路。为防止过大的信号输入使运算放大器发生"堵塞现象"。在运算放大器的正、反相输入端间，外接两个反并联的二极管 VD_1 和 VD_2，它们构成输入限幅电路。

为滤去输入信号中的谐波成分，在运算放大器的反相输入端外接 T 形滤波电路，并起延缓作用。稳态时，电容 C_0 相当于开路，其输入回路电阻 $R_0 = R_{01} + R_{02}$（一般 $R_{01} = R_{02} = 10 \sim 20\text{k}\Omega$）。动态时，T 形滤波器相当于一个"惯性环节"。

为了保证运算放大器的线性特性并保护调速系统的各个部件，设置输出电压限幅是十分必要的。输出限幅电路有很多种。图 1-45 采用的是二极管钳位的输出限幅电路（也称外限幅），其中，E_1、E_2 为 ±15V 电源，调节电位器 RP_2、RP_3 可以调节正、反向电压的限幅值。R_2 为限幅时的限流电阻。

当输出电压 $U_c > (U_M + \Delta U_D)$ 时，二极管 VD_3 导通，此时输出电压 $U_c = U_{cm}^+ = U_M + \Delta U_D$（式中 U_M 为 M 点对地的电压，ΔU_D 为二极管压降，U_{cm}^+ 为正向输出电压限幅值）。

当输出电压 $U_c < (|U_N| + \Delta U_D)$ 时，二极管 VD_4 导通，输出电压 $U_c = U_{cm}^- = (|U_N| + \Delta U_D)$（$U_{cm}^-$ 为反向输出电压限幅值，此处 U_N 为负值）。

4）调节器的输出功率放大电路。运算放大器的最大输出功率是有限的，如 FC54 最大输出电流为 10mA，一般不能直接驱动负载，因此需要外加功率放大电路。图 1-45 中，由 VT_1、VT_2 构成推挽功率放大器，R_5、R_6 是集电极限流电阻，二极管 VD_5 是用来补偿 VT_1 和 VT_2 基极死区电压的。

（3）电流检测电路

图 1-43 所示系统的电流截止负反馈信号 U_i 由交流侧的电流互感器测得，再经桥式整流后输出直流信号，电路如图 1-46 所示。整流装置的交流侧电流与直流侧电流成正比。当电流大于截止电流时，则稳压管被击穿导通，负反馈电压 U_i 便使晶体管 VT 导通，而使电流降低下来。

图 1-46　电流检测电路

1.3　转速电流双闭环直流调速系统

1.3.1　理想起动及其实现

1. 理想起动

电流截止负反馈只能限制最大起动电流，而不能保证在整个起动过程中维持最大电流，随着转速的上升，电动机反电动势增加，使起动电流 i_d 到达最大值后又迅速降下来，电磁转矩也随之减小，必然影响起动的快速性（即起动时间 t_s 较长），如图 1-47a 所示。

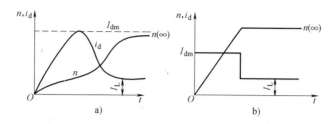

图 1-47　调速系统起动过程的电流和转速波形
a）带电流截止负反馈的单闭环　b）理想快速起动过程

为了提高生产效率，充分利用晶闸管器件及电动机的过载能力，要求实现理想起动。理想起动过程如图 1-47b 所示，即在整个起动过程中，使起动电流一直保持最大允许值，此时电动机以最大转矩起动，转速迅速以直线规律上升，以缩短起动时间；起动结束后，电流从最大值迅速下降为负载电流值且保持不变，转速维持给定转速不变。

2. 理想起动的实现

为了实现理想起动过程，工程上常采用转速电流双闭环负反馈调速系统。起动时，让转速外环饱和不起作用，电流内环起主要作用，调节起动电流保持最大值，使转速线性变化，迅速达到给定值；稳态运行时，转速负反馈外环起主要作用，使转速随转速给定电压的变化而变化，电流内环跟随转速外环调节电动机的电枢电流以平衡负载电流。

1.3.2　转速电流双闭环直流调速系统的组成及工作原理

1. 系统的组成

图 1-48 所示为转速电流双闭环直流调速系统原理框图。为了使转速负反馈和电流负反馈分别起作用，系统中设置了电流调节器 ACR 和转速调节器 ASR。由图 1-48 可见，ACR 和电流检测-反馈回路构成了电流环；ASR 和转速检测-反馈环节构成了转速环，故称为双闭环调速系统。因转速环包围电流环，故称电流环为内环（副环），转速环为外环（又称主环）。在电路中，ASR 和 ACR 串联，即把 ASR 的输出作为 ACR 的输入，再由 ACR 的输出去控制

图 1-48　转速电流双闭环直流调速系统原理框图

ASR—转速调节器　ACR—电流调节器　TG—测速发电机　TA—电流互感器　GT—触发装置
U_n^*—转速给定电压　U_n—转速反馈电压　U_i^*—电流给定电压　U_i—电流反馈电压

晶闸管整流器的触发装置。ASR 和 ACR 均为比例积分调节器，其输入/输出设有限幅电路。ACR 输出限幅值为 U_{ctm}，它限制了晶闸管整流器输出电压 U_{dm} 的最大值。ASR 输出限幅值为 U_{im}^*，它决定了主电路中的最大允许电流 I_{dm}。

2. 系统的工作原理

1）起动时，突加阶跃给定信号 U_n^*，由于机械惯性，转速很小，转速偏差电压 ΔU_n 很大，ASR 饱和，输出为限幅值 U_{im}^* 且不变，转速环相当于开环。在此情况下，电流负反馈环起恒流调节作用，转速线性上升。

2）当转速达到给定值且略有超调时，转速环的输入信号变极性，ASR 退饱和，转速负反馈环起调节作用，使转速保持恒定，即 $n = U_n^*/\alpha$ 保持不变。

3）此时，转速环要求电流迅速响应转速 n 的变化，而电流环则要求维持电流不变，这不利于电流对转速变化的响应，有使静特性变软的趋势。但由于转速环是外环，起主导作用，而电流环的作用只相当转速环内部的一种扰动作用而已，只要转速环的开环放大倍数足够大，最终靠 ASR 的积分作用，可消除转速偏差。

1.3.3　双闭环直流调速系统的稳态结构图、静特性及稳态参数计算

1. 双闭环直流调速系统的稳态结构图

为了更清楚地了解转速电流双闭环直流调速系统的特性，必须对双闭环调速系统的稳态结构图进行分析。图 1-49 所示为双闭环调速系统的稳态结构图。图中，ACR 和 ASR 的输入、输出信号的极性，主要视触发电路对控制电压的要求而定。若触发器要求 ACR 的输出 U_{ct} 为正极性，由于调节器一般为反向输入，则要求 ACR 的输入 U_i^* 为负极性；所以，要求 ASR 输入的给定电压 U_n^* 为正极性。

图 1-49　双闭环调速系统的稳态结构图

从图 1-49 可见，系统存在如下两个环：

1）以 ACR 为核心的电流环。它由 ACR 和电流负反馈环组成，通过电流负反馈的自动调节作用稳定电流。

2）以 ASR 为核心的转速环。它由 ASR 和转速负反馈环组成，通过转速负反馈的作用维持转速稳定，最终消除转速偏差。

2. 双闭环调速系统的静特性

分析双闭环调速系统静特性的关键是掌握转速比例积分调节器的稳态特征，它有两种状态：饱和——输出达到限幅值，输入量的变化不再影响输出（除非输入信号变极性使转速调节器退饱和），这时转速环相当于开环；不饱和——输出未达到限幅值，通过转速调节器

的调节，使输入偏差电压 ΔU_n 在稳态时为零。

1）起动时，ASR 饱和，转速环相当于开环。此时电流负反馈环起恒流调节作用，转速线性上升，从而获得极好的下垂特性，如图 1-50 所示的 AB 段虚线。

2）当转速达到给定值且略有超调时，ASR 退饱和进行调节。由于转速环是外环，起主导作用，最终靠 ASR 的调节，可消除转速偏差，使转速保持恒定，如图 1-50 所示的 n_0-A 段虚线。

图 1-50　双闭环直流调速系统的静特性

3. 双闭环调速系统各变量的稳态工作点和稳态参数计算

当系统的 ASR 和 ACR 两个比例积分调节器都不饱和且系统处于稳态时，各变量间的关系为

$$U_n^* - U_n = U_n^* - \alpha n = 0 \tag{1-45}$$

$$U_i^* - U_i = U_i^* - \beta I_{dL} = 0 \tag{1-46}$$

$$U_{ct} = \frac{U_{d0}}{K_s} = \frac{C_e n + I_d R}{K_s} = \frac{C_e U_n^* / \alpha + I_{dL} R}{K_s} \tag{1-47}$$

从上述式子可知，在稳态工作点上，转速 n 由给定电压 U_n^* 决定，而 ASR 的输出量 U_i^* 由负载电流 I_{dL} 决定，控制电压 U_{ct} 由转速 n 和 I_d 的大小决定。很明显，比例调节器的输出量总是由输入量决定；而比例积分调节器与比例调节器不同，它的输出与输入无关，而是由它后面所接的环节决定。

另外，转速反馈系数和电流反馈系数还可通过下面两式计算：

转速反馈系数

$$\alpha = \frac{U_{nm}^*}{n_{max}} \tag{1-48}$$

电流反馈系数

$$\beta = \frac{U_{im}^*}{I_{dm}} \tag{1-49}$$

式中，U_{nm}^* 和 U_{im}^* 分别为最大转速给定电压和 ASR 的输出限幅电压。

1.3.4　双闭环直流调速系统的起动特性

双闭环直流调速系统的起动特性如图 1-51 所示。在突加阶跃转速给定信号 U_n^* 情况下，由于起动瞬间电动机转速为零，ASR 的输入偏差电压 $\Delta U_n = U_n^{\square}$，ASR 饱和，输出限幅值为 $U_{im}^{\square}$，ACR 的输出 U_{ct} 及电动机电枢电流 I_d 和转速 n 的动态响应过程可分为电流上升过程、恒流升速过程和转速趋于稳定三个阶段。在分析双闭环直流调速系统起动过程的各个阶段时，要抓住以下几个关键：

$$I_d > I_{dL}, \frac{dn}{dt} > 0, n \text{ 升速}; I_d < I_{dL}, \frac{dn}{dt} < 0, n \text{ 降速}; I_d = I_{dL}, \frac{dn}{dt} = 0, n = \text{ 常数}。$$

1. 起动过程的第 I 阶段（电流上升过程）

原因：刚起动时，转速 n 为零，$\Delta U_n = U_n^* - \alpha n$ 最大，它使 ASR 的输出电压 $|-U_i^*|$ 迅速增大，很快上升到限幅值 U_{im}^*，如图 1-51a、b 所示。此时 U_{im}^* 作为电流环的给定电压，其

输出电流迅速上升，当 $I_d = I_{dL}$ 时，n 开始上升，由于 ACR 的调节作用，很快使 $I_d = I_{dm}$，标志着电流上升过程结束，如图 1-51c、d 所示。

状态：ASR 迅速达到饱和状态，不再起调节作用。因电磁时间常数 T_L 小于机电时间常数 T_m，U_i 比 U_n 增长快，这使 ACR 的输出不饱和，起主要调节作用。

特征关系：$\beta = U_i^* / I_d$，$U_{im}^* \approx \beta I_{dm}$ 为电流闭环的整定依据。

特殊位置：A 点——$I_d = I_{dL}$ 时，n 开始升速；B 点——$I_d = I_{dm}$ 时，快速起动开始。

图 1-51　双闭环直流调速系统的起动特性

2. 起动过程的第 II 阶段（恒流升速过程）

原因：随着转速上升，电动机反电动势 E 上升（$E \propto n$），电流将从 I_{dm} 有所回落。但由于 ACR 的无静差调节作用，使 $I_d = I_{dm}$，电流保持最大值 I_{dm}，即 $I_{dm} = U_{im}^* / \beta$。转速直线上升，接近理想的起动过程。

状态：ASR 保持饱和，ACR 保持线性调节状态，U_{ct} 有调整裕量。

特征关系：$|U_{im}^*| > U_i$，$\Delta U_i = -U_{im}^* + \beta I_d < 0$，$U_{ct}$ 线性上升。

特殊位置：C 点——$n = n^*$，$U_n^* = U_n = \alpha n$。

3. 起动过程的第 III 阶段（转速趋于稳定）

原因：随着转速 n 不断上升，当转速 $n = n^*$ 时，$\Delta U_n = U_n^* - \alpha n = 0$。但此时电枢电流仍保持最大值，电动机转速继续上升，从而出现了转速超调现象。

当转速 n 大于 n^* 时，$\Delta U_n = U_n^* - \alpha n < 0$，ASR 的输入信号反向，输出下降，ASR 退出饱和。经 ASR 的调节，最终使 n 保持在 n^* 的数值上，而 ACR 调节使 $I_d = I_{dL}$。如图 1-51d、e 所示。

状态：ASR 退出饱和，速度环开始调节，n 跟随 U_n^* 变化；ACR 保持在不饱和状态，I_d 紧密跟随 U_i^* 变化。

特征关系：稳态时，ASR、ACR 输入/输出电压为
$$\Delta U_n = U_n^* - U_n = U_n^* - \alpha n = 0$$
$$\Delta U_i = -U_i^* + U_i = -U_i^* + \beta I_d = 0$$
$$U_{ct} = (C_e n^* + R I_{dL}) / K_s$$

特殊位置：D 点——$\mathrm{d}n / \mathrm{d}t = 0$，$n$ 为峰值；E 点——$n = n^*$，$I_d = I_{dL}$ 为稳态值。

可以看出，ASR 在电动机起动过程的第 I 阶段由不饱和到饱和、第 II 阶段处于饱和状态、第 III 阶段从退饱和到线性调节状态；而 ACR 始终处于线性调节状态。

1.3.5　双闭环直流调速系统动态性能的改进——转速微分负反馈

双闭环直流调速系统动态性能的不足就是有转速超调，而且抗扰性能的提高也受到一定

的限制。实践证明，在 ASR 上引入转速微分负反馈，可以抑制转速超调、显著降低动态速降，提高抗扰性能。

带转速微分负反馈的 ASR 如图 1-52a 所示。和普通 ASR 相比，增加了电容 C_{dn} 和电阻 R_{dn}，即在转速负反馈的基础上叠加一个转速微分负反馈信号。在转速变化过程中，只要有转速超调和动态速降的趋势，微分负反馈就开始进行调节，它能比普通双闭环系统更快达到平衡，如图 1-52b 曲线 2 所示。

图 1-52　带转速微分负反馈的 ASR 和转速微分负反馈对系统起动性能的影响
a）带微分负反馈的 ASR　b）转速微分负反馈对系统起动性能的影响

1.4　脉宽直流调速系统

1.4.1　PWM-M 系统概述

调节电枢电压的直流调压调速除了利用晶闸管整流器将交流电压整流成可调直流电压外，还可采用脉宽调制技术，将恒定的直流电压调制成极性可变、大小可调的直流电压，用以实现直流电动机电枢端电压的平滑调节，构成直流脉宽调速系统。采用门极关断（GTO）晶闸管、电力晶体管 GTR、P-MOSFET、IGBT 等全控型电力电子器件组成的直流脉冲宽度调制（Pulse Width Modulation，PWM）型调速系统近年来已日趋成熟，用途越来越广。PWM-M 系统与 V-M 系统相比，在许多方面具有较大的优越性：

1）主电路线路简单，需用的功率器件少。

2）开关频率高，电流容易连续，谐波少，电动机损耗和发热都较小。

3）低速性能好，稳速精度高，因而调速范围宽。

4）系统快速响应性能好，动态抗扰能力强。

5）主电路器件工作在开关状态，导通损耗小，装置效率较高。

6）直流电源采用不可控三相整流时，功率因数高。

各种全控型器件构成的直流脉宽调速系统的原理是一样的，只是不同器件具有各自不同的驱动、保护及器件的使用问题。而且 PWM-M 系统和 V-M 系统的主要区别在主电路和 PWM 控制电路。至于闭环控制系统以及静、动态分析和设计基本相同。

1.4.2 PWM 变换器和 PWM-M 系统开环机械特性

1. 脉宽调制原理

一部分由公共直流电源或蓄电池供电的工业传动设备要求把固定的直流电压变换为不同的电压等级。例如,有调速要求的地铁列车、无轨电车或由蓄电池供电的机动车辆等,它们需要把固定电压的直流电源变换为直流电动机电枢用的可变电压的直流电源。脉冲宽度调制(PWM)是通过功率管的开关作用,将恒定直流电压转换成频率一定、宽度可调的方波脉冲电压,通过调节脉冲电压的宽度从而改变输出电压平均值的一种功率变换技术。由 PWM 变换器向电动机供电的系统称为脉冲宽度调制直流调速系统,简称 PWM-M 调速系统。

2. PWM 变换器

PWM 变换器有不可逆和可逆两类,可逆变换器又有双极式、单极式等多种电路。变换器电路和工作原理详见 1.1.3 节的有关分析。

3. 脉宽调速系统的开环机械特性

不管是具有制动功能的不可逆 PWM 变换器,还是双极式和单极式的可逆 PWM 变换器,其稳态的电压、电流波形都是相似的。由于电路中具有反向电流通路,在同一转向下电流可正可负,无论是重载还是轻载,电流波形都是连续的,这就使得机械特性的关系式简单得多。

对于有制动功能的不可逆 PWM 变换器和单极式可逆 PWM 变换器,其电压方程为

$$\begin{cases} U_s = Ri_d + L\dfrac{di_d}{dt} + E & (0 \leq t < t_{on}) \\ 0 = Ri_d + L\dfrac{di_d}{dt} + E & (t_{on} \leq t < T_c) \end{cases} \tag{1-50}$$

对于双极式可逆 PWM 变换器,只有第二个方程中的电源电压改为 $-U_s$,其余不变,即

$$\begin{cases} U_s = Ri_d + L\dfrac{di_d}{dt} + E & (0 \leq t < t_{on}) \\ -U_s = Ri_d + L\dfrac{di_d}{dt} + E & (t_{on} \leq t < T_c) \end{cases} \tag{1-51}$$

一个周期内电枢两端的平均电压为 U_d,其平均电流用 I_d 表示,平均电磁转矩为 $T_e = C_m I_d$,而电枢回路电感两端电压 $L di_d/dt$ 的平均值为零。式(1-50)或式(1-51)的平均值方程都可以写成

$$DU_s = RI_d + E = RI_d + C_e n$$

则机械特性方程式为

$$n = \frac{DU_s}{C_e} - \frac{R}{C_e}I_d = n_0 - \frac{R}{C_e}I_d \tag{1-52}$$

或用转矩表示为

$$n = \frac{DU_s}{C_e} - \frac{R}{C_e C_m}T_e = n_0 - \frac{R}{C_e C_m}T_e \tag{1-53}$$

式中,n_0 为理想空载转速,$n_0 = DU_s/C_e$,与占空比 D 成正比。

PWM 变换器的机械特性如图 1-13 所示。

1.4.3　PWM-M 直流调速系统

图 1-53 所示为单闭环脉宽调速控制系统的原理框图，其中属于脉宽调速系统特有的环节有脉宽调制器 UPW、调制波发生器 GM、逻辑延时环节 DLD 和全控型电力电子器件驱动器 GD。

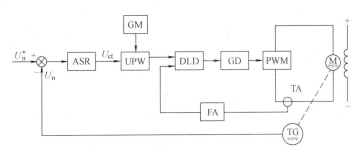

图 1-53　单闭环脉宽调速控制系统的原理框图

UPW—脉宽调制器　GM—调制波发生器　DLD—逻辑延时环节

GD—全控型电力电子器件驱动器　FA—限流保护环节

1）脉宽调制器和调制波发生器（UPW-GM）。脉宽调制器是一个电压-脉冲变换装置，由转速调节器 ASR 输出的控制电压 U_{ct} 进行控制，它将输入的直流控制信号转换成与之成比例的方波脉冲电压信号，以便对电力电子器件进行控制，从而得到希望的方波输出电压。

2）逻辑延时环节（DLD）。在可逆 PWM 变换器中，跨接在直流电源两端的上、下两个开关管经常交替工作，由于开关器件存在关断时间，在切换过程中如果一个开关管还未完全关断，此时另一管子已经导通，则将造成上下两管直通，从而使电源短路。为了避免发生这种情况，应设置一个逻辑延时环节。

3）限流保护环节（FA）。在逻辑延时环节中还可以引入保护信号，例如瞬时动作的限流保护信号（见图 1-53 中的 FA），一旦桥臂电流超过允许最大电流时，使上下两管同时封锁，以保护开关管。

4）全控型电力电子器件驱动器（GD）。全控型电力电子器件驱动器的作用是对提供的脉冲信号进行功率放大，以驱动主电路的开关管，每个开关管应有独立的驱动电路。为了确保开关管在开通时能迅速达到饱和导通，关断时能迅速截止，正确设计驱动器是非常重要的。

1.5　可逆直流调速系统

1.5.1　可逆运行及可逆电路

电动机可逆运行的本质是电磁转矩可逆。要实现可逆运行，关键是使电动机的电磁转矩改变方向。由直流电动机的电磁转矩 $T_e = K_m \Phi I_a$ 可知，转矩方向由磁场方向和电枢电压的极性共同决定。磁场方向不变，通过改变电枢电压极性实现可逆运行的系统，叫电枢可逆系统；电枢电压极性不变，通过改变励磁电流方向，实现可逆运行的系统，叫磁场可逆系统。与此对应，V-M 系统的可逆电路就有两种方式，即电枢反接可逆电路和励磁反接可逆电路。

1. 电枢反接可逆电路

两组晶闸管装置反并联供电的可逆电路如图 1-54 所示。H 形 PWM 可逆电源供电的可逆电路如图 1-55 所示。

图 1-54　两组晶闸管装置反并联供电的可逆电路　　图 1-55　H 形 PWM 可逆电源供电的可逆电路

在图 1-54 中，两组晶闸管装置分别由两套触发器控制，当正组晶闸管装置 VF 向电动机供电时，提供正向电枢电流 I_d，电动机正转；当反组晶闸管装置 VR 向电动机供电时，提供反向电枢电流 $-I_d$，电动机反转。

两组晶闸管装置供电的可逆电路在连接上又有两种形式：反并联和交叉连接，如图 1-56 所示。两者的差别在于，反并联电路中的两组晶闸管装置由同一个交流电源供电，且要有四个限制环流的电抗器，而交叉连接线路由两个独立的交流电源供电，只要两个限制环流的电抗器。这里所说的两个独立的交流电源，可以是两台整流变压器，也可以是一台整流变压器的两个二次绕组。

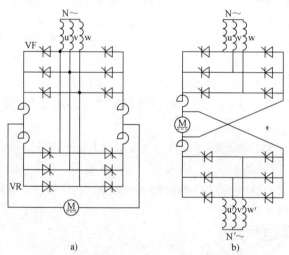

图 1-56　两组三相桥式变流器可逆电路

a）反并联可逆电路　b）交叉连接可逆电路

由两组晶闸管装置组成的电枢可逆电路，具有切换速度快、控制灵活等优点，在要求频繁、快速正反转的可逆系统中得到广泛应用，是可逆系统的主要形式。

2. 励磁反接可逆电路

要使直流电动机反转，除了改变电枢电压极性外，改变励磁电流的方向也能使直流电动机反转。因此又有励磁反接可逆电路，如图 1-57 所示。这时电动机电枢只要用一组晶闸管装置供电并调速，如图 1-57a 所示，而励磁绕组则由另外的两组晶闸管装置反并联供电，像电枢反接可逆电路一样，可以采用反并联或交叉连接中的任意一种方案来改变其励磁电流的方向。图 1-57b 中只画了两组晶闸管装置反并联提供励磁电流的方案，其工作原理读者可以自行分析。

图 1-57　两组晶闸管供电的励磁反接可逆电路
a）电枢电路　b）励磁反接可逆电路

由于励磁功率只占电动机额定功率的 1%~5%，显然励磁反接所需的晶闸管装置容量要比电枢反接可逆装置小得多，只要在电枢回路中用一组大容量的装置就够了，这对于大容量的调速系统，励磁反接的方案投资较少。但由于励磁绕组的电感较大，励磁电流的反向过程要比电枢电流的反向过程慢得多，此外，在反向过程中，在励磁电流由额定值下降到零的这段时间里，如果电枢电流依然存在，电动机将会出现弱磁升速的现象，这在生产工艺上是不允许的。因此，励磁反接的方案只适用于对快速性要求不高，正、反转不太频繁的大容量可逆系统，如卷扬机、电力机车等。

3. 回馈制动

要使电动机快速减速或停车，最经济有效的方法就是采用回馈制动，将制动期间释放的能量通过晶闸管装置回送到电网。电动机回馈制动时，晶闸管装置必须工作在逆变状态。

实现回馈制动，从电动机方面看，要么改变转速的方向，要么改变电磁转矩（即电枢电流）的方向。而任何负载在减速制动过程中，转速方向都不变，所以要实现回馈制动，必须设法改变电动机电磁转矩的方向，即改变电枢电流的方向。

对于单组 V-M 系统，要想改变电枢电流方向是不可能的，也就是说利用一组晶闸管装置不能实现带非位能负载系统的回馈制动。但是，可以利用两组晶闸管装置组成的可逆电路实现直流电动机的快速回馈制动。即电动机制动时，原工作于整流状态的一组晶闸管装置待整流，利用另外一组反并联的晶闸管装置逆变，实现电动机的回馈制动，如图 1-58 所示。

图 1-58　V-M 系统正组整流电动运行和反组逆变回馈制动
a）正组整流电动运行　b）反组逆变回馈制动　c）运行范围

图 1-58a 表示正组晶闸管装置 VF 给电动机供电，晶闸管装置处于整流状态，输出整流电压 U_{dof}（方向见图 1-58a），电动机吸收能量作电动运行。当需要回馈制动时，通过控制电路切换到反组晶闸管装置 VR，如图 1-58b 所示，并使其工作于逆变状态，输出逆变电压 U_{dor}（方向见图 1-58b），由于这时电动机的反电动势 E 方向未改变，当 E 略大于 $|U_{dor}|$ 时，产生反向电流 $-I_d$ 而实现回馈制动，这时电动机释放能量经晶闸管装置 VR 回馈到电网。图 1-58c 绘出了电动运行和回馈制动运行的运行范围。

由以上分析可见，即使是不可逆系统，如果要求快速回馈制动，也应有两组反并联（或交叉连接）的晶闸管装置，正组作为整流电动，反组提供逆变制动。这时反组晶闸管只在短时间内给电动机提供反向制动电流，并不提供稳态运行电流，因而其容量可以小一些。对于两组晶闸管装置供电的可逆系统，在正转时可以利用反组晶闸管装置实现回馈制动，反转时可以利用正组晶闸管装置实现回馈制动，正反转和制动的装置合二为一，两组晶闸管装置的容量自然就没有区别了。把可逆电路正反转及回馈制动时的晶闸管和电动机的工作状态归纳起来，可列成表 1-2。

表 1-2　V-M 系统可逆电路的工作状态

V-M 系统的工作状态	正向运行	正向制动	反向运行	反向制动
电枢端电压极性	+	+	−	−
电枢电流极性	+	−	−	+
电动机旋转方向	+	+	−	−
电动机运行状态	电动	回馈制动	电动	回馈制动
晶闸管工作组别和状态	正组整流	反组逆变	反组整流	正组逆变
机械特性所在象限	I	II	III	IV

注：表中各量的极性均以正向电动运行时为 "＋"。

1.5.2　可逆直流调速系统中的环流分析

1. 环流的利弊及其种类

（1）环流的定义

所谓环流，是指不流过电动机或其他负载，而直接在两组晶闸管装置之间流通的短路电流。图 1-59 所示为反并联电路中的环流。图中，I_c 为环流电流，I_d 为负载电流，R_n 为整流装置的内阻。

（2）环流的优缺点

优点：在保证晶闸管安全工作的前提下，适度的环流能使 V-M 系统在空载或轻载时保持电流连续，避免电流断续对系统静、动态性能的影响；可逆系统中的少量环流，可以保证电流无换向死区，加快过渡过程。

图 1-59　反并联可逆电路中的环流

缺点：环流的存在会显著地加重晶闸管和变压器的负担，环流太大时甚至会损坏晶闸管，为此必须予以抑制。

在实际系统中，要充分利用环流的有利面而避免其不利面。

（3）环流的种类

环流可以分为两大类：

1）静态环流。当晶闸管装置在一定的触发延迟角下稳定工作时，可逆电路中出现的环流叫静态环流。静态环流又可分为直流平均环流和瞬时脉动环流。由于两组晶闸管装置之间存在正向直流电压差而产生的环流称为直流平均环流；由于整流电压和逆变电压瞬时值不相等而产生的环流称为瞬时脉动环流。

2）动态环流。系统稳态运行时并不存在，只在系统处于过渡过程中出现的环流，叫做动态环流。

这里仅对系统影响较大的静态环流做定性分析。下面以晶闸管装置反并联电路为例来分析静态环流。

2. 直流平均环流与配合控制

（1）直流平均环流

1）直流平均环流产生的原因。在图 1-59 所示的反并联可逆电路中，如果正组晶闸管装置 VF 和反组晶闸管装置 VR 都处于整流状态，且正组整流电压 U_{d0f} 和反组整流电压 U_{d0r} 正负相连，将造成直流电源短路，此短路电流即为直流平均环流。

2）消除直流平均环流的措施。为防止产生直流平均环流，最好的解决办法是，当正组晶闸管装置 VF 处于整流状态输出电压 U_{d0f} 时，让反组晶闸管装置 VR 处于逆变状态，输出一个逆变电压 U_{d0r} 把 U_{d0f} 顶住。

设 VF 组处于整流状态，即 $\alpha_f < 90°$，则 $U_{d0f} = U_{d0max}\cos\alpha_f$；对应的 VR 组处于逆变状态，即 $\beta_r < 90°$，则 $U_{d0r} = U_{d0max}\cos\beta_r$。此时 U_{d0f} 和 U_{d0r} 极性相反，但其数值又有如下三种情况：

①若两组触发脉冲相位之间满足 $\alpha_f < \beta_r$，则 $U_{d0f} > U_{d0r}$。由于两组晶闸管装置的内阻很小，即使不大的直流电压差也会导致很大的直流环流。

②若两组触发脉冲相位之间满足 $\alpha_f = \beta_r$，则 $U_{d0f} = U_{d0r}$。由于主回路无直流电压差，所以无直流环流。

③若两组触发脉冲相位之间满足 $\alpha_f > \beta_r$，则 $U_{d0f} < U_{d0r}$。两组晶闸管装置之间存在反向直流电压差，由于晶闸管装置的单向导电性，不产生直流环流。

同理，若 VF 处于逆变状态，VR 处于整流状态，同样可以分析出，当 $\alpha_r < \beta_f$ 时有直流环流，当 $\alpha_r < \beta_f$ 时无直流环流。

综上所述，可以得出：当 $\alpha < \beta$ 时，有直流环流；当 $\alpha \geq \beta$ 时，无直流环流。

所以，在两组晶闸管装置组成的可逆电路中，消除直流环流的方法是使 $\alpha \geq \beta$，即整流组的触发延迟角大于或等于逆变组的逆变角。

（2）$\alpha = \beta$ 工作制的配合控制实现消除直流环流的原理

1）实现方法。实现 $\alpha = \beta$ 工作制的配合控制比较容易，只要将两组触发脉冲的零位都整定在 90°，并且使两组触发装置的移相控制电压大小相等、极性相反即可。所谓触发脉冲的零位，就是指控制电压 $U_{ct} = 0$ 时，调节偏置电压使触发脉冲的初始相位确定在 $\alpha_{f0} = \alpha_{r0} = 90°$，此时两组晶闸管装置的整流和逆变电压均为零。这样的触发控制原理框图如图 1-60 所示，它用同一个控制电压 U_{ct} 去控制两组触发装置，即正组触发装置 GTF 由 U_{ct} 直接控制，而反组触发装置 GTR 由 $\overline{U}_{ct}$ 控制，$\overline{U}_{ct} = -U_{ct}$，是经过反相器 AR 后得到的。

2）移相控制特性。同步信号为锯齿波的两组触发装置的移相控制特性如图 1-61 所示。

图 1-60　$\alpha = \beta$ 工作制配合控制的可逆电路的原理框图

GTF—正组触发装置　GTR—反组触发装置　AR—反相器

a)　　　　　　　　　　　　　　b)

图 1-61　触发装置的移相控制特性

a）每组特性　b）两组特性

①当 $U_{ct} = 0$ 时，$\alpha_f = \beta_r = 90°$，触发脉冲在 $90°$ 的零位；

②当 $U_{ct} > 0$ 时，正组触发延迟角 $\alpha_f < 90°$，正组晶闸管装置处于整流状态，而反组触发延迟角 $\alpha_r > 90°$ 或逆变角 $\beta_r < 90°$，反组晶闸管装置处于逆变状态。

因为 $\overline{U_{ct}} = -U_{ct}$，所以在 U_{ct} 移相过程中，始终保持了 $\alpha_f = \beta_r$，$U_{d0f} = -U_{d0r}$。

③为了防止晶闸管有源逆变器因逆变角 β 太小而发生逆变颠覆事故，必须在控制电路中设置限制最小逆变角 β_{min} 的保护环节。为保持 $\alpha = \beta$ 的配合控制，对 α_{min} 也要加以限制，使 $\alpha_{min} = \beta_{min}$。通常取 $\alpha_{min} = \beta_{min} = 30°$。

3. 脉动环流及其抑制

（1）脉动环流产生的原因

当采用 $\alpha = \beta$ 配合控制时，整流器和逆变器输出的直流平均电压是相等的，因而没有直流平均环流。

然而，此时晶闸管装置输出的瞬时电压是不相等的，当正组整流电压瞬时值 u_{d0f} 大于反组逆变电压瞬时值 u_{d0r} 时，便产生瞬时电压差 Δu_{d0}，从而产生瞬时环流。控制角不同时，瞬时电压差和瞬时环流也不同。图 1-62 示出了三相零式反并联可逆电路当 $\alpha_f = \beta_r = 60°$ 时的情况。其中，图 1-62b 是正组瞬时整流电压 u_{d0f} 的波形，图 1-62c 是反组瞬时逆变电压 u_{d0r} 的波形。图 1-62b、c 中打阴影线的部分是 u 相整流和 v 相逆变时的电压，显然其瞬时值并不相等，而其平均值却相等。瞬时电压差 $\Delta u_{d0} = u_{d0f} - u_{d0r}$，其波形如图 1-62d 所示。由于这个瞬时电压差的存在，便在两组晶闸管装置之间产生了瞬时脉动环流 i_{cp}。图 1-62a 绘出了 u

相整流和 v 相逆变时的瞬时环流回路，由于晶闸管装置的内阻 R_n 很小，环流回路的阻抗主要是电感，所以 i_{cp} 不能突变，并且落后于 Δu_{d0}；又由于晶闸管的单向导电性，i_{cp} 只能在一个方向脉动，所以称为瞬时脉动环流。但这个瞬时脉动环流存在直流分量 I_{cp}，显然 I_{cp} 和平均电压差所产生的直流环流是有根本区别的。

（2）脉动环流的抑制

直流平均环流可以用 $\alpha \geqslant \beta$ 的配合控制来消除，而抑制瞬时脉动环流的办法是在环流回路中串入电抗器，叫做环流电抗器或称均衡电抗器，如图 1-62a 所示的 L_{c1} 和 L_{c2}，一般要求把瞬时脉动环流中的直流分量 I_{cp} 限制在负载额定电流的 5% ～ 10% 之间。

环流电抗器的电感量及其接法因整流电路而异，可参看有关晶闸管电路的书籍或手册。

在图 1-62a 所示的三相零式可逆电路中，有一条环流通路，设有两个环流电抗器。在环流回路中它们是串联的，当正组整流时，L_{c1} 因流过较大的负载电流 I_d 而饱和，失去了限制环流的作用；而反组逆变回路中的电抗器 L_{c2} 由于没有负载电流通过，才真正起限制瞬时脉动环流的作用。三相桥式反并联可逆电路由于有两条并联的两条环流通路，应设置四个环流电抗器，如图 1-56a 所示。若采用交叉连接的可逆线路，环流电抗器的数量可以减少一半，如图 1-56b 所示。

a)

b)

c)

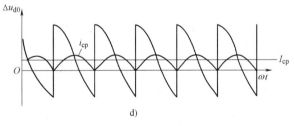

d)

图 1-62　配合控制的三相零式反并联
可逆电路中的脉动环流

a）三相零式可逆电路中的脉动环流回路

b）$\alpha_f = 60°$ 时整流电压 u_{d0f} 的波形

c）$\alpha_r = 120°$ 时逆变电压 u_{d0r} 的波形

d）Δu_{d0} 和 i_{cp} 波形

1.5.3　有环流可逆直流调速系统

1. $\alpha = \beta$ 配合控制的有环流可逆直流调速系统

$\alpha = \beta$ 工作制虽然可以消除直流平均环流，但不能消除瞬时脉动环流，这样的系统称为有（脉动）环流可逆直流调速系统。如果在这种系统中不施加其他控制，则这个瞬时脉动环流是自然存在的，因此又称为自然环流系统。

（1）系统的组成特点

$\alpha=\beta$ 配合控制的有环流可逆直流调速系统原理框图如图 1-63 所示。

图 1-63　$\alpha=\beta$ 配合控制的有环流可逆直流调速系统原理框图

图 1-63 中：

1）主电路采用了两组晶闸管装置反并联的三相桥式电路，设置了四个均衡电抗器 L_{c1}、L_{c2}、L_{c3}、L_{c4} 和一个体积较大的平波电抗器 L_d。

2）控制电路采用典型的转速电流双闭环系统，转速调节器 ASR 和电流调节器 ACR 都设置了双向输出限幅，以限制最大动态电流和最小触发延迟角与最小逆变角。

3）为了始终保持 $\overline{U}_{ct}=-U_{ct}$，在 GTR 之前加放大倍数为 1 的反相器 AR。

4）根据可逆系统正反向运行的需要，给定电压 U_n^* 应有正负极性，可由继电器 KF 和 KR 来切换，调节器的输出电压对此能作出相应的极性变化。

5）为了保证转速和电流的负反馈，必须使反馈信号也能反映出相应的极性。测速发电机产生的反馈电压极性随电动机转向改变而改变。值得注意的是电流反馈，简单地采用一套交流互感器或直流互感器都不能反映出极性，要得到反映电流反馈极性的方案有多种，图 1-63 中绘出的是采用霍尔电流变换器直接检测直流电流的方法。

（2）系统的工作原理

1）系统的停车状态。此时转速给定电压 $U_n^*=0$，ASR 的输出 $U_i^*=0$，ACR 的输出 $U_{ct}=0$，反相器 AR 的输出 $\overline{U}_{ct}=0$，则 $\alpha_{f0}=\alpha_{r0}=90°$，两组晶闸管装置的整流和逆变电压均为零，电动机不动，$n=0$。

2）电动机的正向起动和运行。正向继电器 KF 接通，转速给定值 U_n^* 为正值，经 ASR、ACR 输出的移相控制信号 U_{ct} 为正，正组触发器 GTF 输出的触发脉冲触发延迟角 $\alpha_f<90°$，正组晶闸管装置 VF 处于整流状态，电动机正向运行。U_{ct} 经反相器 AR 后，使反组触发器 GTR 的移相控制信号 $\overline{U}_{ct}$ 为负，反组触发器输出的触发脉冲触发延迟角 $\alpha_r>90°$ 或逆变角 $\beta_r<90°$，且 $\alpha_f=\beta_r$，反组晶闸管装置 VR 处于待逆变状态。所谓待逆变，就是逆变组除环流外并不流过负载电流，也没有电能回馈电网，这种工作状态称为待逆变状态。

同理，反向继电器 KR 接通，转速给定值 U_n^* 为负值，反组晶闸管装置 VR 处于整流状态，正组晶闸管装置 VF 处于待逆变状态，电动机反向运行。

在这种 $\alpha=\beta$ 配合控制下，负载电流可以很方便地按正反两个方向平滑过渡，在任何时候，实际上只有一组晶闸管装置在工作，另一组则处于等待工作状态。

3）正向制动过程的分析。可逆调速系统的起动过程与不可逆系统相同。而制动过程有它的特点，因为反转过程是正向制动过程与反向起动过程的衔接，所以只要重点分析正向制动过程就可以了。

整个正向制动过程可按电流方向的不同分成两个主要阶段：

第一阶段——本组逆变阶段。电流 I_d 由正向负载电流 $+I_{dL}$ 下降到零，其方向未变，仍通过正组晶闸管装置 VF 流通，这时 VF 处于逆变状态。

第二阶段——它组制动阶段。电流 I_d 的方向变负，由零变到负向最大电流 $-I_{dm}$，维持一段时间后再衰减到负向负载电流 $-I_{dL}$，这时电流流过反组晶闸管装置 VR。电流 I_d 从正向负载电流 $+I_{dL}$ 下降到零再由零变到负向最大电流 $-I_{dm}$ 以及从负向最大电流 $-I_{dm}$ 衰减到负向负载电流 $-I_{dL}$ 所占时间比较短，相对而言，维持 $-I_{dm}$ 的时间较长一些，在这一阶段中主要是转速降落。

下面对以上两个阶段做进一步的分析。

①第一阶段——本组逆变阶段。

系统正向运行时各主要部位的电位极性如图 1-64a 所示。其中，转速给定电压 U_n^* 为正，转速反馈电压 U_n 为负，ASR 的输入偏差电压 $\Delta U_n = U_n^* - U_n$ 为正。由于 ASR 的倒相作用，其输出 U_i^* 为负，电流反馈 U_i 为正，ACR 输入偏差电压 $\Delta U_i = U_i^* - U_i$ 为负。再经 ACR 倒相，得控制电压 U_{ct} 为正，$\overline{U}_{ct}$ 为负。根据图 1-61 所示的触发移相特性可知，此时 $\alpha_f < 90°$，正组整流，而 $\alpha_r > 90°$，所以反组待逆变。图 1-64a 中，主电路在忽略环流电抗器对负载电流变化的影响下，用箭头表示能量的流向，双线箭头表示电能主要由正组晶闸管装置 VF 输送给电动机。相关测试点的输出值及电位极性如下：

$$\overline{U}_{ct}(-) \to \alpha_r > 90° \to VR\ 待逆变, U_{d0r}(-), 无逆变电流$$
$$\uparrow$$
$$U_n^*(+) \to U_i^*(-) \to U_{ct}(+) \to \alpha_f < 90° \to VF\ 整流, U_{d0f}(+) \to I_d(+) \to 电动机正转, n > 0$$
$$U_i(+) \leftarrow$$
$$U_n(-) \leftarrow$$

发出停车（或反向）指令后，转速给定电压 U_n^* 突变为零（或负）。由于转速反馈电压 U_n 极性仍为负，所以 ΔU_n 为负且很大，则 ASR 饱和，输出 U_i^* 跃变到正限幅值 U_{im}^*。这时电枢电流方向还没有来得及改变，电流反馈电压 U_i 的极性仍为正，ACR 在 $(U_{im}^* + U_i)$ 合成信号作用下，输出电压 U_{ct} 跃变成负的限幅值 $-U_{ctm}$，使正组 VF 由整流状态很快变成 $\beta_f = \beta_{min}$ 的逆变状态，同时反组 VR 由待逆变状态变成待整流状态。图 1-64b 表示了这时调速系统各处电位的极性和主电路中能量的流向。在负载电流回路中，由于正组晶闸管装置由整流变成逆变，U_{d0f} 的极性反过来了，而电动机反电动势 E 的极性未变，迫使 I_d 迅速下降，在主电路总电感 L 两端感应出很大的电压 $L dI_d/dt$，其极性如图 1-64b 中所示。这时

$$L\frac{dI_d}{dt} - E > U_{d0f} = U_{d0r}$$

由电感 L 释放的磁场能量维持正向电流，大部分能量通过正组 VF 回馈电网，而反组 VR 并不能真正输出整流电流。由于这一阶段中投入逆变工作的仍是原来处于整流状态工作

的正组 VF，所以称为本组逆变阶段。

发出停车指令后，相关测试点的输出值及电位极性如下：

$$U_n^*(=0) \to U_i^*(=+U_{im}^*) \to U_{ct}(=-U_{ctm}) \to \beta_{fmin} \to U_{d0f}(-),\text{VF 逆变,且总电流急剧减小}$$

$$\overline{U}_{ct}(=+U_{ctm}) \to \alpha_{rmin} \to U_{d0f}(+),\text{VR 待整流,无整流电流}$$

总电流急剧减小的原因如下：正向运行时 U_{d0f} 为正；而正向制动时 U_{d0f} 为负，它与 E 共同作用，使电流急剧减小；当电流急剧减小时，$L\dfrac{\mathrm{d}I_d}{\mathrm{d}t}$ 很大，使得 $L\dfrac{\mathrm{d}I_d}{\mathrm{d}t}-E>U_{d0f}=U_{d0r}$，所以 VR 无整流电流。

由于电流的迅速下降，这一阶段时间很短，转速来不及产生明显的变化，其波形如图 1-65 所示，图中，本组逆变阶段标作 Ⅰ。

图 1-64　$\alpha=\beta$ 工作制配合控制有环流可逆系统正向制动各阶段中各处电位的极性和能量流向

a) 正向运行，正组整流　b) 本组逆变阶段 Ⅰ：正组逆变，反组待整流

c) 它组建流子阶段 Ⅱ₁：反组整流，正组待逆变，电动机反接制动

d) 它组逆变子阶段 Ⅱ₂：反组逆变，正组待整流，电动机回馈制动

②第二阶段——它组制动阶段。

当主电路电流 I_d 下降过零时，本组逆变终止，转到反组 VR 工作。从这时起，直到制动结束，称为它组制动阶段。它组制动过程中能量流向的变化可分成三个子阶段，在图 1-65 所示波形中分别标以 Ⅱ₁、Ⅱ₂ 和 Ⅱ₃。

第一子阶段——它组建流子阶段（Ⅱ₁）。在 I_d 过零并反向，直到达到 $-I_{dm}$ 以前，U_i 一直为负且数值小于 U_{im}^*，所以 $\Delta U_i>0$，ACR 仍处于饱和状态，其输出电压 U_{ct} 仍为 $-U_{ctm}$，U_{d0f} 和 U_{d0r} 都和本组逆变阶段一样。但由于 $L\dfrac{\mathrm{d}I_d}{\mathrm{d}t}$ 的数值减小，使

$$L\frac{\mathrm{d}I_d}{\mathrm{d}t} - E < U_{d0f} = U_{d0r}$$

反组 VR 由待整流进入整流，在整流电压 U_{d0r} 和电动机反电动势 E 的共同作用下，反向电流很快增长，电动机处于反接制动状态，开始减速，而正组 VF 则处于待逆变状态。在这个子阶段中，反组 VR 将交流电能转换变为直流电能，同时电动机也将机械能转变为电能，除去电阻上消耗的电能以外，大部分转变为磁能储存在电感 L 中。图 1-64c 绘出了这一阶段各处电位极性和能量流向。

在这一子阶段，当 I_d 下降到零附近时，$L\frac{\mathrm{d}I_d}{\mathrm{d}t} - E < U_{d0f} = U_{d0r}$，电流 I_d 反向，但 ASR 和 ACR 仍然饱和，过程如下：

$$U_i^*(\ = U_{im}^*) \rightarrow U_{ct} = -U_{ctm} \rightarrow 因 L\mathrm{d}I_d/\mathrm{d}t - E < U_{d0f}，VF 待逆变$$
$$\downarrow$$
$$\overline{U_{ct}} = +U_{ctm} \rightarrow VR 整流，I_d 很快达到 -I_{dm} \rightarrow 电动机反接制动$$

这一过程直至 $I_d = -I_{dm}$ 时结束。

第二子阶段——它组逆变子阶段（II_2）。

当反向电流达到 $-I_{dm}$ 并略有超调时，ACR 输入偏差信号 ΔU_i 变负，输出电压 U_{ct} 从饱和限幅值 $-U_{ctm}$ 退出，其数值很快减小，又由负变正，然后再增大，使反组 VR 回到逆变状态，而正组 VF 同时变成待整流状态。此后，在 ACR 的作用下，力图维持最大反向电流 $-I_{dm}$，使电动机在恒减速条件下回馈制动，通过反组 VR 逆变回馈电网。由于电流恒定，电感中磁能基本不变。这一阶段各处电位极性和能量流向绘于图 1-64d 中。从图 1-65 所示波形不难看出，它组逆变阶段的回馈制动是制动过程的主要阶段，所占时间最长。

在这一阶段，当 $|I_d| > |I_{dm}|$ 后，ASR 仍饱和，ACR 退饱和，过程如下：
$$U_i^*(\ = U_{im}^*) \rightarrow U_{ct} = +U_{ct1} \rightarrow VF 待整流$$
$$\downarrow$$
$$\overline{U_{ct}} = -U_{ct1} \rightarrow VR 逆变，ACR 调节使 I_d = -I_{dm} \rightarrow 电动机回馈制动 \rightarrow n 线性下降$$

这一过程直到 n 下降到零为止。

第三子阶段——反向减流子阶段（II_3）。

当转速 n 下降到零时，电动机电枢电流仍维持 $-I_{dm}$，数值上大于负载电流，为此电动机反向起动，转速 n 变负，使 ASR 退出饱和，发挥调节作用。由于 $U_n^* = 0$，经过 ASR 调节使 $n = 0$，电流环输出电流 I_d 经 ACR 调节，最终下降为零。图 1-65 所示的波形中用虚线表示了这些变化。

（3）有环流可逆系统的优缺点

1）优点：制动和起动过程可完全衔接，没有任何间断或死区，适用于快速正反转的系统。

2）缺点：需要添置环流电抗器；晶闸管等器件负担加重（负载电流加上环流）。

图 1-65　$\alpha = \beta$ 工作制配合控制的有环流可逆调速系统正向制动波形

因此，有环流可逆系统只适用于中、小容量的系统。

由以上分析可知，可控环流系统充分利用了环流的有利一面，避开了电流断续区，使系统在正反向过渡过程中没有死区，提高了快速性，同时又克服了环流不利的一面，减小了环流的损耗，所以在各种对快速性要求较高的可逆调速系统中得到了日益广泛的应用。

1.5.4 无环流可逆直流调速系统

有环流可逆直流调速系统虽然具有反向快、过渡过程平滑等优点，但需要设置几个环流电抗器，增加了系统的体积、成本和损耗。因此，当生产工艺过程对系统过渡特性的平滑性要求不很高时，特别是对于大容量的系统，常采用既没有直流环流又没有脉动环流的无环流可逆直流调速系统。按实现无环流的原理不同，可将无环流系统分为两类：逻辑无环流系统和错位无环流系统。

1. 逻辑控制的无环流可逆直流调速系统

当一组晶闸管装置工作时，用逻辑控制电路封锁另一组晶闸管装置的触发脉冲，使其完全处于阻断状态，确保两组晶闸管装置不同时工作，从根本上切断环流的通路，这就是逻辑控制的无环流可逆系统。逻辑无环流可逆直流调速系统的原理框图如图 1-66 所示。

图 1-66　逻辑无环流可逆直流调速系统的原理框图

（1）系统的组成和工作原理

1）主电路采用两组晶闸管装置反并联电路。

2）没有环流，不设置环流电抗器；仍保留平波电抗器，以保证电流连续。

3）控制电路仍采用典型的转速电流双闭环系统。

4）电流环中分设了两个电流调节器，1ACR 用来控制正组触发装置 GTF，2ACR 用来控制反组触发装置 GTR。

5）1ACR 的给定信号 U_i^* 经反相器后作为 2ACR 的给定信号 $\overline{U_i^*}$，于是电流反馈信号 U_i 的极性在正、反转时都不必改变，从而可以采用不反映极性的电流检测器，如图 1-66 中所示的交流互感器和整流器。

6）系统的关键部分是设置了无环流逻辑控制器 DLC，它按照系统的工作状态指挥系统进行自动切换，即或者允许正组发出触发脉冲而封锁反组，或者允许反组发出触发脉冲而封锁正组，确保一组开放，另一组封锁，以保证系统可靠工作。

正、反组触发脉冲的零位仍整定在 90°，工作时移相方法和自然环流系统一样，只是用 DLC 来控制两组触发脉冲的封锁和开放。除此之外，系统其他的工作原理和自然环流系统没有多大区别。下面着重分析 DLC。

（2）可逆系统对无环流逻辑控制器 DLC 的要求

1）DLC 的任务。根据可逆系统的运行状态，正确地控制两组触发脉冲的封锁与开放，使得在正组晶闸管装置 VF 工作时封锁反组脉冲；在反组晶闸管装置 VR 工作时封锁正组脉冲。两组触发脉冲决不允许同时开放。

2）DLC 的输入信号（模拟量）。

①DLC 的输入信号之一：可逆系统共有四种运行状态，即四象限运行。当电动机正转和反向制动时，系统运行在第 I 和第 IV 象限，它们的共同点是电磁转矩方向为正；当电动机正向制动和反转时，系统运行在第 II 和第 III 象限，其共同点是电磁转矩为负。由此可见，根据电磁转矩的方向可决定 DLC 应当封锁某一组，开放另一组。但由于电磁转矩难以检测，不适宜作为 DLC 的输入信号。进一步分析发现，ASR 的输出 U_i^*，也就是电流给定信号，它的极性正好反映了电磁转矩的极性。所以，电流给定信号 U_i^* 可以作为 DLC 的输入信号之一。DLC 首先鉴别 U_i^* 的极性，当 U_i^* 由正变负时，封锁反组，开放正组；反之，当 U_i^* 由负变正时，封锁正组，开放反组。

②DLC 的输入信号之二：U_i^* 的极性变化只是逻辑切换的必要条件，而不是充分条件。在自然环流系统的制动过程分析中已经说明了这一点。例如，当系统正向制动时，U_i^* 极性已由负变正，标志着制动过程的开始，但是在电枢电流尚未反向以前，仍要保持正组开放，以实现本组逆变。若本组逆变尚未结束，就根据 U_i^* 极性的改变而去封锁正组触发脉冲，结果将使逆变状态下的晶闸管失去触发脉冲，发生逆变颠覆事故。因此，U_i^* 极性的变化只表明系统有了使电流（转矩）反向的意图，电流（转矩）极性的真正改变要等到电流下降到零之后进行。这样，DLC 还必须有一个"零电流检测"信号 U_{i0}，作为发出正、反组切换指令的充分条件。DLC 只有在切换的必要和充分条件都满足后，经过必要的逻辑判断，才能发出切换指令。所以，零电流检测信号应作为 DLC 的输入信号之二。

3）对 DLC 的延时要求。逻辑切换指令发出后，并不能立刻执行，还需经过两段延时时间，以确保系统的可靠工作，这就是封锁延时 t_{d1} 和开放延时 t_{d2}。

①封锁延时 t_{d1}：从发出切换指令到真正封锁原来工作组的触发脉冲之前所等待的时间。由于零电流检测器检测到的 I_0 是最小动作电流，而电流未降到零以前，其瞬时值是脉动的，因此，如果脉动的电流瞬时值低于零电流检测器最小动作电流 I_0，而它实际仍在连续变化时，就根据检测到的零电流信号去封锁本组脉冲，势必使正处于逆变状态的本组发生逆变颠覆事故。设置封锁延时后，检测到零电流信号并再等待一段时间 t_{d1}，等到电流确实下降为零，这才可以发出封锁本组脉冲的信号。

②开放延时 t_{d2}：从封锁原工作组脉冲到开放另一组脉冲之间的等待时间。因为在封锁原工作组脉冲时，原导通的晶闸管要到电流过零时才能真正关断，而且在关断之后还要有一段恢复阻断的时间，所以如果在这之前就开放另一组晶闸管装置，仍可能造成两组晶闸管装置同时导通，形成环流短路事故。为防止这种事故发生，在发出封锁本组信号之后，必须再等待一段时间 t_{d2}，才允许开放另一组脉冲。

由上分析可见，过小的 t_{d1} 和 t_{d2} 会因延时不够而造成两组晶闸管装置换流失败，造成事故；过大的延时将使切换时间拖长，增加切换死区，影响系统过渡过程的快速性。对于三相桥式电路，一般取 $t_{d1} = 2 \sim 3\text{ms}$，$t_{d2} = 5 \sim 7\text{ms}$。

4）DLC 的联锁保护。确保两组晶闸管装置的触发脉冲电路不能同时开放。

5）DLC 的输出信号（数字量）。DLC 的输出信号包括封锁正组的脉冲信号 U_{blf} 和封锁反组的脉冲信号 U_{blr}，它们均是数字量。

综上所述，对无环流逻辑控制器 DLC 的要求可归纳如下：

1）两组晶闸管装置进行切换的充分必要条件是，电流给定信号 U_i^* 改变极性和零电流检测器发出零电流信号 U_{i0}，这时才能发出切换指令。

2）发出切换指令后，必须先经过封锁延时 t_{d1} 才能封锁原导通组脉冲；再经过开放延时 t_{d2} 后，才能开放另一组脉冲。

3）在任何情况下，两组晶闸管装置的触发脉冲决不允许同时开放，当一组工作时，另一组的脉冲必须被封锁住。

（3）无环流逻辑控制器 DLC 的组成原理

根据以上要求，DLC 的组成及输入/输出信号如图 1-67 所示。

图 1-67　DLC 的组成及输入/输出信号

DLC 的输入为反映转矩极性变化的电流给定信号 U_i^* 和零电流检测信号 U_{i0}，输出是封锁正组和封锁反组脉冲的信号 U_{blf} 和 U_{blr}。这两个输出信号通常以数字信号形式表示："0"表示封锁，"1"表示开放。DLC 由电平检测器、逻辑判断电路、延时电路和联锁保护电路四部分组成。

1）电平检测器。电平检测器的功能是将控制系统中的模拟量信号转换成"1"或"0"两种状态的数字量，它实际上是一个模-数转换器。电平检测器一般用带正反馈的运算放大器组成，并具有一定宽度的回环继电特性。

电平检测器根据转换对象的不同，又分为转矩极性鉴别器 DPT 和零电流检测器 DPZ。

图 1-68a 所示为 DPT 的输入/输出特性，其输入信号为电流给定信号 U_i^*，它是左右对称的。其输出是转矩极性信号 U_T，为数字量"1"和"0"，输出上下不对称，将运算放大器的正向饱和值 +10V 定义为"1"，运算放大器的负限幅输出 -0.6V 定义为"0"；图 1-68b 所示为 DPZ 的输入/输出特性，其输入是经电流互感器及整流器输出的零电流信号 U_{i0}，主电路有电流时 U_{i0} 约为 +0.6V，DPZ 输出 $U_Z = 0$；主电路电流接近零时，U_{i0} 下降到 +0.2V 左右，DPZ 输出 $U_Z = 1$。所以，DPZ 的输入应是左右不对称的，为此，零电流检测器的特性向右偏移。为了突出电流是"零"这种状态，用 DPZ 的输出 U_Z 为"1"表示主电路电流接近零，而当主电路有电流时，U_Z 则为"0"。

2）逻辑判断电路。逻辑判断电路的功能是根据 DPT 和 DPZ 输出信号 U_T 和 U_Z 的状态，正确地发出切换信号 U_F 和 U_R，封锁原来工作组的脉冲，开放另一组脉冲。根据系统的运行状态对 DLC 的要求，可列出逻辑判断电路的输出 U_F 和 U_R 与输入 U_T 和 U_Z 各量之间的逻辑

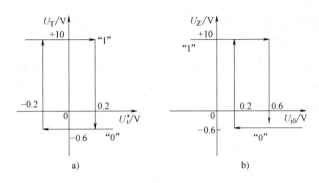

图 1-68　DPT 和 DPZ 的输入/输出特性

a）DPT 的输入/输出特性　　b）DPZ 的输入/输出特性

表达式如下：

$$\overline{U_{\mathrm{F}}} = U_{\mathrm{R}}(\overline{U_{\mathrm{T}}} + \overline{U_{\mathrm{Z}}}) \tag{1-54}$$

若用与非门实现，可变换成

$$U_{\mathrm{F}} = \overline{U_{\mathrm{R}}(\overline{U_{\mathrm{T}}} + \overline{U_{\mathrm{Z}}})} = \overline{U_{\mathrm{R}}(\overline{U_{\mathrm{T}}U_{\mathrm{Z}}})} \tag{1-55}$$

同理，可以写出 U_{R} 的逻辑代数与非表达式

$$U_{\mathrm{R}} = \overline{U_{\mathrm{F}}[\overline{(\overline{U_{\mathrm{T}}U_{\mathrm{Z}}})U_{\mathrm{Z}}}]} \tag{1-56}$$

根据式（1-55）和式（1-56），可以采用具有高抗干扰能力的 HTL 与非门组成逻辑判断电路。如图 1-69 中的逻辑判断电路部分。

图 1-69　无环流逻辑控制器 DLC 原理框图

3）延时电路。在逻辑判断电路发出逻辑切换指令 U_{F}、U_{R} 后，必须经过封锁延时 t_{d1} 和开放延时 t_{d2}，才能执行逻辑切换指令。因此，DLC 中还需设置延时电路。延时电路的种类很多，最简单的是阻容延时电路，它由接在与非门输入端的电容 C 和二极管 VD 组成。利用二极管的隔离作用，先使电容 C 充电，待电容端电压充到开门电平时，使与非门动作，从而得到延时。如图 1-69 中所示的延时电路部分。

4）联锁保护电路。系统正常工作时，逻辑判断电路的两个输出 U'_{F} 和 U'_{R} 总是一个为"1"态，另一个为"0"态。但是一旦电路发生故障，两个输出 U'_{F} 和 U'_{R} 同时为"1"态，将造成两组晶闸管装置同时开放而导致电源短路。为了避免这种事故，在 DLC 的最后部分

设置了多 "1" 联锁保护电路, 如图 1-69 所示。其工作原理如下: 正常工作时, U'_F 和 U'_R 一个是 "1", 另一个是 "0", 这时保护电路的与非门输出 A 点电位始终为 "1" 态, 实际的脉冲封锁信号 U_{blf} 和 U_{blr} 与 U'_F 和 U'_R 的状态完全相同, 使一组开放, 另一组封锁。当发生 U'_F 和 U'_R 同时为 "1" 故障时, A 点电位立即变为 "0" 态, 将 U_{blf} 和 U_{blr} 都拉到 "0", 使两组脉冲同时封锁。

至此, DLC 中各环节的工作原理都已分析过了, 读者可结合逻辑无环流可逆直流调速系统的原理框图自行分析其各种运行状态。

逻辑无环流可逆直流调速系统的优点是, 可省去环流电抗器, 没有附加的环流损耗, 从而可以节省变压器和晶闸管装置的设备容量; 和有环流系统相比, 因换流失败而造成的事故率大为降低。其缺点是, 由于 DLC 中的延时造成了电流换向死区, 影响了系统过渡过程的快速性。

以上所介绍的逻辑无环流可逆直流调速系统中采用了两个电流调节器和两套触发装置分别控制正、反组晶闸管装置。实际上, 任何时刻系统中只有一组晶闸管装置在工作, 另一组由于脉冲被封锁而处于阻断状态, 它的电流调节器和触发装置是闲置着的。如果采用电子模拟开关进行选择, 就可以将这一套电流调节器和触发装置节省下来。利用电子模拟开关进行 "选触" 的逻辑选触无环流可逆直流调速系统原理框图如图 1-70 所示, 其中 SAF、SAR 分别是正、反组电子模拟开关。除此之外, 系统的工作原理都和前述系统相同。

图 1-70　逻辑选触无环流可逆直流调速系统原理框图

2. 错位控制的无环流可逆直流调速系统

错位控制的无环流可逆直流调速系统简称为 "错位无环流系统"。

(1) 错位无环流系统的定义

系统中设置两组晶闸管变流装置, 当一组晶闸管装置整流时, 另一组处于待逆变状态, 但两组触发脉冲的相位错开较远 ($>150°$), 使待逆变组触发脉冲到来时, 它的晶闸管器件却处于反向阻断状态, 不能导通, 从而也不可能产生环流。这就是错位控制的无环流可逆系统的定义。

(2) 与逻辑无环流系统的区别

逻辑无环流系统采用 $\alpha = \beta$ 控制, 两组脉冲的关系是 $\alpha_f + \alpha_r = 180°$, 初始相位整定在 $\alpha_{f0} = \alpha_{r0} = 90°$, 并要设置逻辑控制器进行切换才能实现无环流。

错位无环流系统也采用 $\alpha = \beta$ 控制，但两组脉冲关系是 $\alpha_f + \alpha_r = 300°$ 或 $360°$，初始相位整定在 $\alpha_{f0} = \alpha_{r0} = 150°$ 或 $180°$。

习题与思考题

1-1　单项选择题

（1）闭环控制系统是建立在____基础上，按偏差进行控制的。

　　A. 正反馈　　　　　B. 负反馈

（2）当理想空载转速 n_0 一定时，机械特性越硬，静差率 s ____。

　　A. 越小　　　　　B. 越大　　　　　C. 不变　　　　　D. 可以任意确定

（3）当系统的机械特性硬度一定时，如要求的静差率 s 越小，调速范围 D ____。

　　A. 越小　　　　　B. 越大　　　　　C. 不变　　　　　D. 可大可小

（4）当输入电压相同时，积分调节器的积分时间常数越大，则输出电压上升斜率____。

　　A. 越小　　　　　B. 越大　　　　　C. 不变　　　　　D. 可大可小

（5）转速负反馈无静差（模拟量）直流调速系统中，转速调节器常采用____。

　　A. 比例　　　　　B. 比例积分　　　　　C. 微分　　　　　D. 比例积分微分

（6）在转速负反馈直流调速系统中，闭环系统的静态转速降为开环系统静态转速降的____倍。

　　A. $1 + K$　　　　　B. $1 + 2K$　　　　　C. $1/(2 + K)$　　　　　D. $1/(1 + K)$

（7）转速负反馈直流调速系统对检测反馈元件和放大器参数造成的转速扰动____补偿能力。

　　A. 没有　　　　　　　　　　　B. 有

　　C. 对前者有，后者无　　　　　D. 对前者无，后者有

（8）转速电流双闭环直流调速系统，在突加给定电压起动过程的第 Ⅰ、Ⅱ 阶段，转速调节器处于____状态。

　　A. 调节　　　　　B. 截止　　　　　C. 饱和

（9）在转速电流双闭环直流调速系统中，如果使主电路允许最大电流值减小，应使____。

　　A. 转速调节器输出电压限幅值增加

　　B. 电流调节器输出电压限幅值增加

　　C. 转速调节器输出电压限幅值减小

　　D. 电流调节器输出电压限幅值减小

（10）逻辑无环流可逆直流调速系统中，当转矩极性信号改变极性，并有____时，逻辑电路才允许进行切换。

　　A. 零电流信号　　　B. 零给定信号　　　C. 零转速信号

1-2　判断题

（1）当系统机械特性硬度相同时，理想空载转速越低，静差率越小。（　　　）

（2）如果系统低速时的静差率能满足要求，则高速时静差率肯定满足要求。（　　　）

（3）电流正反馈是一种对系统扰动量进行补偿控制的方法。（　　　）

（4）电压负反馈直流调速系统的调速精度要比转速负反馈的调速精度好。（　　）

（5）采用电压负反馈的直流调速系统是不能补偿电动机电枢电阻引起的转速降。（　　）

（6）转速电流双闭环直流调速系统在突然增加负载时，主要依靠电流调节器的调节作用消除转速的偏差。（　　）

（7）要改变直流电动机的转向，可以同时改变电枢电压和励磁电压的极性。（　　）

（8）在转速电流双闭环直流调速系统中，转速调节器的输出电压是电流调节器的给定电压。（　　）

（9）在设计转速电流双闭环时，一般先设计电流环，再设计转速环。（　　）

（10）在电枢反并联可逆系统中，当电动机反向运行时，正组晶闸管装置处于待逆变状态。（　　）

1-3　直流电动机有哪几种调速方法？各有哪些特点？

1-4　在电压负反馈单闭环有静差直流调速系统中，当下列参数变化时系统是否有调节作用？为什么？

（1）放大器的放大系数 K_p；（2）供电电网电压；（3）电枢电阻 R_a；（4）电动机励磁电流；（5）电压反馈系数 γ。

1-5　在采用比例积分调节器的单闭环自动调速系统中，调节对象包含有积分环节，突加给定电压后比例积分调节器没有饱和，系统到达稳态前被调量会出现超调吗？

1-6　当闭环系统的开环放大倍数为 10 时，额定负载下的转速降为 15r/min，如果开环放大系数提高为 20，系统的转速降为多少？在同样的静差率要求下，调速范围可以扩大多少倍？

1-7　某调速系统的调速范围是 150~1500r/min，要求 $s=2\%$，系统允许的稳态转速降是多少？如果开环系统的稳态转速降为 100r/min，则闭环系统的开环放大系数应有多大？

1-8　某 V-M 系统为转速负反馈有静差直流调速系统，电动机额定转速 $n_{nom}=1000$r/min，系统开环转速降 $\Delta n_{op}=100$r/min，调速范围 $D=10$，如果要求系统的静差率由 15% 降落到 5%，则系统的开环放大系数将如何变化？

1-9　有一 V-M 系统，已知：$P_{nom}=2.8$kW，$U_{nom}=220$V，$I_{nom}=15.6$A，$n_{nom}=1500$r/min，$R_a=1.5\Omega$，$R_n=1\Omega$，$K_s=37$。试求：

（1）开环工作时，$D=30$ 时 s 的值；

（2）当 $D=30$、$s=10\%$ 时，系统允许的稳态转速降；

（3）如为转速负反馈有静差系统，要求 $D=30$，$s=10\%$，在 $U_n^*=10$V 时，使电动机在额定点工作，放大器放大系数 K_p 和转速反馈系数 α 应为多少。

1-10　为什么用积分控制的调速系统是无静差的？在转速单闭环直流调速系统中，当积分调节器的输入偏差为零时，输出电压是多少？取决于哪些因素？

1-11　转速负反馈直流调速系统中，为了解决动静态间的矛盾，可以采用比例积分调节器，为什么？

1-12　ASR、ACR 均为比例积分调节器的双闭环直流调速系统，在带额定负载运行时，转速反馈线突然断线，当系统重新进入稳定运行时，ACR 的输入偏差信号 ΔU_i 是否为零？

1-13　如果反馈信号的极性接反了，会产生怎样的后果？

1-14　某双闭环直流调速系统，ASR、ACR 均采用近似比例积分调节器，试问，调试中

怎样才能做到 $U_{im}^* = 6V$ 时，$I_{dm} = 20A$；如欲使 $U_{nm}^* = 10V$ 时，$n = 1000r/min$，应调什么参数？如发现下垂段特性不够陡或工作段特性不够硬，应调什么参数？

1-15　在转速电流双闭环直流调速系统中，出现电网电压波动与负载扰动时，哪个调节器起主要调节作用？

1-16　一组晶闸管装置供电的直流调速系统需要快速回馈制动时，为什么必须采用可逆电路？它有哪几种形式？

1-17　两组晶闸管装置供电的可逆电路中有哪几种环流？是如何产生的？环流对系统有何利弊？

1-18　可逆系统中环流的基本控制方法是什么？触发脉冲的零位整定与环流是什么关系？

1-19　在自然环流可逆系统中，为什么要严格控制最小逆变角 β_{min} 和最小触发延迟角 α_{min}？系统中如何实现？

1-20　无环流可逆系统有几种？它们消除环流的出发点是什么？

1-21　无环流逻辑控制器中为什么必须设置封锁延时和开放延时？延时过大或过小对系统运行有何影响？

1-22　积分调节器即可实现无差调节，为什么要用比例积分调节器？

1-23　采用理想起动的目的是什么？

1-24　分析单闭环转速负反馈直流调速系统为什么要引入电流截止负反馈？转速电流双闭环直流调速系统是否也需要引入电流截止负反馈？

1-25　简述典型 PWM 变换器的基本结构。

1-26　双极性工作方式系统中电枢电流 i_d 会不会产生断续情况？

1-27　双极式 H 形变换器是如何实现系统可逆的？并画出相应的电压电流波形。

1-28　可逆和不可逆 PWM 变换器在结构形式和工作原理上有什么特点？

1-29　在脉宽直流调速系统中，当电动机停止不动时，电枢两端是否还有电压，电路中是否还有电流？为什么？

第 2 章　直流调速系统的动态分析与设计

本章进行单闭环直流调速系统的稳定性分析，介绍比例积分（PI）调节器串联校正方法。在此基础上，进行转速电流双闭环直流调速系统的动态分析。针对串联校正方法的不足，介绍直流调速系统的工程设计方法，并通过对单闭环、双闭环直流调速系统的具体设计，加深对工程设计方法的理解和应用。

2.1　单闭环直流调速系统的动态分析

在第 1 章中，讨论了单闭环转速负反馈直流调速系统的稳态性能，如果转速负反馈直流调速系统的开环放大系数 K 足够大，系统的稳态转速降就会大大降低，满足系统的稳态要求。但是 K 过大时，可能引起系统的不稳定，需要采用动态校正，才能正常运行。为此，应进一步讨论系统的动态性能。

2.1.1　单闭环直流调速系统的动态数学模型

为定量分析单闭环直流调速系统的动态性能，必须先建立系统的动态数学模型。建模的一般步骤如下：

列出系统中各环节的微分方程→进行拉普拉斯变换→得到各环节的传递函数→根据系统的结构关系画出系统的动态结构图→求出系统的传递函数。下面按照这一步骤进行具体工作。

1. 直流电动机的数学模型

直流电动机电枢回路的电压方程式为

$$U_{d0} - E = I_d R + L \frac{dI_d}{dt} = R(I_d + \frac{L}{R} \frac{dI_d}{dt}) \tag{2-1}$$

在零初始条件下，对式（2-1）两侧进行拉普拉斯变换得

$$U_{d0}(s) - E(s) = R[I_d(s) + T_1 I_d(s)s] = RI_d(s)(1 + T_1 s) \tag{2-2}$$

则电压与电流间的传递函数为

$$\frac{I_d(s)}{U_{d0}(s) - E(s)} = \frac{1/R}{1 + T_1 s} \tag{2-3}$$

式中，T_1 为电枢回路电磁时间常数，$T_1 = L/R$。

又，直流电动机的运动方程为

$$T_e - T_L = \frac{GD^2}{375} \frac{dn}{dt} \tag{2-4}$$

由式（2-4）可得

$$I_d - I_{dL} = \frac{GD^2}{375 C_m} \frac{dn}{dt} = \frac{T_m}{R} \frac{dE}{dt} \tag{2-5}$$

式中，I_d 为电枢电流；I_{dL} 为负载电流；T_m 为电动机的机电时间常数，$T_m = \dfrac{GD^2R}{375C_eC_m}$。

同理，对式（2-5）两侧进行拉普拉斯变换得

$$\frac{E(s)}{I_d(s) - I_{dL}(s)} = \frac{R}{T_m s} \tag{2-6}$$

直流电动机的动态结构图如图 2-1 所示。

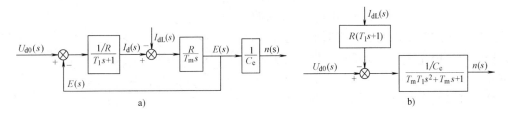

图 2-1　直流电动机的动态结构图

a）简化前　b）简化后

直流电动机传递函数中主要参数的工程计算方法讨论如下：

（1）电磁时间常数 $T_1 = \dfrac{L}{R}$

电动机的电磁时间常数 $T_1 = \dfrac{L}{R}$，而 $L = L_s + L_{外接}$，其中，$L_{外接}$ 视外接电感而定，电动机本身的电枢电感 $L_s(\mathrm{mH})$ 可通过下式求得：

$$L_s = K_D \frac{U_{nom}}{2P_m n_{nom} I_{nom}} \times 10^{-3}$$

式中，$K_D = 6 \sim 8$；U_{nom}、I_{nom}、n_{nom} 分别为电动机的额定参数；p_m 为电动机的极对数。

电动机电枢回路总电阻 $R = R_a + R_n + R_{外接}$，其中 $R_a(\Omega)$ 为

$$R_a = \frac{U_{nom}I_{nom} - P_{nom}}{2I_{nom}^2} = (0.5 \sim 0.6)(1 - \eta)\frac{U_{nom}}{I_{nom}}$$

式中，P_{nom} 为电动机额定功率；η 为电动机的效率。

整流装置的内阻 R_n（Ω）为

$$R_n = 1.5\frac{m}{2\pi}U_K\%\frac{U_2}{I_2}$$

式中，m 为一周期内整流电压的波头数；$U_K\%$ 为整流变压器阻抗电压百分比；U_2、I_2 分别为整流变压器二次电压与二次电流。

（2）机电时间常数 $T_m = \dfrac{J_G R}{C_e C_m} = \dfrac{GD^2R}{375C_eC_m}$

1）J_G 为系统总的转动惯量，J_{Gd}、J_{G1}、J_{G2}、$\cdots$ 分别为电动机和传动机构的转动惯量；i_1、i_2、i_3、$\cdots$ 分别为传动机构的传动比。则

$$J_G = J_{Gd} + J_{G1}/i_1^2 + J_{G2}/i_2^2 + \cdots$$

可近似认为

$$J_G = J_{Gd} + J_{G1}/i_1^2 + J_{G2}/i_2^2 + \cdots \approx 1.25J_{Gd} \approx J_{Gd}$$

2）$C_m = \dfrac{30}{\pi}C_e$，而 $C_e = \dfrac{U_{nom} - I_{nom}R_a}{n_{nom}}$。

2. 直流电源装置的传递函数

直流调速系统中直流电源装置有多种类型，此处主要讨论相控整流器（晶闸管整流电源）和脉宽调制（PWM）变换器（直流斩波电源）的传递函数。

（1）相控整流器的传递函数

在相控整流器（晶闸管整流电源）中，当触发延迟角由 α_1 变到 α_2 时，若晶闸管已导通，则 U_{d0} 的改变要等到下一个自然换相点以后才开始。这样，相控整流器的输出电压 U_{d0} 的改变较控制电压的改变延迟了一段时间 T_s，T_s 称为失控时间。由于 T_s 的大小随 U_{ct} 发生变化的时刻而改变，故它是随机的，如图 2-2 所示。

最大可能的失控时间是两个自然换相点之间的时间，它与交流电源的频率和相控整流器的形式有关，由下式确定：

$$T_{smax} = \frac{1}{mf}$$

式中，f 为交流电源频率；m 为一周期内整流电压的波头数。

图 2-2　相控整流器的失控时间

相对于整个系统的响应时间来说，T_{smax} 并不大，一般情况下，可取其统计平均值 $T_s = T_{smax}/2$，并认为是常数，表 2-1 列出了不同整流电路的平均失控时间。

表 2-1　各种整流电路的失控时间（$f = 50\text{Hz}$）

整流电路形式	平均失控时间 T_s/ms
单相半波	10
单相桥式（全波）	5
三相半波	3.33
三相桥式,六相半波	1.67

用单位阶跃函数表示滞后，则晶闸管触发和整流装置的输入/输出关系为

$$U_{d0}(t) = K_s U_{ct}(t)1(t - T_s) \tag{2-7}$$

式（2-7）清楚地表明了 $t > T_s$ 时，$U_{ct}(t)$ 才起作用，经拉普拉斯变换后得

$$\frac{U_{d0}(s)}{U_{ct}(s)} = K_s e^{-T_s s} \tag{2-8}$$

由于式（2-8）中包含指数项 $e^{-T_s s}$，它使系统成为非最小相位系统，分析和设计都比较麻烦。为了简化，先将 $e^{-T_s s}$ 按泰勒级数展开，则得

$$e^{-T_s s} = 1/\left(1 + T_s s + \frac{T_s^2 s^2}{2!} + \frac{T_s^3 s^3}{3!} + \cdots\right)$$

由于 T_s 很小，忽略高次项，则可视为一阶惯性环节，晶闸管整流器的动态传递函数为

$$\frac{U_{d0}(s)}{U_{ct}(s)} \approx \frac{K_s}{1 + T_s s} \tag{2-9}$$

根据自动控制原理的知识，将式（2-9）中的 s 换成 $j\omega$，经推导可知其成立的条件是

$$\omega_c \leqslant \frac{1}{3T_s}$$

式中，ω_c 为该环节开环频率特性的截止频率。

（2）PWM 变换器的传递函数

与相控整流器传递函数的相关分析类似，PWM 变换器也存在失控时间，在分析其小信号动态模型时，最大失控时间为载波周期 T_c，最小失控时间为零，考虑到 u_{ct} 阶跃变化的幅值和时间的随机性，其统计平均失控时间为 $T_c/2$。与式（2-8）和式（2-9）类似，对纯延时环节 $e^{-T_s s}$ 进行线性化处理，可得 PWM 变换器的数学模型为

$$W(s) = \frac{U_d(s)}{U_{ct}(s)} = \frac{K_s}{T_s s + 1} \tag{2-10}$$

式中，K_s 为电源放大倍数，$K_s = U_s/U_{ctmax}$；T_s 为惯性时间系数，$T_s = T_c/2$。

式（2-10）形式与式（2-9）相同。

3. 放大器的数学模型和传递函数

若不考虑放大器的输入端滤波，则放大器的数学模型为 $U_{ct}(t) = K_p \Delta U_n(t)$，其传递函数为

$$\frac{U_{ct}(s)}{\Delta U_n(s)} = K_p \tag{2-11}$$

4. 测速反馈环节

同样，若不考虑测速反馈环节的滤波电路，则该环节的数学模型为 $U_n(t) = \alpha n(t)$，其传递函数为

$$\frac{U_n(s)}{n(s)} = \alpha \tag{2-12}$$

5. 单闭环直流调速系统的动态数学模型

根据前面推导的各个环节的传递函数，按照系统间的结构关系依次连接起来，便得到转速闭环直流调速系统的动态结构图，如图 2-3 所示。

图 2-3　转速闭环直流调速系统的动态结构图

2.1.2　单闭环直流调速系统的动态分析——稳定性分析和比例积分调节器串联校正

求取系统传递函数的目的之一是为了得到系统的特征方程，而系统的特征方程可通过令系统传递函数的分母等于零而得到。单闭环直流调速系统是有给定输入和扰动输入两个输入一个输出的系统，由自动控制原理知识可知，系统对给定输入的传递函数和系统对扰动输入的传递函数的分母是一样的，为此可令图 2-3 中 $I_{dL}=0$，只求单闭环直流调速系统的输出对给定输入信号的传递函数即可。由图 2-3 可得系统的闭环传递函数（设 $I_{dL}=0$）为

$$W_{cl}(s) = \frac{n(s)}{U_n^*(s)} = \frac{\dfrac{K_p K_s / C_e}{(T_s s + 1)(T_m T_1 s^2 + T_m s + 1)}}{1 + \dfrac{K_p K_s \alpha / C_e}{(T_s s + 1)(T_m T_1 s^2 + T_m s + 1)}}$$

$$= \frac{\dfrac{K_p K_s / C_e}{1 + K}}{\dfrac{T_m T_1 T_s}{1 + K} s^3 + \dfrac{T_m(T_1 + T_s)}{1 + K} s^2 + \dfrac{T_m + T_s}{1 + K} s + 1} \tag{2-13}$$

这是一个三阶系统。

1. 稳定性分析

由式（2-13）可知，闭环调速系统的特征方程为

$$\frac{T_m T_1 T_s}{1 + K} s^3 + \frac{T_m(T_1 + T_s)}{1 + K} s^2 + \frac{T_m + T_s}{1 + K} s + 1 = 0 \tag{2-14}$$

其一般表达式为

$$a_0 s^3 + a_1 s^2 + a_2 s + a_3 = 0$$

根据三阶系统的劳斯-古尔维茨判据，系统稳定的充要条件是

$$a_0 > 0, a_1 > 0, a_2 > 0, a_3 > 0 \ \text{且} \ a_1 a_2 > a_0 a_3$$

依据稳定条件得

$$\frac{T_m(T_1 + T_s)(T_m + T_s)}{(1 + K)^2} > \frac{T_m T_1 T_s}{1 + K}$$

即

$$(T_1 + T_s)(T_m + T_s) > (1 + K) T_1 T_s$$

化简整理得

$$K < \frac{T_m(T_1 + T_s) + T_s^2}{T_1 T_s} = K_{cr} \tag{2-15}$$

式（2-15）中，K_{cr} 为临界放大系数，$K > K_{cr}$ 系统将不稳定。这与第 1 章讨论的静特性 K 越大越好相矛盾。由于对于自动控制系统，稳定是首要条件，因此必须增设动态校正装置以满足稳定要求。

2. 单闭环直流调速系统的动态校正——比例积分调节器串联校正

在设计单闭环直流调速系统时，常常会遇到动态稳定性与稳态性能指标发生矛盾的情况，这时，必须设计合适的动态校正装置来改造系统，使它同时满足动态稳定性和稳态性能指标两方面的要求。

　　动态校正的方法很多，而且对于一个系统来说，能够符合要求的校正方案也不是唯一的。在电力拖动自动控制系统中，最常用的是串联校正和并联校正。其中串联校正比较简单，也容易实现。对于带电力电子变换器的单闭环直流调速系统，由于其传递函数的阶次较低，一般采用比例积分调节器的串联校正方案就能完成动态校正任务。

　　常用的串联调节器有比例微分（PD）、比例积分（PI）和比例积分微分（PID）三种类型。由 PD 调节器构成的超前校正，可提高系统的稳定裕度，并获得足够的快速性，但稳态精度可能受到影响；由 PI 调节器构成的滞后校正，可以保证稳态精度，却是以牺牲快速性来换取系统稳定的；用 PID 调节器实现的滞后-超前校正则兼有二者的优点，可以全面提高系统的控制性能，但具体实现与调试要复杂一些。一般调速系统要求以动态稳定性和稳态精度为主，对快速性的要求可以差一些，所以主要采用 PI 调节器；在随动系统中，快速性是主要要求，需用 PD 或 PID 调节器。

　　在设计校正装置时，最基本的研究工具是对数频率特性——伯德图（Bode Diagram）。在实际系统中，动态稳定性不仅必须保证，而且还要有一定的裕度，以防参数变化和一些未知因素的影响。在伯德图上，用来衡量最小相位系统稳定程度的指标是相位裕度 γ 和以分贝表示的增益裕度 GM。一般要求为

$$\gamma = 30° \sim 60°$$

$$GM > 6\text{dB}$$

　　在定性分析系统性能时，通常将伯德图分成低、中、高三个频段。图 2-4 绘出了系统典型的伯德图，从其中三个频段的特征可以判断系统的如下性能：

　　1）如果中频段以 -20dB/dec 的斜率穿越 0dB 线且这一斜率能覆盖足够的频带宽度，则系统的稳定性好。

　　2）截止频率（或称剪切频率）ω_c 越高，则系统的快速性越好。

　　3）低频段的斜率陡、增益高，则系统的稳态精度高。

　　4）高频段衰减越快，则高频特性负分贝值越低，说明系统抗高频噪声干扰的能力越强。

图 2-4　自动控制系统的典型伯德图

　　以上四个方面常常是互相矛盾的。对稳态精度要求高时，常需要放大系数大，却可能使系统不稳定；加上校正装置后，系统稳定了，又可能牺牲快速性；提高截止频率可加快系统的响应，又容易引入高频干扰等。设计时往往需用多种手段，反复试凑，在稳、准、快和抗干扰这四个矛盾之间折中，才能获得比较满意的结果。

　　进行调速系统具体设计时，首先应进行总体设计，选择基本器件，按稳态性能指标计算参数，形成基本的闭环控制系统，称为原始系统。然后，建立原始系统的动态数学模型，画出其伯德图，检查它的稳定性和其他动态性能。如果原始系统不稳定或动态性能不好，就必须配置合适的动态校正装置，使校正后的系统全面满足所要求的性能指标。

　　采用模拟控制时，调速系统的动态校正装置常采用 PI 调节器。这里重新画出 PI 调节器输出电压的时间特性，如图 2-5 所示。通过分析，得到 PI 调节器的传递函数为

$$W_{pi}(s) = \frac{\tau_1 s + 1}{\tau s} = K_{pi} \frac{\tau_1 s + 1}{\tau_1 s}$$

其中，$\tau_1 = K_{pi} \cdot \tau$。

图 2-5　阶跃输入时 PI 调节器输出电压的时间特性

由图 2-3 可知，单闭环转速负反馈直流调速系统的原始系统的开环传递函数为

$$W(s) = \frac{K}{(T_s s + 1)(T_m T_l s^2 + T_m s + 1)}$$

在第 1 章例 1-3 所进行的稳态参数计算基础上，根据提供的参数 $T_s = 0.00167\text{s}$，$T_l = 0.017\text{s}$，$T_m = 0.075\text{s}$，计算得到系统稳定的临界放大系数为 $K_{cr} = K_p K_s \alpha / C_e = 49.42$。而根据例 1-3 的有关稳态参数值，经计算得到闭环系统的开环放大系数 $K = 54.9$。由于 $K_{cr} < K$，原始的单闭环转速负反馈调速系统是不稳定的，需要进行 PI 调节器串联校正。

原始系统的开环对数幅频及相频特性如图 2-6 中幅、相频特性①所示，其中三个转折频率分别为

$$\omega_1 = \frac{1}{T_1} = \frac{1}{0.049\text{s}} = 20.4\text{s}^{-1}$$

$$\omega_2 = \frac{1}{T_2} = \frac{1}{0.026\text{s}} = 38.5\text{s}^{-1}$$

$$\omega_3 = \frac{1}{T_3} = \frac{1}{0.00167\text{s}} = 600\text{s}^{-1}$$

而 $20\lg K = 20\lg 54.9 = 34.8\text{dB}$，$\omega_{c1} = 207.6\text{s}^{-1}$。

由图 2-6 可见，相位裕度 γ 和增益裕度 GM 都是负值，所以原始闭环系统不稳定。这和用代数判据得到的结论是一致的。

为使系统稳定，必须设置 PI 调节器，其对数频率特性如图 2-6 中幅、相频特性②所示。

实际设计时，一般先根据系统要求的动态性能或稳定裕度，确定校正后的预期对数频率特性，与原始系统特性相减，即得校正环节特性，如图 2-6 中幅频特性③所示。其中，$\omega_{c2} = 30\text{s}^{-1}$

最后得到 PI 调节器的传递函数为

$$W_{pi}(s) = \frac{0.049s + 1}{0.092s}$$

从图 2-6 可以看出，校正后系统的稳定性指标 γ 和 GM 都已变成较大的正值，有足够的稳定裕度，而截止频率从 $\omega_{c1} = 207.6\text{s}^{-1}$ 降到 $\omega_{c2} = 30\text{s}^{-1}$，快速性被压低了许多，显然这是一个偏于稳定的方案。

上述用绘制对数频率特性（伯德图）的方法来设计动态校正装置，虽然概念清楚，但

图 2-6　闭环直流调速系统的 PI 调节器校正

①—原始系统的对数幅频和相频特性　②—校正环节添加部分的对数幅频和相频特性

③—校正后系统的对数幅频和相频特性

是在半对数坐标纸上用手工绘制终究比较麻烦，有时还需反复试凑，才能获得满意的结果。2.3 节将介绍较为简便的工程设计方法。

2.2　双闭环直流调速系统的动态分析

在闭环负反馈系统中，当以调节器为核心的闭环多于一个时，称为多环系统。常见的多环系统有转速电流双闭环直流调速系统、带电流变化率内环和带电压内环的三环直流调速系统。尤其以转速电流双闭环直流调速系统最为典型。

1. 转速电流双闭环直流调速系统的动态数学模型

在转速电流双闭环直流调速系统中，转速调节器 ASR 和电流调节器 ACR 常采用 PI 调节器。ASR 和 ACR 的传递函数为

$$W_{ASR}(s) = K_n \frac{(\tau_n s + 1)}{\tau_n s} \tag{2-16}$$

$$W_{ACR}(s) = K_i \frac{(\tau_i s + 1)}{\tau_i s} \tag{2-17}$$

结合单闭环直流调速系统的动态结构图，可得双闭环直流调速系统的动态结构图。如图 2-7 所示。

2. 双闭环直流调速系统的动态性能分析

双闭环直流调速系统的动态性能包括动态跟随性能和动态抗扰性能。当采用转速电流双闭环控制时，该系统的动态性能比转速单闭环系统有了较明显的提高。分析如下：

（1）动态跟随性能

1）单闭环转速负反馈系统的动态结构图如图 2-8 所示。

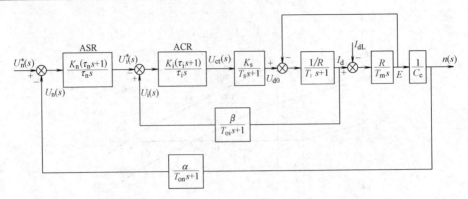

图 2-7　双闭环直流调速系统的动态结构图

T_{on}—转速反馈滤波时间常数　　T_{oi}—电流反馈滤波时间常数

图 2-8　单闭环转速负反馈系统的动态结构图

ASR 到输出电流 I_d 之间的传递函数为（$\Delta E = 0$）

$$W(s) = \frac{K_s/R}{(T_s s + 1)(T_1 s + 1)} = \frac{K_s/R}{T_s T_1 s^2 + (T_s + T_1)s + 1}$$

2）双闭环直流调速系统的动态结构图如图 2-9 所示。

图 2-9　双闭环直流调速系统的动态结构图

ASR 到输出电流 I_d 之间的传递函数为（为了推导传函方便起见，假定 ACR 为比例调节器，其传递函数为 K_i）

$$W'(s) = \frac{K_i \dfrac{K_s}{T_s s + 1} \dfrac{1/R}{T_1 s + 1}}{1 + K_i \dfrac{K_s}{T_s s + 1} \dfrac{1/R}{T_1 s + 1}\beta} = \frac{K_i K_s/R}{\left[(T_s s + 1)(T_1 s + 1) + (K_i K_s \beta/R)\right]}$$

$$= \frac{K_i K_s/R}{T_s T_1 s^2 + (T_s + T_1)s + 1 + K_i K_s \beta/R} = \frac{\dfrac{K_i K_s/R}{1 + K_i K_s \beta/R}}{\dfrac{T_s T_1}{1 + K_i K_s \beta/R}s^2 + \dfrac{(T_s + T_1)}{1 + K_i K_s \beta/R}s + 1}$$

从 $W(s)$ 和 $W'(s)$ 的表达式可以看出，在双闭环直流调速系统中，电流负反馈能够将环内的传递函数加以改造，使等效时间常数减小，经过电流环改造后的等效环节作为 ASR 的被控对象，它可使转速环的动态跟随性能得到明显改善。

（2）动态抗扰性能

1）抗负载扰动性能。从图 2-9 所示双闭环直流调速系统的动态结构图可以看出，负载扰动作用（I_{dL}）在电流环之后，和单闭环直流调速系统一样，只能靠 ASR 来抑制。但由于电流环改造了环内的传递函数，使它更有利于转速外环的控制，因此双闭环直流调速系统也能提高系统对负载扰动的抗扰性能。

2）抗电网电压扰动。电网电压扰动和负载扰动作用点在系统动态结构图中的位置不同，系统相应的动态抗扰性能也不同。

①在单闭环直流调速系统中，电网电压波动必须等到影响转速 n 后，才能通过转速负反馈来调节。例如：

电网电压扰动 $\uparrow \rightarrow U_{d0} \uparrow \rightarrow I_d \uparrow \rightarrow n \uparrow \rightarrow U_n \uparrow \rightarrow \Delta U_n = (U_n^* - U_n) \downarrow \rightarrow U_{ct} \downarrow \rightarrow U_{d0} \downarrow$

②在转速电流双闭环直流调速系统中，由图 2-9 可知，电网电压扰动被包围在电流环内，当电网电压波动时，可以通过电流反馈及时得到抑制。例如：

电网电压扰动 $\uparrow \rightarrow U_{d0} \uparrow \rightarrow I_d \uparrow \rightarrow U_i \uparrow \rightarrow \Delta U_i = (U_i^* - U_i) \downarrow \rightarrow U_{ct} \downarrow \rightarrow U_{d0} \downarrow$

所以，双闭环直流调速系统能有效提高系统对电网电压扰动的抗扰性能。

综上所述，双闭环直流调速系统的（电流）内环能够改造环内的传递函数，使它更有利于（转速）外环的控制，从而提高系统的动态跟随性能和对负载扰动的抗扰性能，另外，内环的存在可以及时抑制环内的电网电压波动。

这一结论同样适用于带电流变化率内环和带电压内环的三环调速系统。

2.3　工程设计方法及其在双闭环直流调速系统中的应用

用对数频率特性（伯德图）进行单环系统设计时，一般是根据系统要求的动态性能或稳定裕度，确定希望的预期对数频率特性，再与原始系统特性相减，得到校正环节特性，进而设计出校正装置。对数频率特性的设计方法很灵活，没有一个固定的模式，有时需反复试凑才能得到满意的结果。而且，该方法与设计者的经验有很大的关系，不便于初学者掌握，而对于多环调速系统，就更加力不从心了。为此，本节介绍一种简洁、方便的多环调速系统的工程设计方法。

2.3.1　调速系统的工程设计方法

多环调速系统调节器参数的工程设计内容包括：确定典型系统、选择调节器类型、计算调节器参数、计算调节器电路参数、校验等。

1. 工程设计方法的步骤

用"工程设计方法"进行调节器设计的一般步骤如下：

1）在众多的开环系统中，选择两类具有优越的静、动态跟随性能和抗扰性能的系统作为典型系统，并求出典型系统的系统参数与跟随性能和抗扰性能指标间的关系。

2）根据生产工艺要求，确定生产所需系统的跟随性能和抗扰性能指标，根据上述系统参数与性能指标的关系，求出与性能指标对应的典型系统作为预期的典型系统。

3）通过比较预期的典型系统和被控对象的实际系统，确定用于校正的调节器的结构、参数和调节器的电路参数。

4）进行设计校验。

2. 典型系统

任何系统的开环传递函数都可用下式来表示：

$$W(s) = \frac{K(\tau_1 s + 1)(\tau_2 s + 1)\cdots}{s^r(T_1 s + 1)(T_2 s + 1)\cdots} \tag{2-18}$$

式（2-18）中，分子和分母都可能含有复零点和复极点，分母中的 s^r 项表示整个系统含有 r 个积分环节。或者说系统在原点处有重极点，根据 $r = 0$，1，2，…等不同数值，分别称为 0 型、Ⅰ型、Ⅱ型…系统。型号越高，系统的准确性越高，而稳定性越差。一般而言，0 型系统的稳态精度不如Ⅰ型和Ⅱ型系统，Ⅲ型以上的系统很难稳定。因此，为了保证系统的稳定性和一定的稳态精度，通常采用Ⅰ型和Ⅱ型系统。从式（2-18）可知，Ⅰ型和Ⅱ型系统仍然有无数个，为此，再在其中选出两个特例作为典型系统。

（1）典型Ⅰ型系统

典型Ⅰ型系统的开环传递函数（见方框内）、闭环系统的动态结构图以及开环对数频率特性如图 2-10 所示。

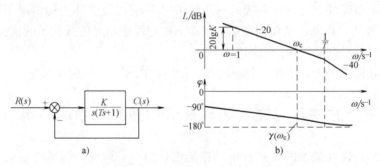

图 2-10　典型Ⅰ型系统的闭环动态结构图和开环对数频率特性
a）闭环系统的动态结构图　b）开环对数频率特性

由图 2-10 可见，典型Ⅰ型系统是由一个积分环节和一个惯性环节串联而成的单位反馈系统。从开环对数频率特性上看出，中频段是以 $-20\mathrm{dB/dec}$ 斜率穿越零分贝线的，并且具有一定的幅值和相位裕度，可以确保系统有足够的稳定性。在开环传递函数中，时间常数 T 往往是控制对象本身所固有的，唯一可变的参数只有开环放大系数 K。因此，可供设计选择的参数只有 K，一旦 K 值选定，系统的性能就被确定了。那么 K 值与系统的性能指标之间有什么关系呢？

1）K 与系统稳态跟随性能的关系。典型Ⅰ型系统的稳态跟随性能是指在给定输入信号下的稳态误差。

对阶跃输入信号 $R(s) = R/s$，其稳态误差为

$$e(\infty) = \lim_{t \to \infty} e(t) = \lim_{s \to 0} sE(s) = \lim_{s \to 0} s \frac{1}{1 + W(s)} \frac{R}{s} = 0 \tag{2-19}$$

对单位斜坡输入信号 $R(s) = 1/s^2$，其稳态误差为

$$e(\infty) = \lim_{t \to \infty} e(t) = \lim_{s \to 0} sE(s) = \lim_{s \to 0} s \frac{1}{1 + W(s)} \frac{1}{s^2} = \frac{1}{K} \tag{2-20}$$

可以看出，对单位斜坡输入信号有跟踪误差，开环放大倍数 K 增大，跟踪误差减小。

2）K 与系统动态跟随性能的关系。由图 2-10b 可知，在 $\omega = 1$ 处，典型 I 型系统（$\omega_c < 1/T$）对数幅频特性的幅值为

$$L(\omega)\big|_{\omega=1} = 20\lg K = 20(\lg\omega_c - \lg1) = 20\lg\omega_c，则 K = \omega_c \tag{2-21}$$

其相位裕度 $\gamma(\omega_c)$ 为

$$\gamma(\omega_c) = 90° - \arctan\omega_c T > 45° \tag{2-22}$$

由此看出，K 越大，截止频率 ω_c 越高，系统的响应速度就越快，但稳定性却越差。系统的稳定性和快速性是矛盾的，开环放大倍数 K 必须在保证系统稳定的前提下满足生产工艺的要求。

由图 2-10a 可得系统的闭环传递函数为

$$W_{cl}(s) = \frac{W(s)}{1 + W(s)} = \frac{\dfrac{K}{T}}{s^2 + \dfrac{1}{T}s + \dfrac{K}{T}} = \frac{\omega_n^2}{s^2 + 2\xi\omega_n s + \omega_n^2} \tag{2-23}$$

式中，ω_n 为自然振荡频率，$\omega_n = \sqrt{K/T}$；ξ 为阻尼比，$\xi = \dfrac{1}{2}\sqrt{\dfrac{1}{KT}}$。

当 $0 < \xi < 1$ 时，在零初始条件下的阶跃响应动态性能指标计算公式如下：

①时域指标如下：

超调量

$$\sigma\% = e^{\frac{-\xi\pi}{\sqrt{1-\xi^2}}} \times 100\% \tag{2-24}$$

峰值时间

$$t_p = \frac{2\xi\pi T}{\sqrt{1-\xi^2}} \tag{2-25}$$

上升时间

$$t_r = \frac{2\xi T}{\sqrt{1-\xi^2}}(\pi - \arccos\xi) \tag{2-26}$$

调节时间

$$t_s \approx \frac{3}{\xi\omega_n} = 6T(\Delta = 5\%, \xi < 0.9) \tag{2-27}$$

②频域指标如下：

截止频率

$$\omega_c = \frac{\left[\sqrt{4\xi^4 + 1} - 2\xi^2\right]^{1/2}}{2\xi T} \tag{2-28}$$

相位稳定裕度

$$\gamma(\omega_c) = \arctan\frac{2\xi}{\left[\sqrt{4\xi^4 + 1} - 2\xi^2\right]^{1/2}} \tag{2-29}$$

其动态指标与 K 及 ξ 的关系见表 2-2。

表 2-2　典型 I 型系统动态跟随性能指标和频域指标与参数关系 $\left[\xi = (1/2)\sqrt{1/(KT)}\right]$

指标	参　数					
KT	0.25	0.31	0.39	0.5	0.69	1.0
ξ	1.0	0.9	0.8	0.707	0.6	0.5
$\sigma\%$	0	0.15%	1.5%	4.3%	9.5%	16.3%
t_{p}/T	—	13.14	8.33	6.28	4.71	3.62
t_{r}/T	∞	11.12	6.67	4.72	3.34	2.41
$t_{\mathrm{s}}(5\%)/T$	9.5	7.2	5.4	4.2	6.3	5.6
$\gamma(\omega_{\mathrm{c}})/(°)$	76.3	73.5	69.9	65.5	59.2	51.8
$\omega_{\mathrm{c}}T$	0.243	0.296	0.367	0.455	0.596	0.786

由表 2-2 可以看出，随着开环放大倍数 K 增大，阻尼比 ξ 减小，超调量 $\sigma\%$ 变大，稳定性变差，调节时间 t_{s} 减小，快速性变好。当 K 值过大时，调节时间 t_{s} 反而增加，快速性变差。当 $KT = 1/2$ 或 $\xi = 0.707$ 时，稳定性和快速性都较好，通常称为"I 型系统工程最佳参数"。这时系统的传递函数如下：

开环传递函数

$$W(s) = \frac{1}{2T}\frac{1}{s(Ts+1)} \tag{2-30}$$

闭环传递函数

$$W_{\mathrm{cl}}(s) = \frac{1}{2T^2s^2 + 2Ts + 1} \tag{2-31}$$

单位阶跃输入时，系统输出为

$$c(t) = 1 - \sqrt{2}\mathrm{e}^{-\frac{t}{2T}}\sin\left(\frac{t}{2T} + 45°\right) \tag{2-32}$$

其单位阶跃响应曲线如图 2-11 所示，跟随性能指标为

$$\sigma\% = 4.3\%$$
$$t_{\mathrm{s}} = 4.2T \qquad (\Delta = 5\%)$$

实践证明，上述典型参数对应的性能指标适合于响应快而又不允许过大超调量的系统，一般情况下都能满足工程设计要求。但工程最佳参数不是唯一的参数选择，设计者或调试者应根据不同的控制要求，掌握参数变化对系统动态性能影响的规律，灵活地选择满意的参数。

图 2-11　典型 I 型系统最佳参数时的
单位阶跃响应曲线

3）K 与抗扰性能指标关系。图 2-12a 所示为在扰动 $N(s)$ 作用下的典型 I 型系统。其开环传递函数为

$$W(s) = W_1(s)W_2(s) = \frac{K}{s(Ts+1)} \tag{2-33}$$

因仅讨论抗扰性能，可令输入信号 $R(s) = 0$，即得等效结构图，如图 2-12b 所示。在扰动作用下的输出表达式为

图 2-12　扰动作用下的典型 I 型系统

a) 典型 I 型系统结构图　　b) 等效结构图

$$\Delta C(s) = \frac{N(s)}{W_1(s)} \frac{W(s)}{1 + W(s)} \tag{2-34}$$

显然，从图 2-12b 的点画线框内看，系统的抗扰性能除了与其结构有关外，还与抗扰作用点之前的传递函数 $W_1(s)$ 有关。

若设 $W_1(s) = K_1 \dfrac{T_2 s + 1}{s(T_1 s + 1)}$，$W_2(s) = \dfrac{K_2}{(T_2 s + 1)}$，且 $T_2 > T_1 = T$，则

$$W(s) = W_1(s) W_2(s) = K_1 \frac{T_2 s + 1}{s(T_1 s + 1)} \frac{K_2}{(T_2 s + 1)} = \frac{K_1 K_2}{s(Ts + 1)} = \frac{K}{s(Ts + 1)}$$

式中，$K = K_1 K_2$。

在 $N(s) = N/s$ 阶跃扰动下，则有

$$\Delta C(s) = \frac{N}{s} \frac{s(Ts + 1)}{K_1 (T_2 s + 1)} \frac{\dfrac{K_1 K_2}{s(Ts + 1)}}{1 + \dfrac{K_1 K_2}{s(Ts + 1)}} = \frac{NK_2 (Ts + 1)}{(T_2 s + 1)(Ts^2 + s + K)}$$

如果按"最佳"参数选定：$KT = 0.5$，或 $K = K_1 K_2 = 1/(2T)$，则

$$\Delta C(s) = \frac{2TK_2 N(Ts + 1)}{(T_2 s + 1)(2T^2 s^2 + 2Ts + 1)} \tag{2-35}$$

利用拉普拉斯反变换，可得阶跃扰动后输出变化量过渡过程的时间函数为

$$\Delta c(t) = \frac{2NK_2 m}{2m^2 - 2m + 1} \Big[(1 - m) e^{-t/T_2} - (1 - m) e^{-t/(2T)} \cos \frac{t}{2T} + m e^{-t/(2T)} \sin \frac{t}{2T} \Big]$$

式中，m 表示控制对象中两个时间常数的比值，$m = T_1/T_2 = T/T_2$，它的值小于 1。

取不同的 m 值，由上式可得相应的 $\Delta c(t)$ 的动态响应曲线，从而求得输出值最大动态降落 $\Delta C_{max}\%$（用基准值 $C_b = (1/2)NK_2$ 的百分比表示）和对应的时间 t_m（用 T 的倍数表示）以及允许误差带为 $\pm 5\% C_b$ 时的恢复时间 t_v 与 T 的比值。其动态抗扰性能列于表 2-3。

表 2-3　典型 I 型系统动态抗扰性能指标与参数的关系

（控制结构和阶跃扰动作用点如图 2-12 所示、$KT = 0.5$）

指标	参　数			
$m = \dfrac{T_1}{T_2} = \dfrac{T}{T_2}$	$\dfrac{1}{5}$	$\dfrac{1}{10}$	$\dfrac{1}{20}$	$\dfrac{1}{30}$
$\Delta C_{max}/C_b\%$	55.5%	33.2%	18.5%	12.9%
t_m/T	2.8	3.4	3.8	4.0
$t_v(5\%)/T$	14.7	21.7	28.7	30.4

例 2-1　某典型 I 型电流控制系统结构图如图 2-13 所示，电流输出回路总电阻 $R = 5\Omega$，电磁时间常数 $T_1 = 0.3\text{s}$，系统的小时间常数 $T = 0.01\text{s}$，额定电流 $I_{\text{nom}} = 44\text{A}$，该系统要求阶跃给定的电流超调量 $\sigma\% < 5\%$，试求直流扰动电压 $\Delta U = 32\text{V}$ 时的电流最大动态降落（以额定电流的百分数 $\Delta I_{\text{m}}/I_{\text{nom}}$ 表示）和恢复时间 t_{v}（按基准值 C_{b} 的 5% 计算）。

图 2-13　电压扰动时的电流控制系统结构图

解：系统要求阶跃给定的电流超调量 $\sigma\% < 5\%$，查表 2-2，应选

$$K = \frac{1}{2T} = \frac{1}{2 \times 0.01} = 50$$

根据系统两个时间常数比值 $T/T_1 = 0.01/0.3 = 1/30$，由表 2-3 知，系统电流最大动态降落为 $\Delta C_{\text{max}}/C_{\text{b}}\% = 12.9\%$，恢复时间 t_{v}（5%）$/T = 30.4$，可得：

放大系数

$$K_2 = \frac{1}{R} = \frac{1}{5\Omega} = 0.2(1/\Omega)$$

基准值

$$C_{\text{b}} = 0.5\,\Delta U K_2 = 0.5 \times 32\text{V} \times 0.2(1/\Omega) = 3.2\text{A}$$

电流最大降落值

$$\Delta I_{\text{m}} = 0.129 C_{\text{b}} = 0.129 \times 3.2\text{A} = 0.413\text{A}$$

所以

$$\Delta I_{\text{m}}/I_{\text{nom}} = 0.413/44 = 0.00939 = 0.939\%$$

$$t_{\text{v}} = (t_{\text{v}}/T)T = 30.4T = 30.4 \times 0.01\text{s} = 0.304\text{s}$$

（2）典型 II 型系统

典型 II 型系统的开环传递函数（见方框内）、闭环系统结构图以及开环对数频率特性如图 2-14 所示。

图 2-14　典型 II 型系统的闭环动态结构图和开环对数频率特性

a）闭环系统的动态结构图　b）开环对数频率特性

由图 2-14 可见，典型 II 型系统是由两个积分环节、一个惯性环节和一个一阶微分环节组成的，其开环对数频率特性的低频转折频率 $\omega_1 = 1/\tau$，高频转折频率 $\omega_2 = 1/T$，且 $\omega_2 >$

$\omega_c > \omega_1$。系统的相位稳定裕度为

$$\gamma(\omega_c) = 180° + \varphi(\omega_c)$$
$$= 180° + (-180° + \arctan\omega_c\tau - \arctan\omega_c T)$$
$$= \arctan\omega_c\tau - \arctan\omega_c T \tag{2-36}$$

显然，τ 比 T 大得越多，系统稳定裕度越大，稳定性越好。与典型 I 型系统相仿，时间常数 T 是系统固有的，所不同的是，典型 II 型系统有两个参数 K 和 τ 待选择，这就增加了选择参数的复杂性。为分析方便，引入一个新变量 h，令

$$h = \frac{\tau}{T} = \frac{\omega_2}{\omega_1} \tag{2-37}$$

式（2-37）中，h 表示了在对数坐标中斜率为 -20dB/dec 的中频段的宽度，称为"中频宽"。由于中频段的状况对控制系统的动态品质起着决定性的作用，因此 h 值是一个关键的参数。

在图 2-14 中，$\omega = 1$ 点处是 -40dB/dec 特性段，则

$$20\lg K = 40\lg\omega_1 + 20\lg\frac{\omega_c}{\omega_1} = 20\lg\omega_1\omega_c，显然 K = \omega_1\omega_c \tag{2-38}$$

由频率特性可见，由于 T 一定，改变 τ 也就改变了中频宽 h，即 h 与 τ 相关；在 τ 确定以后，再改变 K 相当于使开环对数幅频特性上下平移，即改变了截止频率 ω_c，也即 ω_c 与 K 相关。因此，选择了 h 和 ω_c 两个参数，就相当于选择了参数 τ 和 K。因此，要寻找系统性能指标与系统参数 τ 和 K 的关系，可以转化为找出与参数 h 和 ω_c 的关系。

工程设计方法通常采用"振荡指标法"中的闭环幅频特性谐振峰值 M_r 最小准则，找出 h 和 K 两个参数间较好的配合关系，使 K 变为 h 的函数，则典型 II 型系统的设计就变为一个参数 τ 的设计了。

经推导，可以得到闭环幅频特性最小谐振峰值 M_{rmin}、ω_c、ω_1、ω_2 与 h 间的关系如下：

$$\frac{\omega_2}{\omega_c} = \frac{2h}{h+1} \tag{2-39}$$

$$\frac{\omega_c}{\omega_1} = \frac{h+1}{2} \tag{2-40}$$

对应的最小峰值 M_{rmin} 为

$$M_{rmin} = \frac{h+1}{h-1} \tag{2-41}$$

由式（2-41）可以看出，M_{rmin} 值仅取决于中频宽 h。表 2-4 列出了不同 h 值时的 M_{rmin} 和对应的频率比。

表 2-4　不同中频宽 h 时的 M_{rmin} 值和频率比

指标	参　数							
h	3	4	5	6	7	8	9	10
M_{rmin}	2	1.67	1.5	1.4	1.33	1.29	1.25	1.22
ω_2/ω_c	1.5	1.6	1.67	1.71	1.75	1.78	1.80	1.82
ω_c/ω_1	2.0	2.5	3.0	3.5	4.0	4.5	5.0	5.5

经验表明，M_{rmin} 在 $1.2 \sim 1.5$ 之间，系统的动态性能较好，有时也允许达到 $1.8 \sim 2.0$，所以 h 可在 $3 \sim 10$ 之间选择，h 更大时，对降低 M_{rmin} 的效果就不显著了。

在确定了 h 后，根据式 (2-39) 就可求出 ω_c

$$\omega_c = \frac{K}{\omega_1} = \frac{h+1}{2h^2T^2}hT = \frac{h+1}{2hT} \tag{2-42}$$

而 T 是已知的，在确定了 h 和 ω_c 之后，要计算 τ 和 K 也就比较容易了，由 h 的定义可知

$$\tau = hT \tag{2-43}$$

也可证明具有最小谐振峰值的开环放大系数 K 为

$$K = \omega_1\omega_c = \frac{h+1}{2h^2T^2} \tag{2-44}$$

式 (2-43) 和式 (2-44) 是工程设计方法中计算典型 II 型系统参数的公式，只要按动态性能指标的要求确定了 h 值，就可以代入这两个公式来进行系统设计。下面分别讨论跟随性能指标和抗扰性能指标与 h 值的关系，作为确定 h 值的依据。

1) 典型 II 型系统跟随性能指标与参数的关系。

① 稳态跟随性能指标。对阶跃输入信号 $R(s) = R/s$，其稳态误差为

$$e(\infty) = \lim_{t \to \infty} e(t) = \lim_{s \to 0} sE(s) = \lim_{s \to 0} \frac{1}{1 + W(s)} \frac{R}{s} = 0 \tag{2-45}$$

对斜坡输入信号 $R(s) = R/s^2$，其稳态误差为

$$e(\infty) = \lim_{t \to \infty} e(t) = \lim_{s \to 0} sE(s) = \lim_{s \to 0} \frac{1}{1 + W(s)} \frac{R}{s^2} = 0 \tag{2-46}$$

对单位加速度输入信号 $R(s) = 1/s^3$，其稳态误差为

$$e(\infty) = \lim_{t \to \infty} e(t) = \lim_{s \to 0} sE(s) = \lim_{s \to 0} \frac{1}{1 + W(s)} \frac{R}{s^3} = \frac{1}{K} \tag{2-47}$$

$e(\infty)$ 有跟踪误差，其大小与开环放大系数成反比。

② 动态跟随性能指标。按 M_{rmin} 准则确定调节器参数时，若需要求出系统的动态跟随性能，可先将式 (2-43) 和式 (2-44) 代入典型 II 型系统的开环函数，得

$$W_{op}(s) = \frac{K(\tau s + 1)}{s^2(Ts + 1)} = \frac{h+1}{2h^2T^2} \frac{hTs + 1}{s^2(Ts + 1)}$$

根据图 2-14 求得系统的闭环传递函数为

$$W_{cl}(s) = \frac{W_{op}(s)}{1 + W_{op}(s)} = \frac{hTs + 1}{\dfrac{2h^2}{h+1}T^3s^3 + \dfrac{2h^2}{h+1}T^2s^2 + hTs + 1} \tag{2-48}$$

在单位阶跃输入 $R(s) = 1/s$ 下，输出为

$$C(s) = \frac{hTs + 1}{s\left[\dfrac{2h^2}{h+1}T^3s^3 + \dfrac{2h^2}{h+1}T^2s^2 + hTs + 1\right]} \tag{2-49}$$

以 T 为时间基准，对于具体的 h 值，可由式 (2-49) 求出对应的单位阶跃响应函数 $C(t/T)$，从而计算出超调量 $\sigma\%$、上升时间 t_r/T、调节时间 t_s/T 和振荡次数 k。采用数字仿真计算的结果列于表 2-5 中。

表 2-5　典型 Ⅱ 型系统阶跃输入跟随性能指标（按 M_{rmin} 准则确定参数关系）

指标	参　　　数							
h	3	4	5	6	7	8	9	10
$\sigma\%$	52.6%	43.6%	37.6%	33.2%	29.8%	27.2%	25%	23.3%
t_r/T	2.4	2.65	2.85	3.0	3.1	3.2	3.3	3.35
$t_s(5\%)/T$	12.15	11.65	9.55	10.45	11.30	12.25	13.25	14.20
振荡次数 k	3	2	2	1	1	1	1	1

与表 2-2 比较，典型 Ⅱ 型系统跟随过程超调量比典型 Ⅰ 型系统大，由于过渡过程的衰减振荡性质，调节时间随 h 的变化不是单调的，工程设计方法常选用 $h = 5$ 的单位阶跃输入性能指标为最佳参数，即 $\sigma\% = 37.6\%$，$t_r = 2.85T$，$t_s(5\%) = 9.55T$。

2）典型 Ⅱ 型系统抗扰性能指标与参数的关系。

①稳态抗扰性能。对典型 Ⅱ 型系统仍采用图 2-12 所示的抗扰情况来说明。扰动点前后传递函数分别为

$$W_1(s) = \frac{K_1(hTs + 1)}{s(Ts + 1)}$$

$$W_2(s) = \frac{K_2}{s}$$

式中，T 为系统固有时间常数；K_1、K_2 分别为扰动点前后的放大系数。

其动态结构图如图 2-15 所示。

若阶跃扰动作用为 $N(s) = N/s$，则稳态误差为

$$e_N = \lim_{t \to \infty} \Delta c(t) = \lim_{s \to 0} s \Delta C(s) = \lim_{s \to 0} s \frac{W_2(s)}{1 + W_1(s)W_2(s)} \frac{N}{s} = 0 \tag{2-50}$$

由式（2-50）可以看出，若要使阶跃扰动作用下系统的稳态误差为零，则在扰动作用点之前必须含有积分，这与前面分析的结论是一致的。

②动态抗扰性能。如前所述，系统的动态抗扰性能是因系统结构、扰动作用点和作用函数而异的。扰动作用下的典型 Ⅱ 型系统结构图如图 2-15 所示。

图 2-15　扰动作用下的典型 Ⅱ 型系统结构图

按 M_{rmin} 准则确定系统的参数关系，即 $K = K_1K_2 = \dfrac{h + 1}{2h^2T^2}$，系统在这种扰动作用下的闭环传递函数为

$$\frac{\Delta C(s)}{N(s)} = \frac{\dfrac{K_2}{s}}{1 + \dfrac{K_1K_2(hTs + 1)}{s^2(Ts + 1)}} = \frac{\dfrac{2h^2T^2}{h + 1}K_2s(Ts + 1)}{\dfrac{2h^2}{h + 1}T^3s^3 + \dfrac{2h^2}{h + 1}T^2s^2 + hTs + 1} \tag{2-51}$$

对于阶跃扰动 $N(s) = N/s$，则

$$\Delta C(s) = \frac{\dfrac{2h^2 T^2}{h+1} K_2 N(Ts+1)}{\dfrac{2h^2}{h+1} T^3 s^3 + \dfrac{2h^2}{h+1} T^2 s^2 + hTs + 1} \tag{2-52}$$

由式（2-52）可以计算出对应于不同 h 值的动态抗扰过程曲线 $\Delta C(t)$，从而求出各项动态抗扰性能指标，见表 2-6。在计算中，为了使各项指标都落在合理的范围内，取输出量基准值为

$$C_b = 2K_2 TN \tag{2-53}$$

表 2-6　典型 II 型系统动态抗扰性能指标与参数的关系
（控制结构和阶跃扰动作用点如图 2-15 所示，参数关系符合 M_{rmin} 准则）

指标	参　　数							
h	3	4	5	6	7	8	9	10
$\Delta C_{max}/C_b\%$	72.2%	77.5%	81.2%	84.0%	86.3%	88.1%	89.6%	90.8%
t_m/T	2.45	2.70	2.85	3.00	3.15	3.25	3.30	3.40
$t_v(5\%)/T$	13.60	10.45	8.80	12.95	16.85	19.80	22.80	25.85

比较表 2-6 和表 2-5，可以看出随着 h 的增加，超调量 $\sigma\%$ 减小，调节时间 t_s 增加，而最大动态降落 $\Delta C_{max}/C_b\%$ 增大，恢复时间 t_v/T 增加。但 $h < 5$ 以后由于振荡次数增加，使调节时间 t_s 和恢复时间 t_v 反而增长了。当 $h = 5$ 时，t_s 与 t_v 都最小。因此，把典型 II 型系统跟随性能与抗扰性能的所有指标综合起来看，$h = 5$ 应该是较好的选择。

例 2-2　某调速系统结构图如图 2-16 所示，已知系统参数 $K_1 = 25$，$K_2 = 0.0358$，$T = 0.02s$，$T_m = 0.4s$，按 M_{rmin} 准则将系统设计成典型 II 型系统时，其调节器参数如何选择？并计算性能指标 $\sigma\%$、$t_s(5\%)$、$\Delta C_{max}/C_b\%$、$t_v(5\%)$。

图 2-16　某调速系统结构图

解：系统开环传递函数为

$$W_{op}(s) = \frac{K_{pi} K_1 K_2}{\tau T_m} \frac{(\tau s + 1)}{s^2 (Ts + 1)}$$

按 M_{rmin} 准则选择系统参数，即 $h = 5$，有

$$\tau = hT = 5 \times 0.02s = 0.1s$$

由

$$\frac{K_{pi} K_1 K_2}{\tau T_m} = \frac{h+1}{2h^2 T^2}$$

得

$$K_{pi} = \frac{h+1}{2h^2} \frac{\tau T_m}{T^2} \frac{1}{K_1 K_2} = \frac{5+1}{2 \times 5^2} \times \frac{0.1 \times 0.4}{0.02^2} \times \frac{1}{25 \times 0.0358} = 13.4$$

查表 2-5 和表 2-6，$h = 5$ 时的性能指标如下：

$$\sigma\% = 37.6\%$$
$$t_s(5\%) = 9.55T = 9.55 \times 0.02s = 0.191s$$
$$\Delta C_{max}/C_b\% = 81.2\%$$
$$t_v(5\%) = 8.8T = 8.8 \times 0.02s = 0.176s$$

3. 非典型系统的典型化——工程设计中的近似处理

上述讨论的典型 I 型和 II 型系统称为典型系统，而实际系统通常与典型系统之间存在一定的差异。一般情况下，这些实际系统需经过工程上的近似处理和调节器串联校正，才可以校正成上述两种典型系统。下面首先讨论实际系统的工程近似处理方法。

(1) 高频段小惯性环节的近似处理

当高频段有多个小时间常数 T_1、T_2、T_3、…的小惯性环节时，可以等效地用一个小时间常数 T 的惯性环节来代替，其等效时间常数为

$$T = T_1 + T_2 + T_3 + \cdots$$

近似处理的原则是近似前后的相位裕度不变。

例如，实际系统的开环传递函数为

$$W_{op}(s) = \frac{K}{s(T_1 s + 1)(T_2 s + 1)}$$

式中，T_1、T_2 为小时间常数。

根据近似处理方法，经近似处理后的系统的开环传递函数为

$$W'_{op}(s) \approx \frac{K}{s(T s + 1)}$$

下面验证近似处理的合理性。

1）近似处理前，实际系统在 ω_c 处的相位裕度为

$$\gamma_{op}(\omega_c) = 90° - \arctan T_1\omega_c - \arctan T_2\omega_c = 90° - \arctan\frac{(T_1 + T_2)\omega_c}{1 - T_1 T_2 \omega_c^2}$$

当 T_1、T_2 为小时间常数时，有 $T_1 T_2 \omega_c^2 \ll 1$ 或 $\omega_c \ll \sqrt{\dfrac{1}{T_1 T_2}}$，则

$$\gamma_{op}(\omega_c) \approx 90° - \arctan T\omega_c$$

式中，$T = T_1 + T_2$。

根据近似方法处理后的系统在 ω_c 处的相位裕度为

$$\gamma'_{op}(\omega_c) \approx 90° - \arctan T\omega_c$$

有

$$\gamma_{op}(\omega_c) = \gamma'_{op}(\omega_c)$$

所以

$$W_{op}(s) = \frac{K}{s(T_1 s + 1)(T_2 s + 1)} \approx \frac{K}{s(T s + 1)} = W'_{op}(s)$$

近似是合理的。

等效前后的开环对数幅频特性如图 2-17 所示。图中，$W_{op}(s)$ 是高频段包含两个小时间常数惯性环节的开环对数幅频特性，$W'_{op}(s)$ 是以等效时间常数 T 表示的典型 I 型系统。说

明近似也是合理的。即两个小时间常数为 T_1 和 T_2 的惯性环节，当它们对应的频率 $\omega_1 = 1/T_1$、$\omega_2 = 1/T_2$ 都在远远大于截止频率 ω_c 的高频区段时，可以用一个等效的小时间常数 $T = T_1 + T_2$ 的惯性环节来代替。

图 2-17　小惯性环节等效前后的开环
对数幅频特性

同理，当高频段有多个小时间常数 T_1、T_2、T_3、…的环节时，可以等效地用一个小时间常数 T 的环节来代替，其等效时间常数 T 为

$$T = T_1 + T_2 + T_3 + \cdots \tag{2-54}$$

若要使稳定裕度不受较大影响，应保证 $\dfrac{1}{T}$，$\dfrac{1}{T_1}$，$\dfrac{1}{T_2}$，$\dfrac{1}{T_3}$，$\cdots \gg \omega_c$。

工程上一般允许有 10% 以内的误差，因此两个小惯性环节近似条件可以写成 $\omega_c \leqslant \sqrt{\dfrac{1}{10T_1T_2}}$，考虑到开环频率特性的截止频率 ω_c 与闭环频率特性的通频带 ω_b 一般比较接近，而 $\sqrt{10} \approx 3$，则近似处理的条件为

$$\omega_c \leqslant \frac{1}{3}\sqrt{\frac{1}{T_1T_2}} \tag{2-55}$$

同理，三个小惯性环节的近似条件为

$$\omega_c \leqslant \frac{1}{3}\sqrt{\frac{1}{T_1T_2 + T_2T_3 + T_3T_1}} \tag{2-56}$$

（2）低频段大惯性环节的近似处理

低频段大惯性环节可近似等效成积分环节。

例如，系统的开环传递函数为

$$W_{op}(s) = \frac{K(\tau s + 1)}{s(T_1s + 1)(Ts + 1)}$$

式中，T_1 为电磁时间常数，$T_1 \gg \tau > T$。

1）近似处理前在 ω_c 处的相位裕度为

$$\gamma_{op}(\omega_c) = 90° - \arctan T_1\omega_c + \arctan \tau \omega_c - \arctan T\omega_c$$
$$= \arctan \frac{1}{T_1\omega_c} + \arctan \tau \omega_c - \arctan T\omega_c$$

当 T_1 为低频段大时间常数惯性环节时，有

$$\gamma_{op}(\omega_c) = \arctan \frac{1}{T_1\omega_c} + \arctan \tau \omega_c - \arctan T\omega_c$$
$$\approx \arctan \tau \omega_c - \arctan T\omega_c$$

2）按近似方法等效后的系统开环传递函数为

$$W'_{op}(s) = \frac{K(\tau s + 1)}{T_1s^2(Ts + 1)}$$

近似处理后，在 ω_c 处的相位裕度为

$$\gamma'_{op}(\omega_c) = \arctan \tau \omega_c - \arctan T\omega_c \tag{2-57}$$

等效前后两个系统的相位裕度近似相等，符合近似原则。

图 2-18 所示为 $W_{op}(s)$ 和 $W'_{op}(s)$ 对应的开环对数幅频特性。

为了尽量保持近似处理前后 ω_c 处的相位裕度不变，则应满足 $T_1\omega_c \gg 1$ 或 $\omega_c \gg (1/T_1)$ 的条件，才能使下式成立：

$$\Delta\gamma(\omega_c) = \arctan\frac{1}{T_1\omega_c} \approx 0$$

当低频段的大惯性环节满足 $\omega_c \gg (1/T_1)$ 的条件，可以近似地用时间常数为 T_1 的积分环节来代替。按工程惯例，近似条件为 $\omega_c \geq (3/T_1)$。由于近似处理前系统的相位裕度大于处理后的典型 II 型系统的相位裕度，因此，系统的实际性能指标只会比设计值好，而不会变差。

图 2-18　大惯性环节等效前后的
开环对数幅频特性

(3) 高阶系统的降阶处理

当系统传递函数的高次项系数小到一定程度可以忽略不计时，可以将高阶系统近似用低阶系统代替。

现以三阶系统为例来说明：设

$$W(s) = \frac{K}{as^3 + bs^2 + cs + 1}$$

其中 a、b、c 都是正系数，若 $c \gg a$ 或 b，且有 $bc > a$，则系统是稳定的。忽略高次项，则

$$W(s) \approx \frac{K}{cs + 1} \tag{2-58}$$

对应的近似条件是 $b\omega^2 \leq (1/10)$，$a\omega^2 \leq (c/10)$，仿照前述的方法，近似条件可写成

$$\omega_c \leq \frac{1}{3}\min\left[\sqrt{\frac{1}{b}}, \sqrt{\frac{c}{a}}\right]$$

$$bc > a \tag{2-59}$$

4. 多环调速系统的工程设计方法

(1) 单闭环调速系统的设计方法

单闭环调速系统设计一般有下列步骤：

1) 实际系统反馈回路的单位化变换与化简。典型 I 型和 II 型系统的闭环控制要求是单位反馈，而实际系统的反馈通道一般有检测元件和反馈滤波环节，属于非单位反馈。为此必须进行结构图变换，将其化简成单位反馈的系统。

2) 确定将实际系统校正哪一类典型系统及对实际系统进行必要的近似处理。采用工程设计方法选择调节器时，应先根据控制系统的要求，确定要将实际系统校正成哪一类典型系统。一般的调速系统经过近似处理，采用适当的调节器进行串联校正后，都可以化成典型系统。

3) 调速系统的串联校正——调节器的类型和参数选择。当将实际系统校正成不同类型的典型系统时，采用的调节器类型和参数也不同。下面分别讨论将实际系统校正成典型 I 型和典型 II 型系统时的调节器类型和参数选择。

①校正成典型 I 型系统。设控制对象 $W(s)$ 由一个大惯性环节和几个小惯性环节组成，其传递函数为

$$W(s) = \frac{K_1}{(T_1s + 1)(T_2s + 1)(T_3s + 1)}$$

式中，K_1 为控制对象放大系数；T_2、T_3 为小时间常数，且 $T_1 \gg T = T_2 + T_3$。

因系统截止频率 $\omega_c \ll 1/T$，可以先将两个小惯性环节等效为一个小惯性环节，即

$$W(s) \approx \frac{K_1}{(T_1s + 1)(Ts + 1)}$$

为了将系统校正成典型 I 型系统，可串联 PI 调节器，其传递函数为 $W_{pi}(s) = K_{pi}\dfrac{\tau s + 1}{\tau s}$。取 $\tau = T_1$，以抵消大惯性环节，则串联校正后的开环传递函数为

$$W_{op}(s) = W_{pi}(s)W(s) \approx \frac{K}{s(Ts + 1)} \tag{2-60}$$

式中，$K = K_1 K_{pi}/\tau$。

同理，如果控制对象是一个惯性环节，或者是一个积分环节加一个惯性环节，或者是两个大惯性环节加一个小惯性环节。要校正成典型 I 型系统，则应分别选择 I 调节器、P 调节器、PID 调节器，见表 2-7。

表 2-7　校正成典型 I 型系统的调节器类型

被控对象	$\dfrac{K_1}{(T_1s + 1)(T_2s + 1)}$ $T_1 > T_2$	$\dfrac{K_1}{Ts + 1}$	$\dfrac{K_1}{s(Ts + 1)}$	$\dfrac{K_1}{(T_1s + 1)(T_2s + 1)(T_3s + 1)}$ T_1,T_2,T_3 差不多大，或 T_3 略小	$\dfrac{K_1}{(T_1s + 1)(T_2s + 1)(T_3s + 1)}$ $T_1 \gg T_2,T_3$
调节器	$K_{pi}\dfrac{\tau s + 1}{\tau s}$	$\dfrac{K_i}{s}$	K_p	$\dfrac{(\tau_1 s + 1)(\tau_2 s + 1)}{\tau s}$	$K_{pi}\dfrac{\tau s + 1}{\tau s}$
参数配合	$\tau = T_1$			$\tau_1 = T_1, \tau_2 = T_2$	$\tau = T_1, T = T_2 + T_3$

②校正成典型 II 型系统。如果控制对象由一个积分环节和一个惯性环节组成，其传递函数为

$$W(s) = \frac{K_1}{s(Ts + 1)} \tag{2-61}$$

可以采用 PI 调节器 ［其传递函数为 $W_{pi}(s) = K_{pi}\dfrac{\tau s + 1}{\tau s}$］串联校正，得到典型 II 型系统，对应的开环传递函数为

$$W_{op}(s) = W(s)W_{pi}(s) = \frac{K_1}{s(Ts + 1)}K_{pi}\frac{\tau s + 1}{\tau s} = K\frac{\tau s + 1}{s^2(Ts + 1)} \tag{2-62}$$

式中，$K = K_1 K_{pi}/\tau$，且 $\omega_c \ll 1/T$。

用同样的方法可求出不同被控对象时所配的调节器。表 2-8 列出了几种情况下调节器的选择方案。

表 2-8　校正成典型 II 型系统的调节器类型

被控对象	$\dfrac{K_1}{s(Ts+1)}$	$\dfrac{K_1}{(T_1s+1)(T_2s+1)}$ $T_1 \gg T_2$	$\dfrac{K_1}{s(T_1s+1)(T_2s+1)}$ T_1、T_2 相近	$\dfrac{K_1}{s(T_1s+1)(T_2s+1)}$ T_1、T_2 都较小	$\dfrac{K_1}{(T_1s+1)(T_2s+1)(T_3s+1)}$ $T_1 \gg T_2,T_3$
调节器	$K_{pi}\dfrac{\tau s+1}{\tau s}$	$K_{pi}\dfrac{\tau s+1}{\tau s}$	$\dfrac{(\tau_1 s+1)(\tau_2 s+1)}{\tau s}$	$K_{pi}\dfrac{\tau s+1}{\tau s}$	$K_{pi}\dfrac{\tau s+1}{\tau s}$
参数配合	$\tau = hT$	$\tau = hT_2$，认为 $\dfrac{1}{T_1s+1} \approx \dfrac{1}{T_1s}$	$\tau_1 = hT_1$（或 hT_2） $\tau_2 = T_2$（或 T_1）	$\tau = h(T_1+T_2)$	$\tau = h(T_3+T_2)$ 认为 $\dfrac{1}{T_1s+1} \approx \dfrac{1}{T_1s}$

调速系统的串联校正实际上是将调节器的传递函数乘以被控对象的传递函数后，将被控对象改造成典型系统。在确定了系统要求的性能指标后，典型系统的参数就已知了。另外，被控对象的参数是已知的，根据"调节器的传递函数乘被控对象的传递函数等于典型系统的传递函数"的关系，就可求出调节器的参数。

4）调节器的电路参数计算。根据调节器参数与调节器电路参数的关系，可计算出与调节器参数对应的电路参数。

5）设计校验。设计过程中，很多地方做了近似处理，为此需要进行近似条件的校验。

（2）多环调速系统的设计方法

多环调速系统设计的一般步骤如下：

1）先设计内环后设计外环，然后将设计好的内环等效成一个环节；在设计外环时，将等效内环作为外环的一个环节来处理，直到设计完整个系统。

2）在具体设计某个单闭环时，可按下列步骤进行：

①进行必要的结构图变换与化简；

②确定将实际系统校正成哪一类典型系统和实际系统的近似处理；

③选择调节器的类型和参数；

④计算调节器的电路参数；

⑤设计校验。

2.3.2　工程设计方法在双闭环直流调速系统中的应用

双闭环直流调速系统是多环系统中应用较广的一种系统。用工程设计方法设计的步骤如下：先从电流环（内环）开始，对其进行必要的变换和化简；然后根据电流环控制要求，确定把电流环校正为哪种典型系统；按照被控对象确定 ACR 的类型及其参数；再根据 ACR 参数计算调节器的电路参数并进行校验。电流环设计完成后，把电流环等效成一个环节，作为转速环（外环）的一个组成部分，再用同样的方法设计转速环。

图 2-19 所示为双闭环直流调速系统的动态结构图。图中，在电流环、转速环的反馈通道和输入端增加了电流滤波、转速滤波和给定滤波环节。因为电流检测信号中常含有交流成分，需加低通滤波，其滤波时间常数 T_{oi} 按需要而定。因为滤波环节可以抑制检测信号中的交流分量，但同时也给反馈检测信号带来延迟，所以在给定信号通道中加入一个给定滤波环节，使给定信号与反馈信号同步，并可使设计简化。由测速发电机得到的转速反馈电压含有

电动机的换向纹波，因此也需要滤波，其时间常数用 T_{on} 表示。

图2-19 双闭环直流调速系统的动态结构图

1. 电流环的设计

电流环中 ACR 的控制对象包括电枢回路形成的大惯性环节及晶闸管变流装置、触发装置、电流检测和反馈滤波等环节形成的一些小惯性环节。若要使电流环超调小、跟随性能好，可将电流环校正成典型 I 型系统；若要其具有较好的抗扰性能，则应校正成典型 II 型系统。

（1）电流环动态结构图的变换与化简

图2-19 点划线框中是电流环的结构图。实际系统中，电磁时间常数 T_1 远小于机电时间常数 T_m，电流的调节过程往往比转速的变化过程快得多，因而也比反电动势 E 快得多。E 对电流环来说，是一个变化缓慢的扰动，可以认为 E 基本不变，即 $\Delta E = 0$。忽略 E 的变化对电流环动态性能的影响，可使电流环的结构简化，如图2-20a 所示。再将给定滤波器和反馈滤波器两个环节等效地置于环内，可使电流环结构变为单位反馈系统，如图2-20b 所示。

图2-20 电流环的动态结构图及其简化

a）电流环结构简化　b）电流环结构变为单位反馈系统　c）简化最终结果

最后考虑反馈滤波时间常数 T_{oi} 和晶闸管变流装置平均延迟时间常数 T_s 都比 T_1 小得多，可以当作小惯性环节处理，并取

$$T_{\Sigma i} = T_{oi} + T_s \tag{2-63}$$

电流环的动态结构图最终简化为图 2-20c。由图 2-20c 可知，电流环控制对象的传递函数中具有两个惯性环节。

（2）确定将电流环校正成哪一类典型系统

电流环既可设计成典型 I 型系统也可设计成典型 II 型系统。

（3）电流调节器（ACR）类型选择及参数计算

1）按典型 I 型系统设计电流环。从图 2-20b 可得电流环的开环传递函数为

$$W(s) = W_{ACR}(s) \frac{K_s}{T_s s + 1} \frac{1/R}{T_1 s + 1} \frac{\beta}{T_{oi} s + 1} \tag{2-64}$$

根据近似方法，有

$$W(s) = W_{ACR}(s) \frac{\beta K_s / R}{(T_1 s + 1)(T_{\Sigma i} s + 1)}$$

若将电流环校正成典型 I 型系统，调节器的类型应选择 PI 调节器，其传递函数为

$$W_{ACR}(s) = K_i \frac{\tau_i s + 1}{\tau_i s}$$

并取调节器参数 $\tau_i = T_1$（因为 $T_1 \gg T_{\Sigma i}$），则经过调节器串联校正后，电流环的开环传递函数为

$$W(s) \approx \frac{K_I}{s(Ts + 1)}$$

式中

$$K_I = \frac{K_i K_s \beta}{T_1 R}, T = T_{\Sigma i}$$

当电流环设计成典型 I 型系统时，一般按工程最佳参数进行参数选择，取 $K_I T = 0.5$。则电流环开环放大系数为

$$K_I = \frac{K_i K_s \beta}{\tau_i R} = 0.5 \frac{1}{T} = 0.5 \frac{1}{T_{\Sigma i}} \tag{2-65}$$

由此可得 ACR 的参数

$$K_i = 0.5 \frac{R}{K_s \beta} \frac{T_1}{T_{\Sigma i}} \tag{2-66}$$

$$\tau_i = T_1 \tag{2-67}$$

2）按典型 II 型系统设计电流环。按典型 II 型系统设计电流环，应将控制对象中的大惯性环节近似为积分环节，即

$$\frac{1}{T_1 s + 1} \approx \frac{1}{T_1 s}$$

而 ACR 仍可选择 PI 调节器。但积分时间常数 τ_i 应选得小些，即 $\tau_i = hT_{\Sigma i}$。按 M_{rmin} 准则计算电流调节器参数，选用工程最佳参数 $h = 5$，则电流环开环放大系数 K_I 有

$$K_I = \frac{K_i \beta K_s}{R T_1 \tau_i} = \frac{h + 1}{2h^2 T_{\Sigma i}^2}$$

则 ACR 的参数

$$K_i = \frac{h+1}{2h} \frac{R}{\beta K_s} \frac{T_1}{T_{\Sigma i}} \qquad (2-68)$$

$$\tau_i = hT_{\Sigma i} \qquad (2-69)$$

（4）ACR 的电路实现

图 2-21 所示为含给定滤波和反馈滤波的 PI 调节器电路。图中 U_i^* 为 ACR 的给定电压，$-\beta I_d$ 为电流负反馈电压，调节器的输出为触发装置的控制电压 U_{ct}。由图 2-22 所示含滤波环节的 PI 调节器的输入等效电路（A 点为虚地）可写出

$$I_1(s) = \frac{\dfrac{U_i^*(s)}{\dfrac{R_0}{2} + \dfrac{\dfrac{R_0}{2}\dfrac{1}{C_{oi}s}}{\dfrac{R_0}{2} + \dfrac{1}{C_{oi}s}}} \cdot \dfrac{\dfrac{1}{C_{oi}s}}{\dfrac{R_0}{2} + \dfrac{1}{C_{oi}s}} = \frac{U_i^*(s)}{R_0\left(\dfrac{R_0}{4}C_{oi}s + 1\right)} = \frac{U_i^*(s)}{R_0(T_{oi}s + 1)} \qquad (2-70)$$

式中，T_{oi} 为电流滤波器时间常数，$T_{oi} = R_0 C_{oi}/4$。

图 2-21　ACR 电路

图 2-22 中，A 点虚地的电流平衡方程为

$$\frac{U_i^*(s)}{R_0(T_{oi}s + 1)} - \frac{\beta I_d(s)}{R_0(T_{oi}s + 1)} = \frac{-U_{ct}(s)}{R_i + 1/C_i s}$$

$$\frac{U_i^*(s)}{T_{oi}s + 1} - \frac{\beta I_d(s)}{T_{oi}s + 1} = \frac{-U_{ct}(s)}{K_i \dfrac{\tau_i s + 1}{\tau_i s}} \qquad (2-71)$$

式中，$K_i = R_i/R_0$；$\tau_i = R_i C_i$；$T_{oi} = R_0 C_{oi}/4$。

由此可得调节器电路参数计算式为

$$R_i = K_i R_0, C_i = \tau_i/R_i, C_{oi} = 4T_{oi}/R_0 \qquad (2-72)$$

图 2-22　含滤波环节的输入等效电路

（5）校验

因为上述讨论是在一系列假定条件下得出的，具体计算时，必须校验以下条件：

晶闸管变流装置传递函数近似条件

$$\omega_{ci} \leqslant 1/(3T_s) \tag{2-73}$$

忽略电动机反电动势影响的近似条件

$$\omega_{ci} \geqslant 3\sqrt{1/(T_m T_l)} \tag{2-74}$$

高频段小时间常数惯性环节近似条件

$$\omega_{ci} \leqslant \frac{1}{3}\sqrt{1/(T_s T_{oi})} \tag{2-75}$$

2. 转速环的设计

(1) 转速环动态结构图的变换与化简

1) 电流环的等效闭环传递函数。在设计转速调节器（ASR）时，应把已设计好的电流环看做是转速环中的一个等效环节，因此，需求出电流环的闭环等效传递函数。

以按典型 Ⅰ 型系统设计的电流环等效传递函数求取为例。按典型 Ⅰ 型系统设计的电流环的闭环传递函数为

$$W_{icl}(s) = \frac{\dfrac{K_I}{s(T_{\Sigma i}s+1)}}{1+\dfrac{K_I}{s(T_{\Sigma i}s+1)}} = \frac{1}{\dfrac{T_{\Sigma i}}{K_I}s^2 + \dfrac{1}{K_I}s + 1} \tag{2-76}$$

转速环的截止频率 ω_{cn} 一般较低，因此 $W_{icl}(s)$ 可降阶近似为

$$W_{icl}(s) \approx \frac{1}{\dfrac{1}{K_I}s + 1} \tag{2-77}$$

由于 $K_I = 0.5/T_{\Sigma i}$，故有

$$W_{icl}(s) \approx \frac{1}{2T_{\Sigma i}s + 1}$$

近似条件为

$$\omega_{cn} \leqslant \frac{1}{5T_{\Sigma i}} \tag{2-78}$$

这种近似处理的概念可用图 2-23 所示的对数幅频特性来表示。对照式（2-76），电流环原来是一个二阶振荡环节，其阻尼比 $\xi = 0.707$，无阻尼自然振荡周期为 $\sqrt{2}T_{\Sigma i}$，对数幅频特性的渐近线如图 2-23 中的特性 A。近似为一阶惯性环节后得到特性 B。当转速环截止频率 ω_{cn} 较低时，原系统和近似系统只有高频段的一些差别。

图 2-23　电流环原系统和近似
系统的对数幅频特性

由于电流环的动态结构图变换后的输入信号为 $U_i^*(s)/\beta$，则电流环的等效闭环传递函数为

$$\frac{I_d(s)}{U_i^*(s)} \approx \frac{1/\beta}{2T_{\Sigma i}s + 1} \tag{2-79}$$

如果电流环按照典型 Ⅱ 型系统设计，其等效闭环传递函数与式（2-79）形式相同，只是惯性环节的系数不同。

2) 转速环动态结构图的变换与化简。电流环用其等效传递函数代替后，整个转速调节

系统的动态结构图如图 2-24a 所示。同理，将其等效为单位负反馈的形式，即把给定滤波器和反馈滤波器等效地移到环内，且近似处理为小惯性环节

$$T_{\Sigma n} = T_{on} + 2T_{\Sigma i}$$

则转速环动态结构图可以简化成图 2-24b 所示。

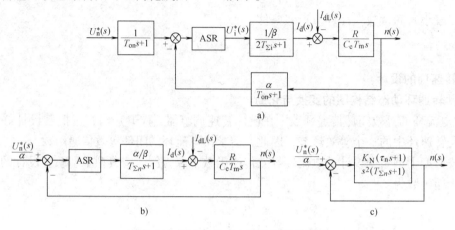

图 2-24　转速环的动态结构图及其简化

a）系统的动态结构图　b）简化后的转速环动态结构图　c）校正后的转速环动态结构图

（2）确定将转速环校正成哪一类典型系统

可以看出，转速环的被控对象是由一个积分环节和一个小惯性环节组成。根据调速系统稳态时无静差和动态时有良好的抗扰性能两项要求，在负载扰动点之前必须含有一个积分环节，因此转速环应该按典型 II 型系统设计，使系统具有良好的抗扰性能，而且实际系统的 ASR 饱和特性会抑制典型 II 型系统的阶跃响应超调量大的问题。

（3）ASR 类型选择和参数计算

选用 PI 调节器可把转速环校正成典型 II 型系统，其传递函数为

$$W_{ASR}(s) = K_n \frac{\tau_n s + 1}{\tau_n s}$$

式中，K_n 为 ASR 的比例系数；τ_n 为转速调节器的积分时间常数。

调速系统的开环传递函数为

$$W(s) = \frac{K_n \alpha R(\tau_n s + 1)}{\tau_n \beta C_e T_m s^2 (T_{\Sigma n} s + 1)} = \frac{K_N(\tau_n s + 1)}{s^2(T_{\Sigma n} s + 1)} \tag{2-80}$$

式中，K_N 为转速环的开环增益，$K_N = \dfrac{K_n \alpha R}{\tau_n \beta C_e T_m}$。

不考虑负载扰动时，校正后的转速环动态结构图如图 2-24c 所示。

若采用 M_{rmin} 准则设计转速环，按典型 II 型系统的参数选择方法，ASR 的参数为

$$\tau_n = hT_{\Sigma n} \tag{2-81}$$

$$K_n = \frac{(h+1)\beta C_e T_m}{2h\alpha R T_{\Sigma n}} \tag{2-82}$$

应当说明，转速环的开环放大倍数 K_N 和 ASR 的参数 K_n 和 τ_n，因调速系统的动态指标要求和采用哪种选择参数的方法不同而不同。如无特殊表示，一般以选择 $h = 5$ 为好。

（4）ASR 的电路实现

含给定滤波和反馈滤波的 ASR（PI 调节器）电路如图 2-25 所示。ASR 的参数关系式与 ACR 相似，见式（2-81）和式（2-82）。ASR 电路参数与电阻、电容值的关系为

$$R_n = K_n R_0, C_n = \tau_n / R_n, C_{on} = 4T_{on}/R_0 \tag{2-83}$$

图 2-25　ASR 电路

（5）校验

上述结果应校验以下条件：

高阶系统降阶近似条件

$$\omega_{cn} \leqslant \frac{1}{5T_{\Sigma i}} \tag{2-84}$$

高频段小时间常数惯性环节近似条件

$$\omega_{cn} \leqslant \frac{1}{3}\sqrt{\frac{1}{2T_{\Sigma i}T_{on}}} \tag{2-85}$$

3. ASR 退饱和时转速超调量的计算

上述转速环的设计是按线性系统进行的。但转速环在实际起动过程中，由于 ASR 为 PI 调节器，在阶跃给定作用下输出很快就达到饱和限幅值 U_{im}^* 且维持不变，直到 ASR 输入改变极性，ASR 才退出饱和。在起动过程的第 Ⅰ、Ⅱ 阶段，ASR 处于饱和限幅状态，ASR 输出为限幅值 U_{im}^* 的这段时间就是图 2-26 中的恒流升速阶段，转速环此时如同开环，不起作用。所以前面讲到的转速环按典型 Ⅱ 型系统设计时超调大动态跟随性能差，在这里也就不可能表现出来了。在允许的最大电流下，电动机恒加速起动，其加速度为

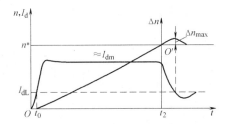

图 2-26　ASR 饱和情况下双闭环调速系统
起动时的转速和电流过渡过程

$$\frac{dn}{dt} \approx (I_{dm} - I_{dL})\frac{R}{C_e T_m} \tag{2-86}$$

恒流阶段一直延续到 t_2（见图 2-26）时刻，此时 $n = n^*$，如果忽略电流上升阶段的时间，由式（2-86）可得

$$t_2 = \frac{C_e T_m n^*}{R(I_{dm} - I_{dL})} \tag{2-87}$$

当电动机的转速升到给定值时，反馈值超过给定值，转速偏差出现负值，ASR 才退出饱和，进入线性状态。ASR 刚退出饱和时，电动机的电流 I_d 仍大于负载电流 I_{dL}，所以电动

机仍继续加速，直到 $I_d \le I_{dL}$，转速才降下来，因此转速必然有超调。而这个超调决不是线性系统在阶跃输入下的超调，而是经过饱和非线性区后退饱和过程中的超调，因此称之为"退饱和超调"。

由于饱和是非线性工作状态，不可以用前面的"表 2-5　典型Ⅱ型系统阶跃输入跟随性能指标"来进行计算，需要对"退饱和超调"进行专门的分析和计算。

ASR 退饱和后，调速系统重新进入线性工作状态，从图 2-26 上看，将退饱和过程与负载扰动过程对比，就可以发现它们有相同的规律，从而可得出根据负载扰动指标计算退饱和超调量的简便方法。

由于讨论的是退饱和以后的过程，所以可将图 2-26 的坐标从 O 点移到 O' 点，也就是假定调速系统原来是在 I_{dm} 负载下运行于转速 n^*。下面做三点分析：

1）在 O' 点突然将负载由 I_{dm} 降到 I_{dL}，转速会在负载突减的情况下，产生一个动态速升与恢复的过程。分析可知，突减负载的速升过程与退饱和超调过程的效果是完全相同的。ASR 退饱和后，系统便进入线性工作状态，这时系统的动态结构图可以绘成图 2-27b 所示。其初始条件为

$$\Delta n(0) = 0, I_d(0) = I_{dm}$$

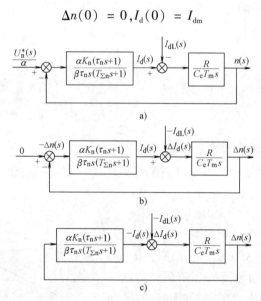

图 2-27　转速环的等效动态结构图

a）以转速 n 为输出量　　b）以转速偏差 Δn 为输出量　　c）图 b 的等效变换

2）在系统突减负载（$I_{dm} \downarrow \to I_{dL}$）的动态速升过程与突加负载（$I_{dL} \uparrow \to I_{dm}$）的动态速降过程中，同样负载变化所引起的转速变化 Δn 的大小是相同的，只是符号相反。

3）突加负载（$I_{dL} \uparrow \to I_{dm}$）的动态速降过程正是抗扰动态性能指标的定义。因此可以用表 2-6 中给出的典型Ⅱ型系统动态抗扰性能指标，直接查出相应的动态转速降大小，从而计算出退饱和超调量。

但注意，超调量的基准值是稳态转速 $n(\infty)$，而表 2-6 动态转速降的基准值是 $C_b = 2NK_2T$，需要首先计算 C_b。

退饱和超调过程的扰动量 $N = I_{dm} - I_{dL}$。在这里 $K_2 = \dfrac{R}{C_e T_m}$，$T = T_{\Sigma n}$；其动态速升的基准值为

$$C_b = \frac{2(I_{dm} - I_{dL}) T_{\Sigma n} R}{C_e T_m}$$

若令 λ 为电动机电流允许过载倍数，$\lambda = I_{dm}/I_{nom}$；I_{nom} 为电动机额定电流；Z 为负载系数，$Z = I_{dL}/I_{nom}$；Δn_{nom} 为调速系统开环机械特性的额定稳态转速降，$\Delta n_{nom} = I_{nom} R/C_e$。则

$$C_b = 2(\lambda - Z)\Delta n_{nom}\frac{T_{\Sigma n}}{T_m} \tag{2-88}$$

再经过超调量基准值 $n(\infty) = n^*$ 和动态转速降基准值的换算后，可求出退饱和超调的计算式为

$$\sigma\% = \left(\frac{\Delta C_{max}}{C_b}\%\right)\frac{C_b}{n^*} = \left(\frac{\Delta C_{max}}{C_b}\%\right)\frac{2(\lambda - Z)\Delta n_{nom} T_{\Sigma n}}{n^* T_m} \tag{2-89}$$

例 2-3　某调速系统，机电时间常数 $T_m = 0.34s$，转速环小时间常数 $T_{\Sigma n} = 0.0124s$，在额定负载时开环系统的稳态转速降 $\Delta n_{nom} = I_{nom} R/C_e = 380 r/min$，空载起动电流 $I_{dm} = 1.5 I_{nom}$，当 $h = 5$ 时，空载起动到额定转速 $n^* = n_{nom} = 1000 r/min$，问退饱和超调量为多少？

解：设理想空载 $Z = 0$，而电动机允许过载倍数 $\lambda = 1.5$，则

$$C_b = 2(\lambda - Z)\Delta n_{nom}\frac{T_{\Sigma n}}{T_m} = 2 \times 1.5 \times 380 \times \frac{0.0124}{0.34} = 41.58, \frac{C_b}{n_{nom}} = \frac{41.58}{1000} = 0.04158$$

查表 2-6，当 $h = 5$ 时，得 $\dfrac{\Delta C_{max}}{C_b}\% = 81.2\%$。则

$$\sigma\% = \left(\frac{\Delta C_{max}}{C_b}\%\right)\frac{C_b}{n_{nom}} = 81.2\% \times 0.04158 = 3.37\%$$

可见，退饱和超调量要比线性系统的超调量小得多。这种退饱和超调与线性系统的超调有本质上的不同，由于退饱和超调量的大小与动态转速降大小是一致的，所以确定 ASR 结构和参数时，完全可以按抗扰性能指标来设计，即按典型 Ⅱ 型系统来校正，并选择中频 $h = 5$ 为宜。

4. 设计举例

某晶闸管供电的双闭环直流调速系统，整流装置采用三相桥式全控整流电路。

基本数据如下：

直流电动机：220V、136A、1460r/min，$C_e = 0.132$V·min/r，允许过载倍数 $\lambda = 1.5$；

整流装置放大系数：$K_s = 40$；

电枢回路总电阻：$R = 0.5\Omega$；

时间常数：$T_l = 0.03s$，$T_m = 0.18s$；

电流反馈系数：$\beta = 0.05$V/A(≈ 10V/$1.5 I_{nom}$)；

转速反馈系数：$\alpha = 0.007$V·min/r(≈ 10V/n_{nom})。

设计要求如下：

静态指标：无静差；

动态指标：电流超调量 $\sigma_i\% \leqslant 5\%$；空载起动到额定转速时的转速超调量 $\sigma_n\% \leqslant 10\%$。

（1）电流环的设计

1）确定时间常数。

①整流装置滞后时间常数 T_s：三相桥式电路的平均失控时间 $T_s = 0.0017s$。

②电流滤波时间常数 T_{oi}：三相桥式电路每个波头的时间是 3.33ms，为了基本滤平波头，应有 $(1 \sim 2)T_{oi} = 3.33ms$，因此取 $T_{oi} = 2ms = 0.002s$。

③电流环小时间常数 $T_{\Sigma i}$：按小时间常数近似处理，取 $T_{\Sigma i} = T_s + T_{oi} = 0.0037s$。

2）确定将电流环设计成何种典型系统。根据设计要求：$\sigma_i\% \leqslant 5\%$，而且

$$\frac{T_l}{T_{\Sigma i}} = \frac{0.03}{0.0037} = 8.11 < 10$$

因此，电流环可按典型 I 型系统设计。

3）电流调节器的结构和参数选择。ACR 选用 PI 调节器，其传递函数为

$$W_{ACR}(s) = K_i \frac{\tau_i s + 1}{\tau_i s}$$

ACR 参数选择如下：

ACR 时间常数

$$\tau_i = T_l = 0.03s$$

电流环开环增益：因要求 $\sigma_i\% \leqslant 5\%$，故应取 $K_I T_{\Sigma i} = 0.5$，因此

$$K_I = \frac{0.5}{T_{\Sigma i}} = \frac{0.5}{0.0037} \mathrm{s}^{-1} = 135.1\mathrm{s}^{-1}$$

于是，ACR 的比例系数为

$$K_i = K_I \frac{\tau_i R}{\beta K_s} = 135.1 \times \frac{0.03 \times 0.5}{0.05 \times 40} = 1.013$$

4）计算 ACR 的电路参数。ACR 电路如图 2-21 所示，按所用运算放大器，取 $R_0 = 40\mathrm{k}\Omega$，各电阻和电容值计算如下：

$R_i = K_i R_0 = 1.013 \times 40\mathrm{k}\Omega = 40.52\mathrm{k}\Omega$，取 $40\mathrm{k}\Omega$。

$C_i = \tau_i / R_i = (0.03/40\mathrm{k}\Omega) \times 10^3 \mu\mathrm{F} = 0.75\mu\mathrm{F}$，取 $0.75\mu\mathrm{F}$。

$C_{oi} = 4T_{oi}/R_0 = (4 \times 0.002/40\mathrm{k}\Omega) \times 10^3 \mu\mathrm{F} = 0.2\mu\mathrm{F}$，取 $0.2\mu\mathrm{F}$。

5）校验近似条件。电流环截止频率

$$\omega_{ci} = K_I = 135.1\mathrm{s}^{-1}$$

①校验整流装置传递函数的近似条件是否满足 $\omega_{ci} \leqslant \dfrac{1}{3T_s}$。因为

$$\frac{1}{3T_s} = \frac{1}{3 \times 0.0017} \mathrm{s}^{-1} = 196.1\mathrm{s}^{-1} > \omega_{ci}$$

所以满足近似条件。

②校验忽略反电动势对电流环影响的近似条件是否满足

$$\omega_{ci} \geqslant 3\sqrt{\frac{1}{T_m T_l}}$$

因为

$$3\sqrt{\frac{1}{T_m T_l}} = 3\sqrt{\frac{1}{0.18 \times 0.03}} \mathrm{s}^{-1} = 40.82\mathrm{s}^{-1} < \omega_{ci}$$

所以满足近似条件。

③校验小时间常数的近似处理是否满足条件

$$\omega_{ci} \leqslant \frac{1}{3} \sqrt{\frac{1}{T_s T_{oi}}}$$

因为

$$\frac{1}{3} \sqrt{\frac{1}{T_s T_{oi}}} = \sqrt{\frac{1}{0.0017 \times 0.002}} / 3s^{-1} = 180.8s^{-1} > \omega_{ci}$$

所以满足近似条件。

按照上述参数，电流环满足动态设计指标要求和近似条件。

(2) 转速环的设计

1) 确定时间常数。

①电流环等效时间常数为 $2T_{\Sigma i} = 0.0074s$。

②转速滤波时间常数 T_{on}：根据所用测速发电机纹波情况，取 $T_{on} = 0.01s$。

③转速环小时间常数 $T_{\Sigma n}$：按小时间常数近似处理，取 $T_{\Sigma n} = 2T_{\Sigma i} + T_{on} = 0.0174s$。

2) 确定将转速环设计成何种典型系统。由于设计要求转速环无静差，ASR 必须含有积分环节；又根据动态设计要求：应按典型 Ⅱ 型系统设计转速环。

3) ASR 的结构和参数选择。ASR 选用 PI 调节器，其传递函数为

$$W_{ASR}(s) = K_n \frac{\tau_n s + 1}{\tau_n s}$$

选择 ASR 参数如下：

按跟随和抗扰性能都较好的原则取 $h = 5$，则 ASR 时间常数

$$\tau_n = hT_{\Sigma n} = 5 \times 0.0174s = 0.087s$$

转速环开环增益

$$K_N = \frac{(h+1)}{2h^2 T_{\Sigma n}^2} = \frac{6}{2 \times 25 \times 0.0174^2} s^{-2} = 396.4 s^{-2}$$

于是，ASR 的比例系数为

$$K_n = \frac{(h+1)\beta C_e T_m}{2h\alpha R T_{\Sigma n}} = \frac{6 \times 0.05 \times 0.132 \times 0.18}{2 \times 5 \times 0.007 \times 0.5 \times 0.0174} = 11.7$$

4) 计算 ASR 的电路参数。ASR 电路如图 2-25 所示，按所用运算放大器，取 $R_0 = 40k\Omega$，各电阻和电容值计算如下：

$R_n = K_n R_0 = 11.7 \times 40k\Omega = 468k\Omega$，取 $470k\Omega$。

$C_n = \tau_n / R_n = (0.087/470k\Omega) \times 10^3 \mu F = 0.185\mu F$，取 $0.2\mu F$。

$C_{on} = 4T_{on}/R_0 = (4 \times 0.01/40k\Omega) \times 10^3 \mu F = 1\mu F$，取 $1\mu F$。

5) 校验近似条件。转速环截止频率

$$\omega_{cn} = \frac{K_N}{\omega_1} = K_N \tau_n = 396.4 \times 0.087 s^{-1} = 34.5 s^{-1}$$

①校验电流环传递函数简化条件是否满足

$$\omega_{cn} \leqslant \frac{1}{5T_{\Sigma i}}$$

现在

$$\frac{1}{5T_{\Sigma i}} = \frac{1}{5 \times 0.0037}\mathrm{s}^{-1} = 54.1\mathrm{s}^{-1} > \omega_{cn}$$

满足简化条件。

②校验小时间常数近似处理是否满足

$$\omega_{cn} \leqslant \frac{1}{3}\sqrt{\frac{1}{2T_{on}T_{\Sigma i}}}$$

因为

$$\frac{1}{3}\sqrt{\frac{1}{2T_{on}T_{\Sigma i}}} = \frac{1}{3}\sqrt{\frac{1}{2 \times 0.01 \times 0.0037}}\mathrm{s}^{-1} = 38.75\mathrm{s}^{-1} > \omega_{cn}$$

满足近似条件。

③校核转速超调量。当 $h = 5$ 时，$\dfrac{\Delta C_{max}}{C_b}\% = 81.2\%$，

而

$$\Delta n_{nom} = I_{nom}R/C_e = 136 \times 0.5/0.132\mathrm{r/min} = 515.2\mathrm{r/min}$$

因此

$$\sigma_n\% = \left(\frac{\Delta C_{max}}{C_b}\%\right) \times 2(\lambda - Z)\frac{\Delta n_{nom}}{n^*}\frac{T_{\Sigma n}}{T_m}$$

$$= 81.2\% \times 2 \times 1.5 \times \frac{515.2}{1460} \times \frac{0.0174}{0.18} = 8.31\% < 10\%$$

能满足设计要求。

习题与思考题

2-1　说明"二阶最佳设计"的参数选择分别是多少?

2-2　典型Ⅱ型系统是几阶系统? 是几阶无差系统?

2-3　将具有下列开环传递函数的各单位反馈系统校正成阻尼系数 $\zeta = 0.707$ 的典型Ⅰ型系统，写出串联调节器的传递函数。若进行了近似处理，则校验近似处理条件是否满足?

(1) $\dfrac{200}{0.5s(0.008s + 1)}$

(2) $\dfrac{10 \times 10}{(0.25s + 1)(0.02s + 1)}$

(3) $\dfrac{1 \times 600}{(15 + 0.16s)(0.007s + 1)}$

(4) $\dfrac{6.4 \times 1.4 \times 1}{(1 + 0.27s)(2 + 0.34s)(1 + 0.005s)}$

(5) $\dfrac{40 \times 20 \times 0.002}{(10 + 0.096s)(0.5 + 0.096s)(0.004s + 1)}$

2-4　有一系统，已知 $W_{op}(s) = \dfrac{20}{(0.25s + 1)(0.005s + 1)}$，要求将系统校正成典型Ⅰ型系统，试选择调节器类型并计算调节器参数。

2-5　有一系统，已知 $W_{op}(s) = \dfrac{30}{(0.3s+1)(0.004s+1)(0.001s+1)}$，要求将系统校正成典型 I 型系统，试选择调节器类型并计算调节器参数。

2-6　某反馈控制系统已校正成典型 I 型系统，已知时间常数 $T = 0.02s$，要求阶跃响应的超调量 $\sigma\% \leqslant 10\%$，求系统的开环放大倍数；计算过渡过程时间 t_s 和上升时间 t_r。如果要求上升时间 $t_r \leqslant 0.05s$，则放大倍数应该多大？ $\sigma\%$ 为多少？

2-7　设典型 I 型系统的参数 $K = 10s^{-1}$，$T = 0.1s$，当阶跃信号作用于系统时，求系统的超调量 $\sigma\%$；计算过渡过程时间 t_s 和上升时间 t_r；若要求 $\sigma\% \leqslant 5\%$，应该如何设计系统参数？

2-8　校正具有下列开环传递函数的各单位反馈系统，使其成为中频宽 $h = 5$ 的典型 II 型系统，写出串联调节器的传递函数。若进行了近似处理，则校验近似处理条件是否满足？

（1）$\dfrac{200}{0.5s(0.008s+1)}$

（2）$\dfrac{70 \times 2}{0.55s(0.01s+1)}$

（3）$\dfrac{7 \times 16 \times 1}{(0.78s+1)(0.28s+1)(0.005s+1)}$

（4）$\dfrac{20 \times 2.8 \times 7}{(8+0.88s)(0.04s+1)(1+0.002s)}$

（5）$\dfrac{10 \times 0.1 \times 0.2 \times 50}{s(0.03s+1)(0.12s+1)(3+0.06)}$

2-9　有一系统，已知其前向通道传递函数为 $W(s) = \dfrac{20}{0.12s(0.01s+1)}$，反馈通道传递函数为 $\dfrac{0.003}{0.005s+1}$，将该系统校正为典型 II 型系统，画出校正后系统动态结构图。

2-10　由三相半波整流电路供电的转速电流双闭环直流调速系统，已知电动机参数为：$P_{nom} = 60kW$，$U_{nom} = 220V$，$I_{nom} = 305A$，$n_{nom} = 1000r/min$，$R_a = 0.066\Omega$；允许电流过载倍数 $\lambda = 1.5$；$R = 0.18\Omega$，$L = 2.16mH$，$GD^2 = 95.5N \cdot m^2$；$K_s = 30$，$T_{oi} = 0.0022s$，$T_{on} = 0.014s$；额定转速时的给定电压 $U_n^* = 15V$；调节器的限幅值为 12V；系统的调速范围 $D = 10$，稳态转速无静差；电流超调量 $\sigma_i\% \leqslant 5\%$。求：

（1）电流反馈系数 β 和转速反馈系数 α；

（2）设计 ACR，画出调节器电路并计算出反馈电阻和电容数值（取输入电阻 $R_0 = 40k\Omega$）；

（3）设计 ASR，画出调节器电路并计算出反馈电阻和电容数值（取输入电阻 $R_0 = 20k\Omega$）；

（4）若从空载起动到额定转速，计算转速超调量 $\sigma_n\%$ 和起动时间；

（5）计算在额定负载下最低速起动时的转速超调量。

第3章 直流调速系统的 MATLAB 仿真
以及实验与实训

本章以前述的直流调速系统为基础，应用 MATLAB 的 Simulink 和 SimPower System 工具箱，采用面向原理框图的图形化仿真技术，对典型的单闭环直流调速系统、转速电流双闭环直流调速系统、带电流变化率内环的三环直流调速系统、可逆直流调速系统和脉宽直流调速系统进行仿真实验分析；应用配套的教学实验设备进行相关的物理实验实训，并进行典型系统的实例分析。

3.1 直流调速系统的 MATLAB 仿真实验

应用计算机仿真技术对直流调速系统进行仿真分析，可以加深学生对所学理论的理解，提高实践动手能力。计算机仿真还是一种低成本的实验手段，近年来获得了广泛应用。

目前，使用 MATLAB 对控制系统进行计算机仿真的主要方法是，以控制系统的传递函数为基础，使用 MATLAB 的 Simulink 工具箱对其进行计算机仿真研究。本章提出一种面向控制系统原理框图、使用 SimPower System 工具箱进行调速系统仿真的新方法。

在 MATLAB5.2 以上的版本中，新增了一个电力系统（SimPower System）工具箱［本教材使用 MATLAB7.6（R2008a 版本）］，该工具箱与控制系统工具箱有所不同，用户不需编程且不需推导系统的动态数学模型，只要从工具箱的元器件库中复制所需的电气元器件，按电气系统的结构进行连接，系统的建模过程接近实物实验系统的搭建过程，且元器件库中的电气元器件能较全面地反映相应实际元器件的电气特性，仿真结果的可信度很高。

面向原理框图的仿真方法如下：首先以调速系统的原理框图为基础，弄清楚系统的构成，从 SimPower System 和 Simulink 模块库中找出对应的模块，按系统的结构进行建模；然后对系统中的各个组成环节进行元器件参数设置，在完成各环节的参数设置后，进行系统仿真参数的设置；最后对系统进行仿真实验，并进行仿真结果分析。为了使系统得到好的性能，通常要根据仿真结果来对系统的各个环节进行参数的优化调整。

按照以上步骤，下面对直流调速系统进行建模与仿真。

3.1.1 晶闸管开环和单闭环直流调速系统的 MATLAB 仿真实验

3.1.1.1 开环调速系统的建模与仿真

由于面向原理框图的仿真方法是以调速系统的原理框图为基础，按照系统的构成，从 SimPower System 和 Simulink 模块库中找出对应的模块，按系统的结构进行连接。为了方便建模，将开环直流调速系统的原理框图重新绘于图 3-1（其他的系统也如此）。从图 3-1 可知，该系统由给定信号、脉冲触发器、晶闸管整流桥、平波电抗器、直流电动机等部分组成。图 3-2 所示为采用面向原理框图方法构建的开环直流调速系统的仿真模型。下面介绍各部分建模与参数设置过程。

图 3-1　开环直流调速系统原理框图

1. 系统的建模和模型参数设置

系统的建模包括主电路的建模和控制电路的建模两部分。

（1）主电路的建模和参数设置

开环直流调速系统的仿真模型如图 3-2 所示。

图 3-2　开环直流调速系统的仿真模型

开环直流调速系统的主电路由三相对称交流电压源、晶闸管整流桥、平波电抗器、直流电动机等部分组成。由于同步脉冲触发器与晶闸管整流桥是不可分割的两个环节，通常作为一个组合体来讨论，所以将触发器归到主电路进行建模。

1）三相对称交流电压源的建模和参数设置。首先按 SimPowerSystems/Electrical sources/AC Voltage Source 路径从电源模块组中选取一个 "AC Voltage Source" 模块，再用复制的方法得到三相电源的另两个电压源模块，并用模块标题名称修改方法将模块标签分别改为 A相、B 相、C 相；然后按 SimPowerSystems/ Elements/Ground 路径从元器件模块组中选取 "Ground" 元器件进行连接。

为了得到三相对称交流电压源，其参数设置方法及参数设置如下：

双击 A 相交流电压源图标（这是打开模块参数设置对话框的方法，后面不再赘述），打开参数设置对话框。A 相交流电源参数设置如图 3-3 所示。幅值取 220V、初相位设置为 0°、频率为 50Hz、其他为默认值；B、C 相交流电源参数设置方法与 A 相相同，除了将初相位设置成互差 120°外，其他参数与 A 相相同。由此可得到三相对称交流电源，本模型的相序是

A-C-B。

2）晶闸管整流桥的建模和参数设置。首先按 SimPowerSystems/Power Electronics/Universal Bridge 路径从电力电子模块组中选取"Universal Bridge"模块，然后双击该模块图标打开参数设置对话框。整流桥参数设置如图3-4 所示。

图 3-3　A 相交流电源参数设置

图 3-4　整流桥参数设置

当采用三相整流桥时，桥臂数取 3；电力电子器件选择晶闸管。参数设置的原则是，如果是针对某个具体的变流装置进行参数设置，参数 R_s、C_s、R_{on}、L_{on}、V_f 应取该装置中晶闸管器件的实际值；如果是一般情况，这些参数可先取默认值进行仿真。若取默认值仿真结果理想，就认可这些设置的参数；若仿真结果不理想，则通过仿真实验，不断进行参数优化，最后确定其参数。这一参数设置原则对其他环节的参数设置也是适用的。

3）平波电抗器的建模和参数设置。首先按 SimPowerSystems/Elements/Series RLC Branch 路径从元器件模块组中选取"Series RLC Branch"模块，然后打开参数设置对话框。平波电抗器参数设置如图 3-5 所示。类型直接选为电感就可以得到电抗器，具体参数如图 3-5 所示。平波电抗器的电感值是通过仿真实验比较后得到的优化参数。

图 3-5　平波电抗器参数设置

4）直流电动机的建模和参数设置。首先按 SimPowerSystems/Machines/DC Machine 路径从电机系统模块组中选取"DC Machine"模块；直流电动机的励磁绕组"F + —F –"接直流恒定励磁电源，励磁电源可按路径 SimPowerSystems/Electrical sources/DC Voltage Source 从电源模块组中选取"DC Voltage Source"模块，并将电压参数设置为 220V；电枢绕组"A + —A –"经平波电抗器接晶闸管整流桥的输出；电动机经 TL 端口接恒转矩负载，直流电动机的输出参数有转速 n、电枢电流 I_a、励磁电流 I_f、电磁转矩 T_e，分别通过"示波器"模块观察仿真输出和用"out1"模块将仿真输出信息返回到 MATLAB 命令窗口，再用绘图命令 plot（tout，yout）在 MATLAB 命令窗口里绘制出输出图形。

电动机的参数设置可按下述步骤进行：双击直流电动机图标，打开参数设置对话框。直流电动机的参数设置如图 3-6 所示。参数设置的原则与晶闸管整流桥相同。

5）同步脉冲触发器的建模和参数设置。通常，工程上将同步脉冲触发器和晶闸管整流桥作为一个整体来研究。同步脉冲触发器包括同步电源和六脉冲触发器两部分。六脉冲触发器可按路径 SimPowerSystems/Extra Library/Control Blocks/Synchronized 6-Pulse Generator 从控制子模块组获得，六脉冲触发器需用三相线电压同步，所以同步电源的任务是将三相交流电源的相电压转换成线电压。同步电源与六脉冲触发器及封装后的子系统符号如图 3-7a、b 所示。

至此，根据图 3-1 所示主电路的连接关系，可建立起主电路的仿真模型。如图 3-2 前半部分所示。图中，触发器开关信号 Block 为"0"时，开放触发器；为"1"时，封锁触发器。

（2）控制电路的建模和参数设置

开环直流调速系统的控制电路只有一个给定环节，它可按路径 Simulink/Sources/

Constant选取"Constant"模块，并将模块标签改为"Signal"；然后双击该模块图标，打开参数设置对话框，将参数设置为某个值，此处设为150rad/s。实际调速时，给定信号是在一定范围内变化的，读者可通过仿真实验，确定给定信号允许的变化范围。此处给定信号的允许变化范围为 [207，110]。

图 3-6　直流电动机的参数设置

a)

图 3-7　同步脉冲触发器和封装后的子系统符号

a）同步电源与六脉冲触发器　b）封装后的子系统符号

将主电路和控制电路的仿真模型按照开环直流调速系统原理框图的连接关系进行模型连接，即可得到图 3-2 所示的开环直流调速系统仿真模型。

2. 系统的仿真参数设置

在 MATLAB 的模型窗口打开"Simulation"菜单，进行仿真参数设置，如图 3-8 所示。

图 3-8　仿真参数设置

单击"Configuration parameters…"菜单后，得到仿真参数设置对话框，参数设置如图 3-9 所示。仿真中所选择的算法为 ode23s。由于实际系统的多样性，不同的系统需要采用不同的仿真算法，到底采用哪一种算法，可通过仿真实践进行比较选择；仿真 Start time 一般设为 0；Stop time 根据实际需要而定，一般只要能够仿真出完整的波形就可以了。

图 3-9　仿真参数设置对话框及参数设置

若用"out1"模块将仿真输出信息返回到 MATLAB 命令窗口，再用绘图命令 plot（tout，yout）在 MATLAB 命令窗口里绘制图形，观察仿真输出，则图 3-10 中的 Limit data points to last 的值要设大一点，否则 Figure 输出的图形会不完整。

如果通过"示波器"模块观察仿真输出，同样，图 3-11 中的 Limit data points to last 值也要设大一点。

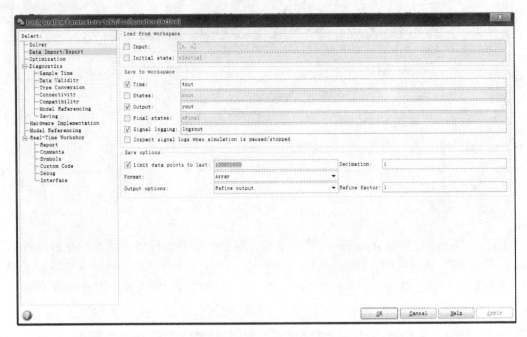

图 3-10　采用"out1"模块输出仿真结果时的 Limit data points to last 的设置

图 3-11　采用"示波器"模块输出仿真结果时的 Limit data points to last 的设置

3. 系统的仿真、仿真结果的输出及结果分析

当建模和参数设置完成后，即可开始进行仿真。

在 MATLAB 的模型窗口打开"Simulation"菜单，单击"Start"命令后，系统开始进行仿真，仿真结束后可输出仿真结果。

根据图 3-2 所示的模型，系统有两种输出方式。当采用"示波器"模块观察仿真输出结果时，只要在系统模型图上双击"示波器"图标即可；当采用"out1"模块观察仿真输出结果时，可在 MATLAB 的命令窗口，输入绘图命令 plot（tout，yout），即可得到未经编辑的"Figure 1"输出的图形，如图 3-12 所示。对"Figure 1"图形可按下列方法进行编辑：

单击"Figure 1"的"Edit"菜单后，可得图 3-13 所示的下拉菜单，再单击"Axes

Properties…"命令，可得图 3-14 所示的"Property Editor-Axes"对话框，在"标题"的空白框中可输入图名，在"网格"处可选择给"Figure 1"曲线打格线、在"X 轴"的空白框中可编辑"Figure 1"输出曲线的横坐标及坐标标签，如图 3-14 所示；同理，可对纵坐标进行编辑。单击输出曲线可对被选中的"Figure 1"的输出曲线编辑；在工具栏中选择"Legend"按钮，如图 3-15 所示，可对输出曲线进行注释。最终复制"Figure 1"输出曲线，可得经过编辑后的"Figure 1"输出图形，如图 3-16 所示。

图 3-12　未经编辑的"Figure 1"图形

图 3-13　"Figure 1"Edit 菜单的下拉菜单

图 3-14　"Property Editor-Axes" 对话框

图 3-15　"Legend" 按钮的选择

图 3-16　经编辑后的 "Figure 1" 输出图形

图 3-16 所示分别是开环直流调速系统的给定信号、电流和转速曲线。可以看出，这个结果和实际电动机运行的结果相似，系统的建模与仿真是成功的。

在开环直流调速系统的建模与仿真结束之际，将建模与参数设置的一些原则和方法归纳如下：

1）系统建模时，将其分成主电路和控制电路两部分分别进行。

2）在进行参数设置时，对晶闸管整流桥、平波电抗器、直流电动机等装置（固有环节）的参数进行设置原则如下：如果针对某个具体的装置进行参数设置，则对话框中的有关参数应取该装置的实际值；如果是不针对某个具体装置的一般情况，可先取这些装置的参数默认值进行仿真，若仿真结果理想，即认可设置的这些参数，若仿真结果不理想，则通过仿真实验，不断进行参数优化，最后确定其参数。

3）对给定信号的变化范围、调节器的参数和反馈检测环节的反馈系数（闭环系统中使用）等可调参数的设置，其一般方法是通过仿真实验，不断进行参数优化。具体方法是分别设置这些参数的一个较大和较小值进行仿真，弄清它们对系统性能影响的趋势，据此逐步将参数进行优化。

4）仿真时间根据实际需要而定，以能够仿真出完整的波形为前提。

5）由于实际系统的多样性，没有一种仿真算法是万能的。不同的系统需要采用不同的仿真算法，到底采用哪一种算法更好，这需要通过仿真实践，从仿真能否进行、仿真的速度、仿真的精度等方面进行比较选择。

6）系统仿真前应先进行开环调试，找出 U_{ct} 的单调变化范围。

上述内容具有一般指导意义，在讨论后面各种系统时，遇到类似问题就不再细说原因了。

3.1.1.2　单闭环有静差转速负反馈直流调速系统的建模与仿真

单闭环有静差转速负反馈直流调速系统的原理框图如图 3-17 所示。

图 3-17　单闭环有静差转速负反馈直流调速系统原理框图

该系统由给定信号、转速调节器（ASR）、同步脉冲触发器、晶闸管整流桥、平波电抗器、直流电动机、速度反馈环节等部分组成。图 3-18 是采用面向原理框图方法构建的单闭环有静差转速负反馈直流调速系统的仿真模型。

与图 3-1 所示的开环直流调速系统相比较，二者的主电路是基本相同的（本章所有的单闭环直流调速系统的主电路都有这个特点），系统的差别主要在控制电路上。为此，在后面介绍主电路的建模与参数设置时，主要介绍其不同之处。

图 3-18　单闭环有静差转速负反馈直流调速系统的仿真模型

1. 系统的建模和模型参数设置

（1）主电路的建模和参数设置

由图 3-18 所示的仿真模型知，主电路与开环直流调速系统相同。为了避免重复，此处只介绍控制部分的建模与参数设置。

（2）控制电路的建模和参数设置

单闭环有静差转速负反馈直流调速系统的控制电路由给定信号、ASR、速度反馈等部分组成。仿真模型中根据需要，另增加了限幅器、偏置、反相器等模块。

"给定信号"模块的建模和参数设置方法与开环直流调速系统相同，此处参数设置为150rad/s。有静差调速系统的 ASR 采用比例调节器，系数选择为10，它是通过仿真优化而得。

通过对给定信号 U_{signal} 参数变化范围仿真实验的探索而知，当 U_{ct} 的设置在 110~207 范围内变化时，同步脉冲触发器能够正常工作；当 U_{ct} 为 110 时，对应的整流桥输出电压最大；而 207 对应的输出电压最小，接近于零，它们是单调下降的函数关系。为此，将限幅器的上、下限幅值设置为 [97，0]，用加法器加上偏置"−207"后调整为 [−110，−207]，再经反相器转换为 [110，207]。这样，在单闭环有静差调速系统中通过限幅器、偏置、反相器等模块的应用，就可将 ASR 的输出限制在使同步脉冲触发器能够正常工作的范围之内了。并且 U_{signal} 与速度成单调上升的函数关系，符合人们的习惯。

此处给定信号 U_{signal} 可在 0~180rad/s 内连续可调。

ASR、限幅器、偏置、反相器等模块的建模与参数设置都比较简单，只要分别按路径 Simulink/Commonly Used Blocks/Gain 选择"Gain"模块；按 Simulink/Commonly Used Blocks/Saturation 路径选择"Saturation"模块；按路径 Simulink/Sources/Constant 选取"Constant"模块……。找到相应的模块后，按要求设置好参数即可。

将主电路和控制电路的仿真模型按照单闭环转速负反馈直流调速系统原理框图的连接关系进行模型连接，即可得到图 3-18 所示的系统仿真模型。

2. 系统的仿真参数设置

系统仿真参数的设置方法与开环系统相同。仿真中所选择的算法为 ode23t；仿真 Start

time 设为 0，Stop time 设为 3，其他与开环系统相同。

3. 系统的仿真、仿真结果的输出及结果分析

建模和参数设置完成后，即可开始进行仿真。

图 3-19 所示为单闭环有静差转速负反馈直流调速系统的电流曲线和转速曲线。

图 3-19　单闭环有静差转速负反馈直流调速系统的电流曲线和转速曲线

可以看出，转速仿真曲线与给定信号相比是有差系统。

3.1.1.3　单闭环无静差转速负反馈直流调速系统的建模与仿真

1. 系统的建模和模型参数设置

单闭环无静差转速负反馈直流调速系统的原理框图如图 3-20 所示。

图 3-20　单闭环无静差转速负反馈直流调速系统原理框图

该系统由给定信号、ASR、同步脉冲触发器、晶闸管整流桥、平波电抗器、直流电动机、速度反馈环节、限流环节等部分组成。建模时暂不考虑限流环节。单闭环无静差转速负反馈直流调速系统的仿真模型如图 3-21 所示。

图 3-21　单闭环无静差转速负反馈直流调速系统的仿真模型

比较图 3-18 和图 3-21 发现，在不考虑限流环节的情况下，这两个仿真模型非常相似，主电路完全一样，只是控制电路中单闭环无静差直流调速系统的 ASR 采用的是 PI 调节器。

同样，通过对 U_{ct} 参数变化范围的探索可知：在单闭环无静差系统中，当 U_{ct} 的设置在 110～207 范围内变化时，同步脉冲触发器能够正常工作；当 U_{ct} 为 110 时，对应的整流桥输出电压最大；而 207 对应的输出电压最小。为此，将限幅器的上、下限幅值设置为［97，0］，用加法器加上偏置"－207"后调整为［－110，－207］，再经反相器转换为［110，207］。这样通过限幅器、偏置、反相器等模块的应用，就可将 ASR 的输出限制在使同步脉冲触发器能够正常工作的范围之内了。

系统的给定信号设置为 150rad/s，ASR 的设置为 $K_{pn}=2$，$K_{in}=40$，平波电抗器电感设置为 5e－3H，其他的参数和单闭环有静差转速负反馈直流调速系统的参数一样。

2. 系统的仿真参数设置

仿真中所选择的算法为 ode23s；仿真 Start time 设为 0，Stop time 设为 3，其他与单闭环有静差转速负反馈直流调速系统相同。

3. 系统的仿真、仿真结果的输出及结果分析

建模和参数设置完成后，即可开始进行仿真。

图 3-22 所示为单闭环无静差转速负反馈直流调速系统的电流和转速曲线。

观察无静差系统的仿真结果，可以看出结果还是能够满足要求的。电流开始有一个突变，不过随着转速的增加电流在逐渐减小，转速经过 ASR（PI 调节器）进行调节，在 1～2 个周期之后基本实现了无静差。

通过对给定信号参数变化范围的探索，得出给定信号在 0～170rad/s 内连续可调，且能够实现无静差调速。

图 3-22　单闭环无静差转速负反馈直流调速系统的电流和转速曲线

3. 1. 1. 4　电流截止负反馈直流调速系统的建模与仿真

1. 系统的建模和模型参数设置

带电流截止负反馈的无静差转速负反馈直流调速系统的原理框图在图 3-21 基础上增加了电流截止反馈环节。该系统由给定信号、ASR、同步脉冲触发器、晶闸管整流桥、平波电抗器、直流电动机、速度反馈环节、限流环节，以及电流截止反馈环节等部分组成。图 3-23 所示为电流截止负反馈直流调速系统的仿真模型。

图 3-23　电流截止负反馈直流调速系统的仿真模型

比较图 3-21 和图 3-23 可以看出，两个系统的主电路完全一样；在控制电路中，后者比前者多了图 3-24 所示的电流截止反馈环节。

图 3-24　电流截止反馈环节

图 3-24 是一个选择开关元件，在 MATLAB 环境下双击这个元件，可以看到一个可设参数的窗口。假设这个参数在这里叫设定值，那么当这个开关元件的输入口 2 所输入的值大于等于设定值时，元件输出"输入口 1"的输入量，否则输出"输入口 3"的输入量。

这样，不难得到：当电流小于设定值时，电流截止反馈环节不起作用；而当电流大于这个设定值时，电流截止反馈环节立刻进入工作状态，参与对系统的调节。此处设定值是 200，当设置不同值时，图 3-25 中截止电流的值也不一样。系统中其他参数设置情况如下：

给定设为 150rad/s；ASR 的设置为 $K_{pn} = 2$，$K_{in} = 40$，上下限值设置为 [97, 0]，其他为默认值；开关元件的设置为 200。其他参数则和单闭环无静差转速负反馈直流调速系统的参数完全一样。给定信号可在 0 ~ 170 rad/s 内连续可调。

2. 系统的仿真参数设置

仿真中所选择的算法为 ode23s；仿真 Start time 设为 0，Stop time 设为 2，其他与单闭环无静差转速负反馈直流调速系统相同。

3. 系统的仿真、仿真结果的输出及结果分析

建模和参数设置完成后，即可开始进行仿真。

图 3-25 所示为带电流截止负反馈的无静差转速负反馈直流调速系统的电流和转速曲线。从图 3-25 可以看出：刚起动时，电流值短时较小地超过了截止电流，随着调节的进一步深入，电枢电流值被控制在 200。当系统电流值小于 200 时，电流截止环不参与调节，这时的系统就是一个转速负反馈系统。这个阶段在图 3-25 上也可以反映出来。

图 3-25　带电流截止负反馈的无静差转速负反馈直流调速系统的电流和转速曲线

3.1.1.5 电压负反馈直流调速系统的建模与仿真

1. 系统的建模和模型参数设置

电压负反馈直流调速系统的原理框图如图 3-26 所示。

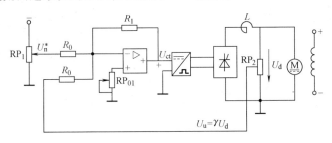

图 3-26　电压负反馈直流调速系统原理框图

该系统由给定信号、电压调节器（AVR）、同步脉冲触发器、晶闸管整流桥、平波电抗器、直流电动机、电压反馈环节等部分组成。图 3-27 所示为电压负反馈直流调速系统的仿真模型。

比较图 3-27 和图 3-21 可以看出，前者主电路与无静差调速系统一样，控制电路的差别主要是反馈信号取法不一样。电压负反馈是从电动机的两端取出电压后，经过一定的处理，进入 AVR（PI 调节器）中的。

图 3-27　电压负反馈直流调速系统的仿真模型

系统中参数设置如下：

给定信号设置为 15；AVR 的参数设置为 $K_{pu} = 12$，$K_{iu} = 400$，上下限设置为 [97，0]；电压反馈系数设置为 0.05；其他参数则和电流截止负反馈直流调速系统的参数完全一样。在这个系统中，为了减弱电枢两端电压中的交流成分，电感的设置值被增大为 9e – 2H。这些参数都是通过仿真实践优化而得的。给定信号在 0 ~ 15rad/s 内连续可调。

2. 系统的仿真参数设置

仿真中所选择的算法为 ode23s；仿真 Start time 设为 0，Stop time 设为 3，其他与电流截止负反馈直流调速系统相同。

3. 系统的仿真、仿真结果的输出及结果分析

建模和参数设置完成后，即可开始进行仿真。

图 3-28 所示为电压负反馈直流调速系统的电流和转速曲线。

图 3-28　电压负反馈直流调速系统的电流和转速曲线

电压负反馈直流调速系统实质上是一个恒压调节系统，通过电压负反馈调节使电压基本恒定，间接使转速恒定。通常，电压中的交流分量较大，使用电感能消除一部分交流分量。但电感也不能太大，否则会给系统的起动带来困难。由于电动机转动惯量的作用，转速的波动一般不大，这在图 3-28 中可以清楚地看出来。

3.1.2　晶闸管双闭环直流调速系统的 MATLAB 仿真实验

在 3.1.1 节中，采用面向原理框图的仿真方法，对开环系统和典型的单闭环直流调速系统进行了建模与仿真分析。下面对转速电流双闭环系统、带转速微分负反馈的双闭环系统、带电流变化率内环和带电压内环的三环直流调速系统进行建模和仿真。

3.1.2.1　转速电流双闭环直流调速系统的建模与仿真

多环直流调速系统与开环、单闭环直流调速系统的主电路模型是一样的，主电路仍然是由交流电源、同步脉冲触发器、晶闸管整流桥、平波电抗器、直流电动机等部分组成。差别反映在控制电路上，多环直流调速系统的控制电路更复杂。

转速电流双闭环直流调速系统的原理框图如图 3-29 所示。

图 3-30 所示为采用面向原理框图方法构建的转速电流双闭环直流调速系统的仿真模型。

1. 系统的建模和模型参数设置

（1）主电路的建模和参数设置

转速电流双闭环直流调速系统主电路的建模和模型参数设置与单闭环直流调速系统绝大部分相同，只是通过仿真实验的探索，将平波电抗器的电感值修改为 $9e-3H$。下面介绍控制电路的建模与参数设置过程。

图 3-29　转速电流双闭环直流调速系统原理框图

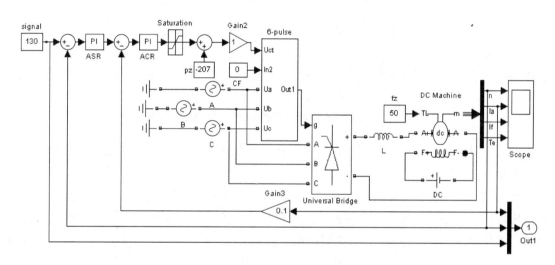

图 3-30　转速电流双闭环直流调速系统的仿真模型

（2）控制电路的建模和参数设置

转速电流双闭环直流调速系统的控制电路包括给定信号、ASR、ACR、限幅器、偏置电路、反相器、电流反馈环节、速度反馈环节等部分。限幅器、偏置电路、反相器的作用、建模和参数设置与 3.1.1 节的系统相同。

给定环节的参数设置为 130rad/s（同学们可自行探索给定信号的允许变化范围）；电流反馈系数设为 0.1；速度反馈系数设为 1。

双闭环系统有两个 PI 调节器——ACR 和 ASR。这两个调节器的参数设置如下：

ACR：$K_{pi} = 10$，$K_{ii} = 100$，上下限幅值设置为 [130，-130]，ACR 后面的限幅器的限幅值设置为 [97，0]

ASR：$K_{pn} = 1.2$、$K_{in} = 10$，上下限幅值设置为 [25，-25]。其他没作说明的为系统默认参数。

2. 系统的仿真参数设置

通过对仿真算法的比较实践，本系统选择的仿真算法为 ode23s；仿真 Start time 设为 0，Stop time 设为 1.5，其他与 3.1.1 节的系统相同。

3. 系统的仿真、仿真结果的输出及结果分析

建模和参数设置完成后，即可开始进行仿真。

图 3-31 所示为转速电流双闭环直流调速系统的电流和转速曲线。

图 3-31   转速电流双闭环直流调速系统的电流和转速曲线

从图 3-31 所示仿真结果可以看出，各波形非常接近于理论分析的波形。下面分析一下仿真的结果。

起动过程的第一阶段是电流上升阶段，突加给定电压，ASR 的输入很大，其输出很快达到限幅值，电流也很快上升，接近其最大值。第二阶段，ASR 饱和，转速环相当于开环状态，系统表现为恒值电流给定作用下的电流调节系统，电流基本上保持不变，拖动系统恒加速，转速线性增长。第三阶段，转速达到给定值后，ASR 的给定与反馈电压平衡，输入偏差为零，但是由于积分的作用，其输出还很大，所以出现超调，之后，ASR 输入端出现负偏差电压，使它退出饱和状态，进入线性调节阶段，使转速保持恒定。实际仿真结果基本上反映了这一点。

3.1.2.2   带转速微分负反馈的双闭环直流调速系统的建模与仿真

双闭环直流调速系统的不足是有转速超调。实践证明，在 ASR 上引入转速微分负反馈，可以抑制转速超调。带转速微分负反馈的 ASR 和普通 ASR 相比，就是在转速负反馈的基础上叠加一个转速微分负反馈信号。在转速变化过程中，只要有转速超调的趋势，微分负反馈就开始进行调节，它能比普通双闭环系统更快达到平衡。

图 3-32 所示为采用面向原理框图方法构建的带转速微分负反馈的双闭环直流调速系统的仿真模型。

和普通的双闭环直流调速系统相比，图 3-32 只是增加了图 3-33 所示的转速微分负反馈环节，其他的系统结构和参数与普通的双闭环直流调速系统完全一样。

图 3-34 所示为带转速微分负反馈的双闭环直流调速系统的电流和转速曲线。

图 3-34 所示的仿真参数和普通的双闭环直流调速系统完全一样，而从仿真结果可以看出，在 ASR 上引入转速微分负反馈，可以抑制转速超调。

图 3-32　带转速微分负反馈的双闭环直流调速系统的仿真模型

图 3-33　转速微分负反馈环节

图 3-34　带转速微分负反馈的双闭环直流调速系统的电流和转速曲线

3.1.3　晶闸管三闭环直流调速系统的 MATLAB 仿真实验

3.1.3.1　带电流变化率内环的三环直流调速系统的建模与仿真

在双闭环直流调速系统中，为了提高系统的快速性，在电动机起动的初期和后期，希望电流能快速地上升或下降。为此在电流环内再设置一个电流变化率环，通过电流变化率环的调节，使电流变化率在不致过高的同时又能保持允许的最大值，整个电流波形更接近理想的动态波形。这样就构成了转速、电流、电流变化率三环直流调速系统，其原理框图如图 3-35 所示。图中，ADR 是电流变化率调节器。

图 3-35　带电流变化率内环的三环直流调速系统原理框图

图 3-35 中，ASR 的输出仍是 ACR 的给定电流信号，其限幅值控制最大电流；但 ACR 的输出不直接控制触发电路，而是作为 ADR 的电流变化率给定信号。由 ADR 的输出去控制触发电路，其最大输出限幅值决定触发脉冲的最小触发延迟角 $\alpha_{\min}$。ADR 的负反馈信号也是来自电流检测器，并通过微分环节 CD 得到。同理，ACR 的输出限幅值控制最大的电流变化率。

图 3-36 所示为采用面向原理框图方法构建的带电流变化率内环的三环直流调速系统的仿真模型。

图 3-36　带电流变化率内环的三环直流调速系统的仿真模型

1. 系统的建模和模型参数设置

（1）主电路的建模和参数设置

带电流变化率内环的三环直流调速系统和双闭环直流调速系统的主电路是一样的，主电路仍然由交流电源、同步脉冲触发器、晶闸管整流桥、平波电抗器、直流电动机等组成。同样通过仿真实验优化将平波电抗器的电感值修改为 9e-3H。下面介绍控制电路部分的建模与参数设置过程。

（2）控制电路的建模和参数设置

带电流变化率内环的三环直流调速系统的控制电路包括给定信号、ASR、ACR、ADR、限幅器、偏置电路、反相器、电流反馈环节、电流变化率反馈环节、速度反馈环节等部分。偏置电路、反相器的作用、建模和参数设置与前述各系统相同。

给定环节的参数设置为 130rad/s（同学们可自行探索给定信号的允许变化范围）；电流反馈系数设为 0.1；速度反馈系数设为 1。

三闭环系统有三个 PI 调节器——ASR、ACR 和 ADR。这三个调节器的参数设置如下：

ASR：$K_{pn} = 4$、$K_{in} = 10$，上下限幅值设置为 [30，-30]；

ACR：$K_{pi} = 5$、$K_{ii} = 100$，上下限幅值设置为 [130，-130]；

ADR：$K_{pd} = 500$、$K_{id} = 300$，上下限幅值设置为 [1e5，-1e5]，限幅器的限幅值设置为 [207，110]。

上述参数也是优化而来，其他没作详尽说明的参数和双闭环系统是一样的。

2. 系统的仿真参数设置

仿真中所选择的算法为 ode23s；仿真 Start time 设为 0，Stop time 设为 1，其他与双闭环系统相同。

3. 系统仿真、仿真结果的输出及结果分析

建模和参数设置完成后，即可开始进行仿真。

图 3-37 所示为带电流变化率内环的三环直流调速系统的电流和转速曲线。

图 3-37　带电流变化率内环的三环直流调速系统的电流和转速曲线

由图 3-37 可见，通过电流变化率环的调节，输出电流下降得更快，使整个电流波形更接近理想的动态波形。

3.1.3.2　带电压内环的三环直流调速系统的建模与仿真

在实际调速系统中，转速、电流、电压内环的三环直流调速系统适用于大容量且对动态性能要求较高的调速系统。图 3-38 所示为带电压内环的三环直流调速系统原理框图。图中，AVR 为电压调节器。

图 3-38　带电压内环的三环直流调速系统原理框图

转速电流环原理与转速电流双闭环直流调速系统的转速电流环相同，电压环的作用是什么呢？与转速电流双闭环直流调速系统相比，在抗电网电压扰动作用方面，电压环有其优越性，只要电网电压有扰动存在，则电压环首先进行调节。电压环的调节比电流环更为及时。

图 3-39 所示为采用面向原理框图方法构建的带电压内环的三环直流调速系统的仿真模型。

图 3-39　带电压内环的三环直流调速系统的仿真模型

1. 系统的建模和模型参数设置

（1）主电路的建模和参数设置

带电压内环的三环直流调速系统的主电路仍然由交流电源、同步脉冲触发器、晶闸管整流桥、平波电抗器、直流电动机等组成。通过仿真实验优化将平波电抗器的电感值修改为 9e-3H。下面介绍控制电路部分的建模与参数设置过程。

（2）控制电路的建模和参数设置

带电压内环的三环直流调速系统的控制电路包括给定信号、ASR、ACR、AVR、限幅器、偏置电路、反相器、电流反馈环节、电压反馈环节、速度反馈环节等部分。偏置电路、反相器的作用、建模和参数设置与前述各系统相同。

给定信号的参数设置为 130rad/s（同学们可自行探索给定信号的允许变化范围）；电流反馈系数设为 0.1；速度反馈系数设为 1。

三闭环系统有三个 PI 调节器——ASR、ACR 和 AVR。这三个调节器的参数设置如下：

ASR：$K_{pn} = 1.2$、$K_{in} = 10$，上下限幅值设置为 [25，-25]；

ACR：$K_{pi} = 8$、$K_{ii} = 100$，上下限幅值设置为 [130，-130]；

AVR：$K_{pv} = 3$、$K_{iv} = 15$，上下限幅值设置为 [130，-130]，限幅器的限幅值设置为 [97，0]。

上述参数也是优化而来，其他没作详尽说明的参数和双闭环系统是一样的。

2. 系统的仿真参数设置

仿真中所选择的算法为 ode45；仿真 Start time 设为 0，Stop time 设为 1.5，其他与双闭环系统相同。

3. 系统仿真、仿真结果的输出及结果分析

建模和参数设置完成后，即可开始进行仿真。

图 3-40 所示为带电压内环的三环直流调速系统的电流和转速曲线。

图 3-40　带电压内环的三环直流调速系统的电流和转速曲线

从图 3-40 所示的仿真结果可以看出，带电压内环的三环直流调速系统的电流曲线和转速动态性能和普通的双闭环直流调速系统基本上相同。电压内环的主要作用是抗电网电压扰动。

3.1.4　晶闸管可逆直流调速系统的 MATLAB 仿真实验

通过前面对典型单闭环和多环直流调速系统的仿真分析可以看到，这些系统的主电路是相同的，控制电路有差别。而本节所要讨论的可逆直流调速系统的建模与前面所述的系统相比较，控制电路和主电路都有区别，其建模也有自身的特点。

3.1.4.1　逻辑无环流可逆直流调速系统的建模与仿真

逻辑无环流可逆直流调速系统是一个典型的可逆调速系统，系统的原理框图如图 3-41所示。

图 3-41　逻辑无环流可逆直流调速系统原理框图

下面介绍各部分的建模与参数设置过程。

1. 系统的建模和模型参数设置

（1）主电路的建模和参数设置

由图 3-41 可见，主电路由三相对称交流电压源、反并联的晶闸管整流桥、平波电抗器、直流电动机等部分组成。在逻辑无环流可逆直流调速系统中，逻辑控制器 DLC 是一个核心装置，它的作用是控制同步脉冲触发器，而同步脉冲触发器是归在主电路讨论的，所以这里将 DLC 也归到主电路进行建模。

三相交流电源、平波电抗器、直流电动机、同步脉冲触发器的建模和参数设置在前面已经作过讨论，此处着重讨论 DLC、反并联的晶闸管整流桥及其子系统的建模和参数设置问题。

1）DLC 的建模。在逻辑无环流可逆直流调速系统中，DLC 是一个核心装置，其任务如下：在正组晶闸管整流桥（Bridge）工作时开放正组脉冲，封锁反组脉冲；在反组晶闸管整流桥（Bridge1）工作时开放反组脉冲，封锁正组脉冲。

对 DLC 的工作要求在第 1 章 1.5.4 节中已有说明，根据其要求，DLC 应由电平检测器、逻辑判断电路、延时电路和联锁保护电路四部分组成。

①电平检测器的建模：电平检测器的功能是将模拟量转换成数字量供后续电路使用，它包括转矩极性鉴别器和零电流鉴别器，它将转矩极性信号 U_i^* 和零电流检测信号 U_{i0} 转换成数字量供逻辑判断电路使用，在实际系统中是用工作在继电状态的运算放大器构成，

而用 MATLAB 建模时, 可按路径 Simulink/Discontinuities/Relay 选择 "Relay" 模块来实现。

②逻辑判断电路的建模: 逻辑判断电路根据可逆系统正反向运行要求, 经逻辑运算后发出逻辑切换指令, 封锁原工作组, 开放另一组。其逻辑控制要求如下:

$$U_F = \overline{U}_R + U_T U_Z$$
$$U_R = \overline{U}_F + \overline{U}_T U_Z$$

有关符号含义如图 3-42 所示。利用路径 Simulink/Logic and Bit Operations/ Logical Operator 选择 "Logical Operator" 模块可实现上述功能。

③延时电路的建模: 在逻辑判断电路发出切换指令后, 必须经过封锁延时 $t_{d1} = 3\text{ms}$ 才能封锁原导通组脉冲, 再经开放延时 $t_{d2} = 7\text{ms}$ 后才能开放另一组脉冲。在数字逻辑电路的 DLC 中是在与非门前加二极管及电容来实现延时, 它利用了集成芯片内部电路的特性。计算机仿真是基于数值计算, 不可能通过加二极管和电容来实现延时。通过对数字逻辑电路的 DLC 功能分析发现, 当逻辑电路的输出 U_f (U_r) 由 "0" 变 "1" 时, 延时电路应产生延时; 当由 "1" 变 "0" 或状态不变时, 不产生延时。根据这一特点, 利用 Simulink 工具箱中 "Discrete" 模块组中的单位延迟 (Unit Delay) 模块, 按功能要求连接即可得到满足系统延时要求的仿真模型, 如图 3-42 中有关部分所示。

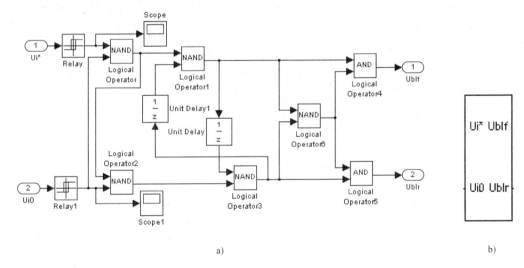

图 3-42 DLC 仿真模型及模块符号

a) 仿真模型 b) 封装后的模块符号

④联锁保护电路的建模: DLC 的最后部分为联锁保护电路。正常时, 逻辑判断电路输出状态 U_{blf} 和 U_{blr} 总是相反的。一旦 DLC 发生故障, 使 U_{blf} 和 U_{blr} 同时为 "1", 将造成两个晶闸管整流桥同时开放, 必须避免此情况。利用 Simulink 工具箱的 "Logic and Bit Operations" 模块组中的逻辑运算 (Logical Operator) 模块可实现多 "1" 保护功能。

图 3-42a 所示是作者设计的 DLC 仿真模型, 封装后的 DLC 模块符号如图 3-42b 所示。

为了检验 DLC 仿真模型的正确性, 对其进行了测试。图 3-43a、b 是测试用输入信号波形; 图 3-43c、d 是 DLC 输出信号波形。

图 3-43　测试 DLC 的输入输出信号波形

a）b）输入信号　c）d）输出信号

测试表明：功能完全符合系统所要求的各量间的逻辑关系。DLC 由于延时为毫秒级，波形上反映延时不明显。

2）主电路子系统的建模与封装。将除平波电抗器、直流电动机外的部分主电路按原理框图的关系进行连接，得到图 3-44a 所示的部分主电路子系统，封装后的子系统模块符号如图 3-44b 所示。为方便作图，将同步脉冲触发器的输入端子顺序稍作了调整，其中"Uct"为脉冲控制端，"In2"为触发器开关信号控制端。

图 3-44　逻辑无环流部分主电路子系统的建模子系统模块符号

a）主电路子系统　b）模块符号

（2）控制电路的建模和参数设置

逻辑无环流可逆直流调速系统的控制电路包括给定信号、一个 ASR、两个 ACR、限幅器、偏置电路、反相器、电流反馈环节、速度反馈环节等部分。控制电路的连接方式与系统的原理框图（见图 3-41）非常接近。限幅器、偏置电路、反相器的作用、建模和参数设置与前几节也基本相同，就不多讨论了。要说明的是，为了得到比较复杂的给定信号，这里采用了将简单信号源组合的方法。

控制电路的有关参数设置如下：

电流反馈系数设置为 0.1；速度反馈系数设置为 1。

调节器的参数设置如下：

ASR：$K_{pn} = 1.2$、$K_{in} = 0.3$，上下限幅值设置为 $[25, -25]$；

ACR：$K_{pi} = 2$、$K_{ii} = 50$，上下限幅值设置为 $[90, -90]$；

ACR1：$K_{pi1} = 2$、$K_{ii1} = 50$，上下限幅值设置为 $[90, -90]$；

限幅器的限幅值设置为 $[97 \quad 0]$；负载设置为 0 是为了使正、反向电流对称。

其他没作说明的为系统默认参数。

逻辑无环流可逆直流调速系统的仿真模型如图 3-45 所示。

图 3-45　逻辑无环流可逆直流调速系统的仿真模型

2. 系统的仿真参数设置

仿真中所选择的算法为 ode23t；仿真 Start time 设为 0，Stop time 设为 9，其他与前述系统相同。

3. 系统的仿真、仿真结果的输出及结果分析

建模和参数设置完成后，即可开始进行仿真。

图 3-46 所示为逻辑无环流可逆直流调速系统的电流和转速曲线。

从仿真结果可以看出：仿真系统实现了速度和电流的可逆，而且具有快速切换的特性。

图 3-46　逻辑无环流可逆直流调速系统的电流和转速曲线

3. 1. 4. 2　错位控制无环流可逆直流调速系统的建模与仿真

错位控制无环流可逆直流调速系统简称为"错位无环流系统"。其特点如下：

1）错位无环流系统的定义。系统中设置两组晶闸管整流桥，当一组晶闸管整流时，另一组处于待逆变状态，但两组触发脉冲的相位错开较远（＞150°），使待逆变组触发脉冲到来时，它的晶闸管器件却处于反向阻断状态，不能导通，从而也不可能产生环流。这就是错位控制无环流可逆直流调速系统。

2）与逻辑无环流系统的区别。逻辑无环流系统采用 $\alpha = \beta$ 控制，两组脉冲的关系是 $\alpha_f + \alpha_r = 180°$，初始相位整定在 $\alpha_{f0} = \alpha_{r0} = 90°$，并要设置 DLC 进行切换才能实现无环流。

错位无环流系统也采用 $\alpha = \beta$ 控制，但两组脉冲关系是 $\alpha_f + \alpha_r = 300°$ 或 360°，初始相位整定在 $\alpha_{f0} = \alpha_{r0} = 150°$ 或 180°。

错位无环流系统正反两组晶闸管整流桥的触发延迟角的配合特性如图 3-47 所示。图中，阴影区以内为有环流区，以外为无环流区。由图 3-47 可见，无环流的临界状况是 CO_2D 线，此时零位在 O_2 点，相当于 $\alpha_{f0} = \alpha_{r0} = 150°$，配合特性 CO_2D 线的方程为 $\alpha_f + \alpha_r = 300°$。这种临界状态不可靠，万一参数变化，使触发延迟角减小，就会在某些范围内又出现环流。为安全起见，实际系统常将零位整定在 $\alpha_{f0} = \alpha_{r0} = 180°$（即 O_3 点），这时 EO_3F 直线的方程为 $\alpha_f + \alpha_r = 360°$。这种整定方法，不仅安全可靠，而且调整也很方便。

错位控制的零位整定在 180°时，触发装置的移相控制特性如图 3-48 所示。这时，如果一组脉冲触发延迟角小于 180°，另一组脉冲触发延迟角一定大于 180°。而大于 180°的脉冲对系统是无用的，因此常常只让它停留在 180°处，或使大于 180°后停发脉冲。图中，触发延迟角超过 180°的部分用虚线表示。

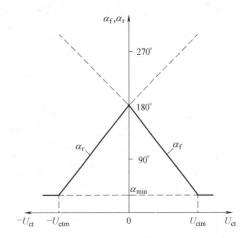

图 3-47　正反两组触发延迟角的配合特性　　　图 3-48　错位无环流系统触发装置的移相控制特性

3）带电压内环的错位无环流系统。如上所述，零位整定在 180°（或 150°）后，触发脉冲从 180°移到 90°的这段时间内，晶闸管整流桥没有电压输出，形成一个 90°的死区。在死区内，α 角变化并不引起输出量 U_d 变化。为了压缩死区，可以在错位无环流系统中增加一个电压环。带电压内环的错位无环流系统原理框图如图 3-49 所示。与其他可逆系统不同的地方是不用 DLC，另外增加了一个由电压变换器 TVD 和电压调节器 AVR 组成的电压环。

图 3-49　带电压内环的错位无环流系统原理框图

错位无环流系统的零位整定在 180°时，两组晶闸管整流桥的移相控制特性恰好分在纵轴的左右两侧，因而两组晶闸管整流桥的工作范围可按 U_{ct} 的极性来划分，U_{ct} 为正时正组工作，U_{ct} 为负时反组工作。通过对 U_{ct} 的极性进行鉴别后，再通过电子开关选择触发正组还是反组，从而构成了错位选触无环流系统。

1. 系统的建模和模型参数设置

（1）主电路的建模和参数设置

由图 3-49 可见，主电路由三相对称交流电压源、反并联的晶闸管整流桥、平波电抗器、直流电动机等部分组成。

　　错位控制的无环流可逆直流调速系统的主电路建模和参数设置基本上与逻辑无环流可逆系统相同，主电路模型如图 3-50 所示，本模型按照错位控制选触无环流可逆直流调速系统原理框图构建。经过试验，平波电抗器的电感值取 9e-2H。

图 3-50　错位控制选触无环流直流调速系统的主电路模型

　　采用图 3-50 所示模型下半部分的选择开关即可实现错位选触无环流控制。选择开关的第二（中间的那个）输入端接输入触发延迟角 α，参数 Threshold 设置为 180°。当触发延迟角 $\alpha \geqslant 180°$ 时，通过给六脉冲触发器的 Block 端置 "1" 关闭触发器，达到使晶闸管整流桥不工作的目的；当触发延迟角 $\alpha < 180°$ 时，通过给六脉冲触发器的 Block 端置 "0" 开通触发器，使晶闸管整流桥工作。

　　根据图 3-49 所示带电压内环的错位无环流可逆直流调速系统原理框图，下面给出错位选触控制无环流可逆直流调速系统的仿真模型，如图 3-51 所示。

（2）控制电路的建模和参数设置

　　错位选触无环流可逆直流调速系统的控制电路包括给定信号、一个 ASR、一个 ACR 和一个 AVR、两个偏置电路、三个反相器、电压反馈环节、电流反馈环节、速度反馈环节等部分，给定信号由简单信号源组合而成。

　　AVR 与 Subsystem1 之间的环节是根据图 3-48 所示的错位控制无环流可逆直流调速系统移相控制特性而得来的，分析过程如下：

　　根据图 3-48 所示的移相控制特性，可以得到：

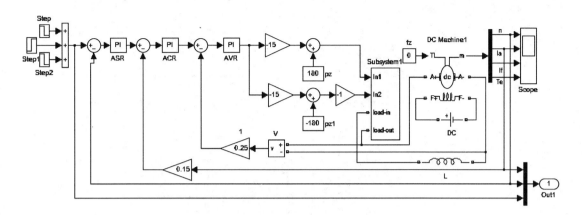

图 3-51　带电压内环的错位无环流可逆直流调速系统的仿真模型

1）$\alpha_f = 180° + \dfrac{180° - \alpha_{fmin}}{-U_{ctm}} U_{ct}$。此处取 $\alpha_{fmin} = 30°$，$U_{ctm} = 10V$，则 $\alpha_f = 180° - 15U_{ct}$。

2）$\alpha_r = 180° + \dfrac{180° - \alpha_{rmin}}{U_{ctm}} U_{ct}$。此处取 $\alpha_{rmin} = 30°$，$U_{ctm} = 10V$，则 $\alpha_r = 180° + 15U_{ct}$。

控制电路的有关参数设置如下：

电压反馈系数设置为 0.25；电流反馈系数设置为 0.15；速度反馈系数设置为 1。

调节器的参数设置如下：

ASR：$K_{pn} = 1.2$、$K_{in} = 0.3$，上下限幅值设置为 $[25, -25]$；

ACR：$K_{pi} = 0.4$、$K_{ii} = 30$，上下限幅值设置为 $[90, -90]$；

AVR：$K_{pv} = 1.2$、$K_{iv} = 0.6$，上下限幅值设置为 $[90, -90]$。

其他没作说明的为系统默认参数。

2. 系统的仿真参数设置

仿真所选择的算法为 ode23t；仿真 Start time 设为 0，Stop time 设为 16，其他与前述系统相同。

3. 系统的仿真、仿真结果的输出及结果分析

建模和参数设置完成后，即可开始进行仿真。

图 3-52 所示为错位选触控制无环流可逆直流调速系统的电流和转速曲线。

3.1.4.3　$\alpha = \beta$ 配合控制的有环流可逆直流调速系统的建模与仿真之一

$\alpha = \beta$ 配合控制的有环流调速系统也是一个典型的可逆直流调速系统，系统的原理框图如图 3-53 所示。

下面介绍各部分的建模与参数设置过程。

1. 系统的建模和模型参数设置

（1）主电路的建模和参数设置

由图 3-53 可见，主电路由三相对称交流电压源、反并联的晶闸管整流桥、平波电抗器、直流电动机等部分组成。在有环流可逆系统中，一个明显的特征是反并联的晶闸管整流桥回路中串接了四个均衡电抗器 $L_{c1} \sim L_{c4}$，它们的作用是抑制脉动环流。

图 3-52　错位选触控制无环流可逆直流调速系统的电流和转速曲线

图 3-53　$\alpha = \beta$ 配合控制的有环流可逆直流调速系统原理框图

$\alpha = \beta$ 配合控制的有环流可逆直流调速系统的主电路建模和参数设置大部分与逻辑无环流可逆系统相同，不同的地方是在反并联的晶闸管整流桥回路中串接了四个均衡电抗器 $L_{c1} \sim L_{c4}$，主电路模型如图 3-54 所示。图中，均衡电抗器为 $L_1 \sim L_4$，经过试验，均衡电抗器的电感值取4e-2H。

下面给出 $\alpha = \beta$ 配合控制的有环流可逆直流调速系统的仿真模型，如图 3-55 所示。

（2）控制电路的建模和参数设置

$\alpha = \beta$ 配合控制的有环流可逆直流调速系统的控制电路包括给定信号、一个 ASR、一个 ACR、两个偏置电路、三个反相器、电流反馈环节、速度反馈环节等部分。控制电路的连接方式与图 3-53 所示原理框图非常接近。ACR 和第一个反相器为 $\alpha = \beta$ 配合控制电路。给定信号由简单信号源组合而成。

控制电路的有关参数设置如下：

电流反馈系数设置为 0.1；速度反馈系数设置为 1；

图 3-54 $\alpha = \beta$ 配合控制的有环流可逆直流调速系统的主电路模型

图 3-55 $\alpha = \beta$ 配合控制的有环流可逆直流调速系统的仿真模型

调节器的参数设置如下：

ASR：$K_{pn} = 1.2$、$K_{in} = 0.3$，上下限幅值设置为 [25，−25]；

ACR：$K_{pi} = 2$、$K_{ii} = 50$，上下限幅值设置为 [90，−90]；

平波电抗器的电感值取 9e-3H。

其他没作说明的为系统默认参数。

2. 系统的仿真参数设置

仿真所选择的算法为 ode23t；仿真 Start time 设为 0，Stop time 设为 12，其他与前述系统相同。

3. 系统的仿真、仿真结果的输出及结果分析

建模和参数设置完成后，即可开始进行仿真。

图 3-56 所示为 $\alpha = \beta$ 配合控制的有环流可逆直流调速系统的电流和转速曲线。

图 3-56　$\alpha = \beta$ 配合控制的有环流可逆调速系统的电流和转速曲线

从仿真结果可以看出：仿真系统实现了速度和电流的可逆。

图 3-57 所示 $\alpha = \beta$ 配合控制的有环流可逆直流调速系统中均衡电抗器为 L_1、L_2 中的电流曲线。Scope2 是 L_1 中的电流，Scope1 是 L_2 中的电流。由图 3-57 可见，环流约为 110，电动机电枢电流约为 60，在 $t = 1 \sim 4$ 期间，图 3-54 中晶闸管整流桥 Bridge1 工作，L_1 中流过环流和负载电流，Scope2 中的总电流约为 170；L_2 中只流过环流，Scope1 中的电流约为 110。$t = 4 \sim 8$ 期间，图 3-54 中晶闸管整流桥 Bridge 工作，L_2 中流过环流和负载电流，Scope1 中的总电流约为 170；L_1 中只流过环流，Scope2 中的电流约为 110。与理论分析基本一致。由于示波器测量的是均衡电抗器中的电流，每个周期的环流有所增加可能是均衡电抗器中的电流没有释放完造成的。

图 3-57　有环流可逆调速系统中均衡电抗器为 L_1、L_2 中的电流曲线

3. 1. 4. 4　$\alpha = \beta$ 配合控制的有环流可逆直流调速系统的建模与仿真之二

$\alpha = \beta$ 配合控制的有环流可逆直流调速系统也可以仿照错位选触无环流可逆直流调速系

统的方法，用移相控制特性来设计 ACR 与 Subsystem1 之间的控制环节模块。

1. 系统的建模和模型参数设置

图 3-58 所示为 $\alpha = \beta$ 配合控制的有环流可逆直流调速系统的移相控制特性，其零位定在 90°。根据图 3-58 所示的移相控制特性，分析得到：

1）$\alpha_f = 90° + \dfrac{90° - \alpha_{fmin}}{-U_{ctm}} U_{ct}$。此处取 $\alpha_{fmin} = 30°$，$U_{ctm} = 10V$，则 $\alpha_f = 90° - 6U_{ct}$。

2）$\alpha_r = 90° + \dfrac{90° - \alpha_{rmin}}{U_{ctm}} U_{ct}$。此处取 $\alpha_{rmin} = 30°$，$U_{ctm} = 10V$，则 $\alpha_r = 90° + 6U_{ct}$。

图 3-58　$\alpha = \beta$ 配合控制的移相控制特性

图 3-59 所示为根据移相控制特性构建的 $\alpha = \beta$ 配合控制的有环流可逆直流调速系统的仿真模型。模型中，控制电路的有关参数设置如下：

电流反馈系数设置为 0.1；速度反馈系数设置为 1。

调节器的参数设置如下：

ASR：$K_{pn} = 1.2$，$K_{in} = 0.3$，上下限幅值设置为 $[25，-25]$；

ACR：$K_{pi} = 0.4$，$K_{ii} = 9$，上下限幅值设置为 $[90，-90]$。

其他没作说明的为系统默认参数。

图 3-59　根据移相控制特性构建的 $\alpha = \beta$ 配合控制的有环流可逆直流调速系统的仿真模型

2. 系统的仿真参数设置

仿真所选择的算法为 ode23t；仿真 Start time 设为 0，Stop time 设为 16。

3. 系统的仿真、仿真结果的输出及结果分析

建模和参数设置完成后，即可开始进行仿真。

图 3-60 所示为根据移相控制特性构建的 $\alpha = \beta$ 配合控制有环流可逆直流调速系统的电流和转速曲线。

图 3-60　根据移相控制特性构建的 $\alpha = \beta$ 配合控制有环流可逆直流调速系统的电流和转速曲线

由图 3-60 可见，根据移相控制特性构建的配合控制有环流直流调速系统输出电流和转速曲线与图 3-56 所示是一致的。

3.1.5　脉宽直流调速系统的 MATLAB 仿真实验

以晶闸管相控整流器作为直流电源的单环、多环以及可逆直流调速系统具有主电路模型相同而控制电路有差别的特点。而以下所要讨论的脉宽直流调速系统与前面所述的各系统相比较，控制电路和主电路都有区别，其建模有自身的特点。

3.1.5.1　H 形 PWM 可逆直流变换器的建模与仿真

1. H 形 PWM 可逆直流变换器的工作原理

首先回顾一下 H 形 PWM 可逆直流变换器的工作情况，其电路及工作波形如图 3-61 所示。

图 3-61　H 形 PWM 可逆直流变换器电路及工作波形
a）电路　b）工作波形

图 3-61 中，开关器件可以是电力晶体管 GTR、电力场效应晶体管 P-MOSFET 和绝缘栅双极型晶体管 IGBT 等。H 形 PWM 可逆直流变换器从控制方式上区分有双极式调制、单极式调制和受限单极式调制三种。

1）双极式调制。四个开关器件 VT$_1$ 和 VT$_4$、VT$_2$ 和 VT$_3$ 两两成对同时导通和关断，且工作于互补状态，即 VT$_1$ 和 VT$_4$ 导通时 VT$_2$ 和 VT$_3$ 关断，反之亦然。控制开关器件的通断时间（占空比）可以调节输出电压的大小，若 VT$_1$ 和 VT$_4$ 的导通时间大于 VT$_2$ 和 VT$_3$ 的导通时间，则输出电压平均值为正；若 VT$_2$ 和 VT$_3$ 的导通时间大于 VT$_1$ 和 VT$_4$ 的导通时间，则输出电压平均值为负，所以可用于直流电动机的可逆运行。H 形 PWM 可逆直流变换器的驱动一般都采用 PWM 方式，由调制波（三角波或锯齿波）与直流信号比较产生驱动脉冲。由于调制波频率较高（通常在数千赫兹以上），因此变换器输出电流一般连续。用于直流电动机调速时电枢回路不用串联电抗器，但四个开关器件都工作于 PWM 方式，开关损耗较大。

2）单极式调制。四个开关器件中 VT$_1$ 和 VT$_2$ 工作于互补的 PWM 方式，而 VT$_3$ 和 VT$_4$ 则根据电动机的转向采取不同的驱动信号。电动机正转时，VT$_3$ 恒关断，VT$_4$ 恒导通；电动机反转时，VT$_3$ 恒导通，VT$_4$ 恒关断。由于减少了 VT$_3$ 和 VT$_4$ 的开关次数，因此开关损耗减少，这是单极式调制的优点。

3）受限单极式调制。在单极式调制基础上，为进一步减小开关损耗和减少桥臂直通的可能性，在电动机要求正转时，只有 VT$_1$ 工作于 PWM 方式，VT$_4$ 始终处于导通状态，而 VT$_2$ 和 VT$_3$ 都关断；电动机反转时，只有 VT$_2$ 工作于 PWM 方式，VT$_3$ 始终处于导通状态，而 VT$_1$ 和 VT$_4$ 都关断，这就是受限单极式调制。在受限单极式工作模式，当电动机电流较小时会出现电流断续的现象。

2. 双极式 H 形 PWM 可逆直流变换器的建模

双极式 H 形 PWM 可逆直流变换器的仿真模型如图 3-62 所示。

图 3-62　双极式 H 形 PWM 可逆直流变换器的仿真模型

图 3-62 中，H 形主电路的开关器件 VT$_1$ ~ VT$_4$ 采用 "Universal Bridge" 模块中的 IGBT 器件，模块的提取路径与晶闸管模块相同，参数设置如图 3-63 所示。驱动采用 "PWM Generator" 模块（按 SimPowerSystems/Extra Library/Control Block/PWM Generator 路径提取）。由于双极式控制的桥式电路开关器件两两成对通断，因此 "PWM Generator" 模块参数（Generator Mode）中桥臂数选择 "1"，产生互补的两个驱动信号，如图 3-64 所示；然后通过 "re-mux" 和 "mux" 模块的信号重组得到桥式电路需要的四路驱动脉冲。"PWM Generator" 模块的调制信号采用了外部输入的方式，外部调制信号由 "Step" 模块（按 Simulink/

Sources/Step 路径提取）产生，通过 "Step" 模块改变控制信号 U_{ct} 来调节变换器输出电压和电流。模型中用 "Mean Value" 模块（按 SimPowerSystems/Extra Library/Measurements/Mean Value 路径提取）来观察输出电压的平均值。

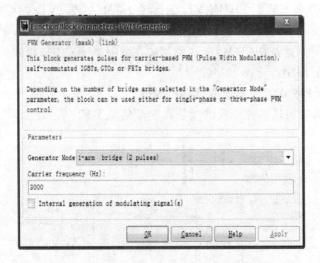

图 3-63　"Universal Bridge" 模块参数设置

图 3-64　"PWM Generator" 模块参数设置

3. 双极式 H 形 PWM 可逆直流变换器的仿真与分析

图 3-62 中设置电源电压为 12V，负载 RL 的电阻为 0.5Ω、电感为 0.5mH。Step 模块设置为 0.01s 时占空比从 0.8 切换为 -0.4，PWM Generator 的调制频率取 3kHz。仿真参数设置：仿真时间设置为 0.02s，仿真算法为 ode23t。仿真结果如图 3-65 所示。

图 3-65a 所示为直流输出平均电压波形，在 0.01s 前 PWM 正脉冲宽度大于负脉冲宽度，输出电压平均值为正；0.01s 时控制信号 U_{ct} 由 +0.8 切换为 -0.4，输出电压的负脉冲宽度大于正脉冲宽度，输出电压平均值变负；输出电压的变化使输出电流也从正变负，如图 3-65b所示。改变控制信号 U_{ct} 可以改变占空比，就可以调节输出电压和电流。

图 3-65　H 形 PWM 可逆直流变换器输出平均电压、电流波形

a）平均电压波形　b）平均电流波形

3.1.5.2　双极式 H 形 PWM-M 开环可逆直流调速系统的建模与仿真

将图 3-62 中的负载 RL 替换成直流电动机就组成了双极式 H 形 PWM-M 可逆直流调速系统。PWM-M 直流调速系统与晶闸管调速系统的不同主要在变流主电路上，至于转速和电流的控制和晶闸管直流调速系统一样。PWM-M 直流调速系统的 PWM 变换器有可逆和不可逆两类，而可逆变换器又有双极式、单极式和受限单极式等多种电路。这里，主要研究 H 形主电路为双极式 PWM-M 调速的仿真，并通过仿真分析直流 PWM-M 可逆直流调速系统的工作过程，而对单极式和受限单极式，则只分析其 PWM 调制控制方式的建模和仿真。

1. 双极式 H 形 PWM-M 开环可逆直流调速系统的建模

H 形 PWM-M 开环可逆直流调速系统的主电路组成如图 3-61a 所示，主电路由四个 IGBT 器件 $VT_1 \sim VT_4$ 和四个续流二极管 $VD_1 \sim VD_4$ 组成 H 形连接。当 VT_1 和 VT_4 导通时，有正向电流 i_1 通过电动机 M，电动机正转；当 VT_1 和 VT_3 导通时，有反向电流 i_2 通过电动机 M，电动机反转。$VT_1 \sim VT_4$ 的驱动信号的调制原理如图 3-61b 所示，在三角波与控制信号 u_{ct} 相交时，分别产生驱动信号 u_{b1}、u_{b4} 和 u_{b2}、u_{b3}。

H 形 PWM-M 开环可逆直流调速系统的仿真模型如图 3-66 所示。与图 3-62 相比较，不同之处如下：

1）将 PWM Generator 的输入信号换成了较复杂的组合信号（见图 3-67 中的给定信号）。

2）将 H 形 PWM 直流变换器负载换成了直流电动机，其参数设置与前面仿真用的直流电动机参数相同。

2. 双极式 H 形 PWM-M 开环可逆直流调速系统的参数设置与仿真

1）PWM Generator 的组合输入信号的第一个区间时间（$t = 0 \sim 8s$）设置得比较长是为了反映直流开环 PWM-M 调速系统不可逆时的工作情况。

2）模型中电源电压 U_s 设置为 200V；平波电抗器经过试验选取为 1e-1H；仿真时间设置为 20s；仿真算法为 ode23t。

其他参数与图 3-62 所示模型一致。

图 3-66　H 形 PWM-M 开环可逆直流调速系统的仿真模型

3. 双极式 H 形 PWM-M 可逆直流开环调速系统的仿真结果

双极式 H 形 PWM-M 开环可逆直流调速系统的仿真结果如图 3-67 所示。

图 3-67　双极式 H 形 PWM-M 开环可逆直流调速系统输出电流和转速曲线

从图 3-67 可见，转速、电流随着给定信号极性的变化实现了可逆。

3.1.5.3　双极式 H 形 PWM-M 单闭环可逆直流调速系统的建模与仿真

PWM-M 单闭环可逆直流调速系统的原理框图如图 3-68 所示。图 3-69 所示为采用面向原理框图方法构建的双极式 H 形 PWM-M 单闭环可逆直流调速系统的仿真模型。

下面介绍各部分的建模与参数设置过程。

1. 系统的建模和模型参数设置

（1）主电路的建模和参数设置

由图 3-69 可见，主电路由三相对称交流电压源、二极管不可控整流桥、滤波电容器、IGBT 逆变桥、直流电动机等部分组成。

图 3-68　PWM-M 单闭环可逆直流调速系统的原理框图

图 3-69　双极式 H 形 PWM-M 单闭环可逆直流调速系统的仿真模型

三相交流电源、直流电动机的建模和参数设置已经作过讨论，此处着重讨论二极管不可控整流桥、滤波电容器的建模和参数设置问题。

1）二极管不可控整流桥的建模与参数设置。二极管整流桥的建模与晶闸管整流桥相同，首先从电力电子模块组中选取"Universal Bridge"模块；然后打开"Universal Bridge"参数设置对话框，参数设置如图 3-70 所示，将"Power Electronic device"选择为"Diodes"即可。其他参数设置的原则同晶闸管整流桥。

2）滤波电容器的建模和参数设置。首先按 SimPowerSystems/Elements/Series RLC Branch 路径从元器件模块组中选取"Series RLC Branch"模块，并将滤波电容器模块标签改为"C1"；然后打开滤波电容器参数设置对话框，参数设置如图 3-71 所示。参数通过仿真实验优化而定。

3）双极式 H 形 PWM 主电路的建模和参数设置。它的建模与参数设置与开环系统相同。

（2）控制电路的建模和参数设置

控制电路包括给定信号、ASR、速度反馈环节、PWM 信号发生器等部分。除 PWM 信号发生器外，其他部分都已讨论，下面重点介绍一下 PWM 信号发生器及其相关环节。

PWM 信号发生器要求的输入范围为 $-1\sim1$ 之间的数（包括 -1 和 1），输出脉冲受输入信号的控制，脉冲输出频率设置为 3000Hz，如图 3-64 所示。当输入为 1 时，输出脉冲宽度最大，相当于完全导通，占空比为 1；当其输入为 -1 时，脉冲宽度最小，相当于完全关断。在从 $-1\sim1$ 的变化过程中，脉冲宽度是呈线性增长的。

图 3-70　　"Universal Bridge" 参数设置对话框和参数设置

图 3-71　　滤波电容器参数设置对话框及参数设置

　　由于 PWM 信号发生器要求的输入范围为 [1, -1]，而 ASR 设置的输出限幅范围为 -100 ~ 100，为了能够将这两个相差很大的数匹配，在 ASR 的后面接一放大器，其放大倍数为 0.01，那么输出的数就被限制在 -1 ~ 1 的范围内了。

　　控制电路的有关参数设置如下：

　　ASR：$K_{pn} = 0.8$、$K_{in} = 20$，上下限幅值设置为 [100, -100]。

　　其他没作说明的为系统默认参数。

2. 系统的仿真参数设置

　　仿真中所选择的算法为 ode23t；仿真 Start time 设为 0，Stop time 设为 16。

3. 系统的仿真、仿真结果的输出及结果分析

　　建模和参数设置完成后，即可开始进行仿真。

图 3-72 所示为双极式 H 形 PWM-M 单闭环可逆直流调速系统的电流和转速曲线。

图 3-72　双极式 H 形 PWM-M 单闭环可逆直流调速系统的电流和转速曲线

从仿真结果可知，系统实现了调速。由于系统中没有限流措施，所以起动电流很大。

转速电流双闭环控制电路中的电流环具有限制起动电流的作用，况且转速电流双闭环控制也是一种典型的闭环控制结构。下面分析双极式 H 形 PWM-M 双闭环可逆直流调速系统的建模与仿真问题。

3.1.5.4　双极式 H 形 PWM-M 双闭环可逆直流调速系统的建模与仿真

采用面向原理框图方法构建的双极式 H 形 PWM-M 双闭环可逆直流调速系统的仿真模型如图 3-73 所示。

图 3-73　双极式 H 形 PWM-M 双闭环可逆直流调速系统的仿真模型

1. 系统的建模与参数设置

（1）主电路的建模和参数设置

主电路的建模和参数设置与单闭环系统完全一样。

（2）控制电路的建模和参数设置

和单闭环控制电路相比较，双闭环控制主要是增加了一个电流闭环。

控制电路的有关参数设置如下：

ASR：$K_{pn}=8$、$K_{in}=30$，上下限幅值设置为［100，－100］；

ACR：$K_{pn}=5$、$K_{in}=20$，上下限幅值设置为［100，－100］；

电流反馈系数经过多次调试后取0.8。

其他没作说明的为系统默认参数或与单闭环系统相同。

2. 系统的仿真参数设置

仿真中所选择的算法为 ode23t；仿真 Start time 设为 0，Stop time 设为 16。

3. 系统的仿真、仿真结果的输出及结果分析

建模和参数设置完成后，即可开始进行仿真。

图 3-74 所示为双极式 H 形 PWM-M 双闭环可逆直流调速系统的电流和转速曲线。

图 3-74　双极式 H 形 PWM-M 双闭环可逆直流调速系统的电流和转速曲线

从仿真结果可知，转速、电流实现了可逆，并且由于电流负反馈的作用，起动电流得到有效抑制。

3.1.5.5　PWM 变换器的双极式、单极式、受限单极式控制模式的仿真

H 形 PWM-M 可逆直流调速系统的重要内容是 H 形 PWM 电路的调制方式，其中各种调制方式所需要的 PWM 驱动信号的产生是研究的核心内容。H 形 PWM 电路各种调制所对应的 $VT_1 \sim VT_4$ 通断情况和要求的驱动信号，即双极式、单极式和受限单极可逆 PWM 工作方式见表 3-1。

表 3-1　双极式、单极式和受限单极可逆 PWM 工作方式

控制方式	电动机转向	开关状况		
双极式	正　转	VT_1 和 VT_4、VT_2 和 VT_3 两两成对		
	反　转	按照 PWM 方式同时导通和关断，工作于互补状态		
单极式	正　转	VT_3 恒关断 VT_4 恒导通	VT_1 和 VT_2 工作于
	反　转	VT_3 恒导通 VT_4 恒关断	互补的 PWM 方式

（续）

控制方式	电动机转向	开关状况	
受限 单极式	正　转	VT$_4$ 始终处于导通状态 而 VT$_2$ 和 VT$_3$ 都关断	VT$_1$ 工作于 PWM 方式
	反　转	VT$_3$ 始终处于导通状态 而 VT$_1$ 和 VT$_4$ 都关断	VT$_2$ 工作于 PWM 方式

1. 双极式 PWM 调制方式的建模与仿真

（1）双极式 PWM 调制方式的建模与参数设置

双极式 PWM 调制方式的仿真模型如图 3-75 所示。

图 3-75　双极式 PWM 调制方式的仿真模型

参数设置如下：

输入阶跃信号的阶跃时间设置为 0.5s；初始值设置为 0.5，终了值设置为 -0.5。

PWM Generator 的调制频率设置为 15Hz，频率设置得比较低是为了能够看出四个驱动信号的相位关系。

（2）双极式 PWM 调制方式的仿真结果与分析

仿真算法为 ode23t；仿真 Start time 设为 0，Stop time 设为 1。图 3-76 所示为双极式 PWM 驱动信号波形。

图 3-76　双极式 PWM 驱动信号波形

由图 3-76 可见，驱动信号完全符合 VT_1 和 VT_4、VT_2 和 VT_3 两两成对按照 PWM 方式同时导通和关断的要求，并且工作于互补状态。

2. 单极式 PWM 调制方式的建模与仿真

（1）单极式 PWM 调制方式的建模与参数设置

单极式 PWM 调制方式的仿真模型如图 3-77 所示。

图 3-77　单极式 PWM 调制方式的仿真模型

参数设置同双极式方式。

（2）单极式 PWM 调制方式的仿真结果与分析

仿真算法为 ode23t；仿真 Start time 设为 0，Stop time 设为 1。图 3-78 所示为单极式 PWM 驱动信号波形。

图 3-78　单极式 PWM 驱动信号波形

由图 3-78 可见，驱动信号完全符合以下要求：正转时，VT_3 恒关断 VT_4 恒导通；反转时 VT$_3$ 恒导通 VT$_4$ 恒关断；而无论是正转还是反转，VT$_1$ 和 VT$_2$ 总是工作于互补的 PWM 方式。

3. 受限单极式 PWM 调制方式的建模与仿真

（1）受限单极式 PWM 调制方式的建模与参数设置

受限单极式 PWM 调制方式的仿真模型如图 3-79 所示。

图 3-79　受限单极式 PWM 调制方式的仿真模型

选择开关的第二输入端的值设置为 1，其他参数设置同单极式方式。

（2）受限单极式 PWM 调制方式的仿真结果与分析

仿真算法为 ode23t；仿真 Start time 设为 0，Stop time 设为 1。图 3-80 所示为受限单极式 PWM 驱动信号波形。

图 3-80　受限单极式 PWM 驱动信号波形

由图 3-80 可见，驱动信号完全符合以下要求：正转时，VT$_1$ 工作于 PWM 方式，VT$_4$ 处

于恒导通而 VT_2 和 VT_3 恒关断；反转时，VT_2 工作于 PWM 方式，VT_3 处于恒导通而 VT_1 和 VT_4 恒关断方式。

3.2　直流调速系统的实验

3.2.1　调速系统实验概述

调速系统是一门实践性很强的课程，实验是本课程必不可少的重要环节，在学习了调速系统的理论知识后，必须通过一定数量的实验才能更清楚地掌握调速系统的组成和本质。

本章列出了五个直流调速实验，可根据条件选做部分的实验，其中综合性很强的大型实验，建议安排在有关专业实习中进行。这些实验指导内容是以浙江大学某公司生产的DKSZ—1型电机调速控制系统实验装置为基础编写的，所列实验均已进行过试做。

1. 预习要求

实验之前应做好预习，要求做到：

1）实验前应复习课程的有关章节，熟悉有关理论知识，阅读与实验相关的实验装置的介绍。

2）认真了解实验目的、内容、要求、方法和系统的工作原理，明确实验过程中应注意的问题，有些内容可到实验室对照实物预习（如熟悉所用仪器设备，抄录被试机组的铭牌参数，选择设备、仪器、仪表）。

3）画出实验电路，明确接线方式，拟出实验步骤，列出实验时所需记录的各项数据表格，算出要求事先计算的数据。

4）实验分组进行，每组 3~4 人，每个人都必须预习。实验前每人或每组写一份预习报告，各小组在实验前应认真讨论一次，确定组长，合理分工，预测实验结果及大致趋势，做到心中有数。

2. 实验过程

每个人在实验过程中必须严肃认真，集中精力，按时完成实验。

1）预习检查，严格把关。实验开始前，由指导教师检查预习质量（包括对本次实验的理解、认识、预习报告）。必须确认已做好了实验前的准备工作方可开始实验。

2）分工配合，协调工作。每次实验以小组为单位进行。组长负责实验的安排，可分工进行系统接线、起动操作、调节负载、测量转速及其他物理量、数据记录等工作。

3）按图接线，力求简明。根据拟定的实验电路及选用的仪表、设备，按图接线，力求简单明了。接线原则是先串联后并联，首先由电源开始，先接主要的串联电路，例如单相或直流电路，从一极出发，经过主要线路的各仪表、设备，最后返回到另一极。串联电路接好后再把并联支路逐个并上。主电路与控制电路应分清，根据电流大小，主电路选用粗线连接，控制电路选用细线连接，导线的长短要合适，不宜过长或过短，每个接线柱上的接线尽量不超过 3 根。接线要牢，不能松动，这样可以减少实验时的故障。

4）确保安全，检查无误。为了确保安全，线路接好后应互相校对或请指导教师检查，确认无误，征得实验指导教师同意后，方可合闸通电。

5）按照计划，操作测试。按实验步骤由简到繁逐步进行操作测试。实验中要严格遵守操作规程和注意事项，仔细观察实验中的现象，认真做好数据测试工作，并将理论分析与预测结果相比较，以判断数据的合理性。

6）认真负责，完成实验。实验完毕，应将记录数据交指导教师审阅，经指导教师认可后才允许拆线，整理现场，并将导线分类整理，仪表工具物归原处。

3. 实验报告

实验报告是实验工作的总结及成果，实验报告必须独立书写，每人一份，实验报告应包括以下几方面内容：

1）实验名称、专业班级、组别、姓名、同组同学姓名、实验日期。

2）实验用机组，主要仪器、仪表设备的型号和规格。

3）实验目的、要求。

4）实验所用电路。

5）实验项目、调试步骤、调试结果。

6）整理实验数据，注明试验条件。

7）画出实验所得曲线或记录波形。

8）分析实验中遇到的问题，总结实验心得体会。

本章介绍的直流调速系统实验内容主要包括：实验装置及其调试方法实验、晶闸管直流调速系统参数和环节特性的测定实验、双闭环晶闸管不可逆直流调速系统实验、逻辑无环流可逆直流调速系统、直流脉宽调制 PWM 调速系统实验。部分实验项目已进行过 MATLAB 的仿真实验，同学们可与实物实验做对比。

3.2.2　实验装置认识及其调试方法实验

1. 实验内容和目的

1）DK01 主控制屏的调试：熟悉 DKSZ—1 型电机调速控制系统实验装置 DK01 主控制屏的结构及调试法。

2）基本控制单元调试：了解开环、单闭环直流调速系统的原理、组成及主要单元部件的原理；掌握晶闸管-直流调速系统的一般调试过程。

3）U_{ct} 不变或 U_d 不变时的直流电动机开环特性的测定：了解电动机开环特性的测定方法。

4）转速反馈或电流反馈的单闭环直流调速系统实验：认识闭环反馈控制系统的基本特性。

2. 实验设备和器材

DKSZ—1 型电机调速控制系统实验装置和有关的常用仪器仪表、器材，如 DK01 主控制屏、直流电动机-直流发电机-测速发电机组、（DK02、DK03、DK15）组件挂箱、双臂滑线变阻器、双踪慢扫描示波器、万用表等。实验者可根据需要选用。

3. 参考实验电路和组成部件

（1）参考实验电路和原理

图 3-81 所示为单闭环直流调速系统原理框图。在转速反馈的单闭环直流调速系统中，将测速发电机电压信号接至转速调节器 ASR 的输入端，与负的给定电压相比较，ASR 的输

出用来控制晶闸管整流桥的触发装置，从而构成转速反馈的单闭环直流调速系统。将电流互感器检测出的电压信号作为反馈信号构成电流反馈的单闭环直流调速系统。

图 3-81　　　单闭环直流调速系统原理框图

（2）参考实验电路构成部件

实验电路构成部件如下：

G—给定器，DZS—零速封锁器，ASR—转速调节器，ACR—电流调节器，GT—触发装置，FBS—速度变换器，FA—过电流保护器，FBC—电流变换器，AP1—Ⅰ组脉冲放大器。

4. 预习要求

阅读教材中有关晶闸管-直流电动机调速系统、闭环反馈控制系统的内容；根据参考实验电路画出实验系统的详细接线图，并了解各控制单元在系统中的作用。

5. 建议的实验方法和步骤

（1）主控制屏调试及开关设置

1）打开总电源开关，观察各指示灯及电压表指示是否正常。

2）将主控制屏电源板（右侧面板）上的"调速电源选择开关"拨至"直流调速"挡。"触发电路脉冲指示"应显示"窄"；"Ⅱ桥工作状态指示"应显示"其他"，如不满足这些要求，则可打开主控制屏的后盖，拨动触发装置板 GT 及Ⅱ组脉冲放大器板 AP2 上的钮子开关，使之符合上述要求。

3）触发电路的调试方法可用示波器观察触发电路单脉冲、双脉冲是否正常，观察三相的锯齿波并调整 A、B、C 三相的锯齿波斜率调节电位器，使三相锯齿波斜率尽可能一致；观察六个触发脉冲，应使其间隔均匀，相互间隔60°。

4）将转速给定电位器的输出 U_g 直接接至触发电路控制电压 U_{ct} 处，调节偏移电压 U_b，使 $U_{ct} = 0$ 时，$\alpha = 90°$。

5）将面板上的 U_{blf} 端接地，将Ⅰ组触发脉冲的六个开关拨至"接通"，观察正桥 $VT_1 \sim VT_6$，晶闸管的触发脉冲是否正常。

（2）基本单元部件调试

1）移相控制电压 U_{ct} 的调节范围确定。直接将给定电压 U_g 接入移相控制电压 U_{ct} 的输入端，晶闸管整流桥接电阻负载，用示波器观察 u_d 的波形。当 U_{ct} 由零调大时，u_d 随 U_{ct} 的增大而增大，当 U_{ct} 超过某一数值 U'_{ct} 时，u_d 出现缺少波头的现象，这时 U_d 反而随 U_{ct} 的增大而减少。一般可确定移相控制电压的最大允许值 $U_{ctmax} = 0.9U'_{ct}$，即 U_{ct} 的允许调节范围为 $0 \sim U_{ctmax}$。

2）调节器的调整。

①调节器的调零。将调节器输入端接地，将串联反馈网络中的电容短接，使调节器成为比例（P）调节器。将零速封锁器 DZS 上的钮子开关拨向"解除"位置，把 DZS 的"3"端接至 ACR 的"8"端（或 ASR 的"4"端），使调节器封锁而正常工作，调节面板上的调零电位器 RP_4，用万用表的 mV 挡测量，使调节器的输出电压为零（厂内已调整好，实验时不用再调）。

②正、负限幅值的调整。将调节器输入端的接地线和反馈电路短接线去掉，使调节器成为比例积分（PI）调节器，然后将转速给定电位器的输出"1"端接到调节器的输入端，当加正给定电压时，调整负限幅电位器 RP_2，使之输出电压为零（或调至最小）；当调节器输入端加负给定电压时，调整正限幅电位器 RP_1，使正限幅值符合实验要求（看脉冲，使 $\alpha = 0°$ 或趋近于 0° 并保证脉冲完整）。在本实验中，ACR 和 ASR 的输出正限幅均为 U_{ctmax}（本实验台约为 9V），输出负限幅均调至零。

（3）U_{ct} 不变时直流电动机开环特性的测定

1）控制电压 U_{ct} 由转速给定电位器的输出 U_g 直接接入，直流发电机接负载电阻 R_G。

2）逐渐增加给定电压 U_g，使直流电动机起动、升速；调节 U_g 和 R_G，使直流电动机电流 $I_d = I_{ed}$，转速 $n = n_{ed}$。

3）改变负载电阻 R_G，即可测出 U_{ct} 不变时的直流电动机开环外特性 $n = f(I_d)$，记录于表 3-2 中。

表 3-2　U_{ct} 不变时开环特性测定记录

参数	数　据					
$n/(\text{r/min})$						
I_d/A						

（4）U_d 不变时的直流电动机开环特性的测定

1）控制电压 U_{ct} 由转速给定电位器的输出 U_g 直接接入，直流发电机接负载电阻 R_G。

2）逐渐增加给定电压 U_g 使电动机起动、升速；调节 U_g 和 R_G，使直流电动机电流 $I_d = I_{ed}$，转速 $n = n_{ed}$。

3）改变负载电阻 R_G，同时保持 U_d 不变（可通过调节 U_{ct} 来实现），测出 U_d 不变时的直流电动机开环外特性 $n = f(I_d)$，记录于表 3-3 中。

表 3-3　U_d 不变时开环特性测定记录

参数	数　据					
$n/(\text{r/min})$						
I_d/A						

（5）转速反馈的单闭环直流调速系统

按图 3-81 接线，在本实验中，给定电压 U_g 为负给定，转速反馈电压为正电压，ASR 接成比例（P）调节器。起动前将速度变换器 FBS 上的 RP_1 居中。

调节给定电压 U_g 和直流发电机负载电阻 R_G，使直流电动机运行在额定点，固定 U_g（ = 5V），由轻载至满载调节直流发电机的负载（注意直流电动机不能过载），记录直流电动机的转速 n 和电枢电流 I_d 于表 3-4 中。

表 3-4　转速反馈的单闭环直流调速系统测定记录

参数	数　据				
$n/(\text{r/min})$					
I_d/A					

（6）电流反馈的单闭环直流调速系统

按图 3-81 接线，在本实验中，给定电压 U_g 为负给定，电流反馈电压为正电压，ACR 接成比例（P）调节器。起动前将电流变换器 FBC 上的 RP_1 顺时针旋到底。

调节给定电压 U_g 和直流发电机负载电阻 R_G，使直流电动机运行在额定点。固定 U_g，由轻载至满载调节直流发电机的负载，记录直流电动机的转速 n 和电枢电流 I_d 于表 3-5 中。

表 3-5　电流反馈的单闭环直流调速系统测定记录

参数	数　据				
$n/(\text{r/min})$					
I_d/A					

6. 实验报告

1）根据实验数据，画出 U_{ct} 不变时的直流电动机开环机械特性。

2）根据实验数据，画出 U_d 不变时的直流电动机开环机械特性。

3）根据实验数据，画出转速反馈的单闭环直流调速系统的机械特性。

4）根据实验数据，画出电流反馈的单闭环直流调速系统的机械特性。

5）比较以上各种机械特性，并作出解释和实验结果分析。

7. 注意事项

1）单元调试时，严禁合主电源，不让调的电位器不能随便调（如 FBC + FA 上的过电流保护用电位器 RP_2）。

2）双踪慢扫描示波器的两个探头的地线通过示波器外壳接地，故在使用时，必须使两探头的地线同电位（只用一根地线即可），以免造成短路事故。

3）系统开环运行时，不能突加给定电压而起动直流电动机，应由零逐渐增加给定电压，避免电流冲击。

4）实验时，可先用电阻作为晶闸管整流桥的负载，待电路正常后，再换接直流电动机负载；在调节滑线变阻器时，两并联滑线变阻器要同步滑动，以免烧坏。

5）在接反馈信号时，给定信号的极性必须与反馈信号的极性相反，以实现负反馈。

6）直流电动机的起动和停机顺序要正确。

7）实验过程中，一旦遇到异常情况应及时切断电源，停机检查，待故障排除后方可继续实验。

3.2.3　晶闸管直流调速系统参数和环节特性的测定实验

1. 实验内容和目的

（1）实验内容

1）测定晶闸管直流调速系统主电路总电阻值 R。

2）测定晶闸管直流调速系统主电路总电感值 L。

3）测定直流电动机-直流发电机-测速发电机组的飞轮惯量 GD^2。

4）测定晶闸管直流调速系统主电路电磁时间常数 T_1。

5）测定直流电动机电动势常数 C_e 和转矩常数 C_m。

6）测定晶闸管直流调速系统机电时间常数 T_m。

7）测定晶闸管触发及整流装置特性 $U_d = f（U_{ct}）$。

8）测定测速发电机特性 $U_{TG} = f（n）$。

（2）实验目的

掌握晶闸管直流调速系统有关部件参数的测定方法，并将实验测得的数据与第 2 章经验公式计算所得到的参数进行比较。

2. 实验设备和器材

DKSZ—1 型电机调速控制系统实验装置和有关的常用仪器仪表、器材，如 DK01 主控制屏、直流电动机-直流发电机-测速发电机组、DK02 组件挂箱、双臂滑线变阻器、双踪慢扫描示波器、直流电压表、直流电流表、万用表等。实验者可根据需要选用。

3. 参考实验电路和组成部件

参考实验电路如图 3-82 所示。在本实验中，晶闸管整流装置的主电路为三相桥式电路，控制电路可直接由给定电压 U_g 作为触发器的移相控制电压 U_{ct}，改变 U_g 的大小即可改变触发延迟角 α，从而获得可调的直流电压和转速，以满足实验要求。实验系统由整流变压器、晶闸管整流调速装置、平波电抗器、直流电动机-直流发电机组等组成。

图 3-82　参考实验电路

4. 建议的实验方法和步骤

（1）电枢回路总电阻 R 的测定

电枢回路总电阻 R 包括直流电动机的电枢电阻 R_a、平波电抗器的直流电阻 R_L 及整流装置的内阻 R_n，即 $R = R_a + R_L + R_n$。

采用伏安比较法来测定晶闸管整流装置的内阻，其实验电路如图 3-83 所示。

图 3-83　伏安比较法实验电路

将变阻器 R_1、R_2 接入被测系统的主电路，测定时直流电动机不加励磁，并使直流电动机堵转。合上开关 S_1、S_2，调节 U_g 使 U_d 在（30% ~ 70%）U_{ed} 范围内，然后调整 R_2 使电枢电流在（80% ~ 90%）I_{ed} 范围内，读取电流表 A 和电压表 V_2 的数值为 I_1、U_1，则此时整流装置的理想空载电压为

$$U_{d0} = I_1 R + U_1$$

调节 R_1 使之与 R_2 的电阻值相近，拉开开关 S_2，在 $U_d = U_{d0}$ 的条件下读取电流表 A、电压表 V_2 的数值 I_2、U_2，则

$$U_{d0} = I_2 R + U_2$$

求解上两式，可得电枢回路总电阻

$$R = \frac{U_2 - U_1}{I_1 - I_2}$$

如把直流电动机电枢两端短接，重复上述实验，可得

$$R_L + R_n = \frac{U'_2 - U'_1}{I'_1 - I'_2}$$

则直流电动机的电枢电阻为

$$R_a = R - (R_L + R_n)$$

同样，短接平波电抗器两端，也可测得平波电抗器直流电阻 R_L。

（2）电枢回路电感 L 的测定

电枢回路总电感包括直流电动机的电枢电感 L_a、平波电抗器电感 L_d 和整流变压器漏感 L_B，由于 L_B 数值很小，可以忽略，故电枢回路的等效总电感为

$$L = L_a + L_d$$

电感的数值可用交流伏安法测定。实验时应给直流电动机加额定励磁，并使直流电动机堵转，实验电路如图 3-84 所示。

图 3-84　测量电枢回路电感的实验电路

实验时交流电压的有效值应小于直流电动机直流电压的额定值，用电压表和电流表分别测出通入交流电压后电枢两端和平波电抗器上的电压值 U_a 和 U_L 及电流 I，从而可得到交流阻抗 Z_a 和 Z_L，计算出电感值 L_a 和 L_d，计算公式如下：

$$Z_a = \frac{U_a}{I} \tag{1}$$

$$Z_L = \frac{U_L}{I} \tag{2}$$

$$L_a = \frac{\sqrt{Z_a^2 - R_a^2}}{2\pi f} \tag{3}$$

$$L_d = \frac{\sqrt{Z_L^2 - R_L^2}}{2\pi f} \tag{4}$$

(3) 直流电动机-发电机-测速发电机组的飞轮惯量 GD^2 的测定

电力拖动系统的运动方程式为

$$T - T_L = \frac{GD^2}{375} \frac{dn}{dt}$$

直流电动机空载自由停车时，$T = 0$，$T_L = T_0$，则运动方程式为

$$T_0 = -\frac{GD^2}{375} \frac{dn}{dt}$$

从而有

$$GD^2 = 375 T_0 \frac{1}{\left| \dfrac{dn}{dt} \right|}$$

式中，GD^2 的单位为 $N \cdot m^2$。

T_0 可由空载功率 P_0（单位为 W）求出，即

$$P_0 = U_a I_0 - I_0^2 R; T_0 = 9.55 \times \frac{P_0}{n}$$

$\frac{dn}{dt}$ 可以从自由停车时所得的曲线 $n = f(t)$ 求得，实验电路如图 3-85 所示。

图 3-85 测定 GD^2 时的实验电路

给直流电动机加额定励磁，将直流电动机空载起动至稳定转速后，测取电枢电压 U_d 和

电流 I_0，然后断开 U_g，用记忆示波器记录 $n = f(t)$ 曲线，即可求取某一转速时的 T_0 和 $\mathrm{d}n/\mathrm{d}t$。由于空载转矩不是常数，可以转速 n 为基准选择若干个点，测出相应的 T_0 和 $\mathrm{d}n/\mathrm{d}t$，求得 GD^2 的平均值。由于本实验装置的直流电动机容量比较小，应用此法测 GD^2 时会有一定的误差。

（4）主电路电磁时间常数 T_l 的测定

采用电流波形法测定电枢回路电磁时间常数 T_l 的方法如下：

电枢回路突加给定电压时，电流 i_d 按指数规律上升 $i_d = I_d(1 - e^{-t/T_l})$。其电流上升曲线如图 3-86 所示。当 $t = T_l$ 时，有 $i_d = I_d(1 - e^{-1}) = 0.632 I_d$。

实验电路如图 3-87 所示。直流电动机不加励磁，调节 U_g 使直流电动机电枢电流在（50% ～ 90%）I_{ed} 范围内。然后保持 U_g 不变，突然合上主电路开关 S，用记忆示波器记录 $i = f(t)$ 的波形，在波形上测量出当电流上升至稳定值的 63.2% 时的时间，即为电枢回路的电磁时间常数 T_l。

图 3-86　电流上升曲线　　　　　　　图 3-87　测定 T_L 的实验电路

（5）直流电动机电动势常数 C_e 和转矩常数 C_m 的测定

将直流电动机加额定励磁，使其空载运行，改变电枢电压 U_d，测得相应的 n，即可由下式算出 C_e：

$$C_e = K_e \Phi = \frac{U_{d2} - U_{d1}}{n_1 - n_2}$$

式中，C_e 的单位为 V/（r/min）。

转矩常数（额定磁通）C_m 的单位为 N·m/A；C_m 可由 C_e 求出

$$C_m = 9.55 C_e$$

（6）系统机电时间常数 T_m 的测定

系统的机电时间常数可由下式计算：

$$T_m = \frac{GD^2 R}{375 C_e C_m \Phi^2}$$

由于 $T_m \gg T_L$，也可以近似地把系统看成是一阶惯性环节，即

$$n = \frac{K U_d}{1 + T_m s}$$

当电枢突加给定电压时，转速 n 将按指数规律上升，当 n 到达稳态值的 63.2% 时，所经过的时间即为拖动系统的机电时间常数。

测试时，电枢回路中附加电阻应全部切除，突然给电枢加电压，用记忆示波器记录过渡

过程曲线 $n=f(t)$，即可由此确定机电时间常数。

（7）晶闸管触发及整流装置特性 $U_d=f(U_g)$ 和测速发电机特性 $U_{TG}=f(n)$ 的测定

实验电路如图 3-87 所示，可不接示波器。直流电动机加额定励磁，逐渐增加触发电路的控制电压 U_g，分别读取对应的 U_g、U_{tg}、U_d、n 的数值若干组，即可描绘出特性曲线 $U_d=f(U_g)$ 特性和 $U_{tg}=f(n)$。

由 $U_d=f(U_g)$ 曲线可求得晶闸管整流装置的放大倍数曲线 $K_s=f(U_g)$：

5. 实验报告

1）作出实验所得各种曲线，计算有关参数。

2）由 $K_s=f(U_g)$ 特性，分析晶闸管装置的非线性现象。

6. 注意事项

1）由于实验装置处于开环状态，电流和电压可能有波动，可取平均读数。

2）为防止电枢过大电流冲击，每次增加 U_g 必须缓慢，且每次起动直流电动机前给定电位器应调回零位，以防过电流。

3）当直流电动机堵转时，大电流测量的时间要短，以防直流电动机过热。

3.2.4　双闭环晶闸管不可逆直流调速系统实验

1. 实验内容和目的

1）各控制单元调试：了解双闭环直流调速系统的组成及各主要单元部件的原理。

2）测定电流反馈系数 β、转速反馈系数 α：掌握双闭环不可逆直流调速系统的调试步骤、方法及参数的整定。

3）测定开环机械特性及高、低速时完整的系统闭环静态特性 $n=f(I_d)$。

4）闭环控制特性 $n=f(U_g)$ 的测定。

5）观察、记录、分析系统动态波形：研究调节器参数对系统动态特性的影响。

2. 实验设备和器材

DKSZ—1 型电机调速控制系统实验装置和有关的常用仪器仪表、器材，如 DK01 主控制屏、直流电动机-直流发电机-测速发电机组、（DK02、DK03、DK15）组件挂箱、双臂滑线变阻器、双踪慢扫描示波器或记忆示波器、万用表等。实验者可根据需要选用。

3. 参考实验电路和组成部件

（1）参考实验电路和原理

双闭环晶闸管不可逆直流调速系统由电流和转速两个调节器综合调节。由于调速系统的主要参量为转速，故转速环作为主环放在外面，电流环作为副环放在里面。实验系统的原理框图如图 3-88 所示。

系统工作时，先给电动机加励磁，改变给定电压 U_g 的大小即可方便地改变直流电动机的转速。ASR、ACR 输出均设有限幅环节，ASR 的输出作为 ACR 的给定，利用 ASR 的输出限幅可达到限制起动电流的目的；ACR 的输出作为移相触发电路 GT 的控制电压，利用 ACR 的输出限幅可达到限制 α_{min} 的目的。起动时，当加入给定电压 U_g 后，ASR 即饱和输出，使电动机以限定的最大起动电流加速起动，直到电动机转速达到给定转速（即转速反馈电压 U_{fn} 等于给定电压 U_g），并在出现超调后，ASR 退出饱和，最后稳定运行在略低于给定转速的数值上。

图 3-88　双闭环不可逆直流调速系统的原理框图

（2）参考实验电路构成部件

参考实验电路构成部件如下：

G—给定器，DZS—零速封锁器，ASR—转速调节器，ACR—电流调节器，GT—触发装置，FBS—速度变换器，FA—过电流保护器，FBC—电流变换器，AP1—Ⅰ组脉冲放大器。

4. 预习要求

1）阅读教材中有关双闭环直流调速系统的内容，掌握双闭环直流调速系统的工作原理。

2）理解 PI 调节器在双闭环直流调速系统中的作用，掌握调节器参数的选择方法。

3）了解调节器参数、反馈系数、滤波环节参数的变化对系统动、静态特性的影响趋势。

5. 建议的实验方法和步骤

（1）主控制屏调试及开关设置

与 3.2.2 节实验的方法相同。

（2）双闭环调速系统调试原则

1）先单元、后系统。即先将单元的特性调好，然后才能组成系统。

2）先开环、后闭环。即先使系统能正常开环运行，然后在确定电流和转速均为负反馈的情况下组成闭环系统。

3）先内环、后外环。即先调试电流内环，然后调试转速外环。

4）先调稳态精度，后调动态指标。

（3）单元部件调试

1）调节器的调零。与 3.2.2 节实验的方法相同。

2）调节器正、负限幅值的调整。按 3.2.2 节实验的方法确定移相控制电压 U_{ct} 的允许调节范围为 $0 \sim U_{ctmax}$。

ACR 和 ASR 的调整方法与 3.2.2 节实验的方法相同。在本实验中，ACR 的负限幅为 0，正限幅为 U_{ctmax}；ASR 的负限幅为 $-6.5V$，正限幅为 0。

或按以下方法整定负限幅值：按图 3-89 所示接线，当 $U_g = +5V$ 时，调 ASR 上的 RP_2 使 ASR 负限幅值为 $-6.5V$，同时调 ACR 上的 RP_1，用示波器观察"锯齿波"和"移相脉冲"移相位置,使正限幅值满足移相触发延迟角 α 接近于 0°,记录下此时的 ACR 的正限幅值;当 $U_g = -5V$ 时,调 ASR 上的 RP_1 使 ASR 的正限幅值为 0V 左右,同时调 ACR 上的 RP_2,使其负限幅值为 0V 左右。

图 3-89 调节器限幅整定接线图

3)ASR 和 ACR 上的 RP_3 全逆时针调到底。

4)将 FBC + FA 上的 RP_1 顺时针调到底;将 FBS 上的 RP_1 居中。

(4)系统特性测试

按图 3-88 接线,将 ASR、ACR 均接成 P 调节器后接入系统,形成双闭环不可逆系统;S_1 先断开,R_G 置最大处,给定为零,打开励磁电源,合上主电源,慢慢增加给定电压,使得系统能基本运行,确认整个系统的接线正确无误后将 ASR、ACR 均恢复成 PI 调节器,构成实验系统。

注意:若稍加一点给定电压,电动机就快速起动,且转速很高,说明转速反馈极性接错了;停机后改变转速反馈极性;若系统起动后,电流表指针抖动很大,在 ACR 上并联一个 $1\mu F$ 的电容器即可。

1)机械特性 $n = f(I_d)$ 的测试。

机械特性测试以下两项指标:

第一项,测试 $n = 1500r/min$ 时的静态特性,记录于表 3-6 中。方法如下:

①直流发电机先空载,调节转速给定电压 U_g 至 5V,调 FBS 上的 RP_1 使直流电动机转速接近额定值 $n = 1500r/min$(即参数 α 已确定,以后不再调)。

②稍调 FBC + FA 上的 RP_1(逆时针)。

③然后合开关 S_1,接入直流发电机负载电阻 R_G,逐渐改变负载电阻,调 FBC + FA 上的 RP_1,直至 $I_d \leqslant I_{ed}$、$n = 1500r/min$(即参数 β 已确定,以后不再调),测出系统静态特性曲线 $n = f(I_d)$,并记录于表 3-6 中。

第二项,降低 U_g 使 $I_d = I_{ed}$ 再测试 $n = 800r/min$ 时的静态特性曲线并记录于表 3-6 中。

表 3-6 静态特性测试记录

参数	数 据						
$n/(r/min)$	1400						
I_d/A							
$n/(r/min)$	800						
I_d/A							

2)闭环控制系统 $n = f(U_g)$ 的测试。调节 U_g 及 R_G 使 $I_d = I_{ed}$、$n = n_{ed}$,逐渐降低 U_g,同时注意保持 $I_d = I_{ed}$,记录 U_g 和 n 于表 3-7 中,即可测出闭环控制特性 $n = f(U_g)$。

表 3-7 闭环控制特性测试记录

参数	数 据					
$n/(r/min)$						
U_g/V						

（5）系统动态特性的观察

在不同的系统参数下，用双踪慢扫描示波器观察动态波形。

1）突加给定 U_g 起动时，直流电动机电枢电流 i_d（电流变换器"2"端）波形和转速 n（速度变换器"2"端）波形。

2）突加额定负载（$20\%I_{ed} \rightarrow 100\%I_{ed}$）时直流电动机电枢电流波形和转速波形。

3）突降负载（$100\%I_{ed} \rightarrow 20\%I_{ed}$）时直流电动机电枢电流波形和转速波形。

6. 实验报告

1）根据实验数据，画出闭环控制特性曲线 $n = f(U_g)$。

2）根据实验数据，画出两种转速时的闭环机械特性 $n = f(I_d)$。

3）根据实验数据，画出系统开环机械特性 $n = f(I_d)$，计算静差率，并与闭环机械特性进行比较。

4）分析系统动态波形，讨论系统参数对系统动、静态性能的影响趋势。

7. 注意事项

1）参照 3.2.2 节实验的有关注意事项。

2）记录动态波形时，可先用双踪慢扫描示波器观察波形，以便找出系统动态特性为理想的调节器参数，再用光线示波器或记忆示波器记录动态波形。

3.2.5　逻辑无环流可逆直流调速系统实验

1. 实验内容和目的

1）控制单元调试。熟悉逻辑无环流可逆直流调速系统的原理和组成，掌握各控制单元的原理、作用及调试方法。

2）系统调试。掌握逻辑无环流可逆直流调速系统的调试步骤和方法。

3）正反转机械特性 $n = f(I_d)$ 的测定、正反转闭环控制特性 $n = f(U_g)$ 的测定、系统的动态特性的观察。了解逻辑无环流可逆直流调速系统的静态特性和动态特性。

2. 实验设备和器材

DKSZ—1 型电机调速控制系统实验装置和有关的常用仪器仪表、器材，如 DK01 主控制屏、直流电动机-直流发电机-测速发电机组、（DK02、DK03、DK04、DK15）组件挂箱、双臂滑线变阻器、双踪慢扫描示波器或记忆示波器、万用表等。实验者可根据需要选用。

3. 参考实验电路和组成部件

（1）参考实验电路和原理

逻辑无环流的主电路由两组反并联的三相全控整流桥组成，省去了限制环流的均衡电抗器，电枢回路中仅串接一个 700mH 的平波电抗器。实验系统的原理框图如图 3-90 所示。

（2）参考实验电路构成部件

参考实验电路主要有下列部件组成：

G—给定器，DZS—零速封锁器，ASR—转速调节器，FA—过电流保护器，AP1—正组脉冲放大器，AP2—反组脉冲放大器，ACR—电流调节器，AR—反相器，DPT—转矩极性鉴别器，DPZ—零电流检测器，DLC—逻辑控制器，GT—触发器，FBC—电流变换器，FBS—速度变换器。

图 3-90　逻辑无环流可逆直流调速实验系统的原理框图

4. 预习要求

1）阅读教材中有关逻辑无环流可逆直流调速系统的内容，熟悉系统原理框图和逻辑无环流可逆直流调速系统的工作原理。

2）阅读教材中各控制单元的内容，掌握 DLC 的工作原理及其在系统中的作用。

5. 建议的实验方法和步骤

（1）主控制屏调试及开关设置

1）调试方法与 3.2.2 节实验相同。

2）开关设置。调速电源选择开关："直流调速"；触发电路脉冲指示："窄"；Ⅱ桥工作状态指示："其他"。

（2）控制单元调试

1）脉冲零位的调整。将给定器输出 U_g 直接接至触发电路控制电压 U_{ct} 处，调节偏移电压 U_b，使 $U_{ct}=0$ 时，$\alpha=150°(\beta_{min}=30°)$ 并保证脉冲完整。

2）调节器的调零。调零方法与 3.2.2 节实验的方法相同。

3）调节器正、负限幅值的整定。限幅值的整定方法与 3.2.2 节实验的方法一致，其中 ASR 的正幅值为 +6.5V，负限幅值为 -6.5V；而 ACR 的负限幅值为零，正限幅值可按 3.2.2 节实验的方法调整，调节器限幅整定接线如图 3-91a 所示。ACR 的正限幅值可按以下方法调整：将 ACR 接成 PI 调节器。然后将给定器的输出 "1" 端接到调节器的输入端，当调节器的输入端加负给定时，调整正限幅电位器 RP₁，用示波器观察 "锯齿波" 和 "移相脉冲" 移相位置，使正限幅值满足移相触发延迟角 α 接近于 0°，记录下此时 ACR 的正限幅值。

或按以下方法整定正负限幅值：按图 3-91b 接线，当 $U_g=+5V$ 时，调 ASR 上的 RP₂ 使 ASR 负限幅值为 -6.5V，同时调 ACR 上的 RP₁，用示波器观察 "锯齿波" 和 "移相脉冲" 移相位置，使正限幅值满足移相触发延迟角 α 接近于 0°，记录下此时 ACR 的正限幅值；当

$U_g = -5\text{V}$ 时，调 ASR 上的 RP$_1$ 使 ASR 的正限幅值为 +6.5V 左右，同时调 ACR 上的 RP$_2$，使其负限幅值为 0V 左右。

图 3-91　调节器限幅整定接线图

a）调节器限幅整定接线图　b）整定正负限幅值接线图

4）转矩极性鉴别器 DPT 的调试。DPT 的输出应有下列要求：

直流电动机正转，输出 U_M 为"1"态；反转，输出 U_M 为"0"态。

将给定器输出端接至 DPT 的输入端，同时在输入端接上万用表以监视输入电压的大小，示波器探头接至 DPT 的输出端，观察其输出高、低电平的变化。DPT 的输入/输出特性应满足图 3-92a 所示的要求，其中 $U_{sr1} = -0.3\text{V}$，$U_{sr2} = +0.3\text{V}$。

5）零电流检测器（DPZ）的调试。DPZ 的输出应有下列要求：

主电路电流接近零，输出 U_I 为"1"态；主电路有电流，输出 U_I 为"0"态。

DPZ 的调整方法与 DPT 的调整方法相同，输入/输出特性应满足图 3-92b 所示，要求其中 $U_{sr1} = +0.3\text{V}$，$U_{sr2} = +0.9\text{V}$，可调节 RP$_1$，使回环向纵坐标右侧偏离 0.3V 左右。

图 3-92　电平检测器输入输出特性

a）转矩极性检测器 DPT　b）零电流检测器 DPZ

6）反相器的调试。①调零；②测定输入/输出的比例，调节 RP$_1$ 使 $U_{sc} = -U_{sr}$。

7）逻辑控制器（DLC）的调试。

①测试逻辑功能，列出真值表。真值表应符合表 3-8。

表 3-8　DLC 的真值表

输入	U_M	1	1	0	0	0	1
	U_I	1	0	0	1	0	0
输出	$U_Z(U_{blf})$	0	0	1	1	1	0
	$U_F(U_{blr})$	1	1	0	0	0	1

②调试时的阶跃信号可从给定器和低压直流电源输出端得到，按图 3-93 将"U_M"端直

接接至给定器的输出端，利用给定器上的开关改变高、低电平的变化；将"低压电源输出"中的 +15V 电源经开关 S$_2$ 接至"U_I"端，利用 S$_2$ 来改变高、低电平的变化。

图 3-93　逻辑控制器调试接线图

8）转速反馈系数 α 和电流反馈系数 β 的整定。按 3.2.3 节实验的方法进行整定。

（3）系统调试

根据图 3-90 接线，组成逻辑无环流可逆直流调速系统，调节 ASR、ACR 的串联积分电容（由 DK15 电容箱并联接入），按照 3.2.3 节实验的系统调试方法，使系统正常、稳定运行。

（4）机械特性 $n = f(I_\mathrm{d})$ 的测试

测出 n 分别为 1500r/min、800r/min 时的正、反转机械特性 $n = f(I_\mathrm{d})$，并记录在表 3-9 中，方法与 3.2.3 节实验相同。实验时，直流发电机负载逐渐增加，使直流电动机负载从轻载增加到额定负载 $I_\mathrm{d} = 0.8\mathrm{A}$。

表 3-9　机械特性测试记录

参数			数据					
正转	$n/(\mathrm{r/min})$	1500						
	I_d/A							
	$n/(\mathrm{r/min})$	800						
	I_d/A							
反转	$n/(\mathrm{r/min})$	1500						
	I_d/A							
	$n/(\mathrm{r/min})$	800						
	I_d/A							

（5）闭环控制特性 $n = f(U_\mathrm{g})$ 的测试

测出正、反转时闭环控制特性 $n = f(U_\mathrm{g})$，记录于表 3-10 中。

表 3-10　闭环控制特性测试记录

参数		数据						
正转	$n/(\mathrm{r/min})$							
	U_g/V							
反转	$n/(\mathrm{r/min})$							
	U_g/V							

（6）系统动态波形的观察

用双踪慢扫描示波器观察直流电动机电枢电流 I_d 和转速 n 的波形。两根探头分别接至电流变换器的"2"端和速度变换器的"2"端。

1）观察给定值阶跃变化（正向起动→正向停车→反向起动→反向切换正向→正向切换反向→反向停车）时的 I_d、n 的动态波形。

2）直流电动机稳定运行于额定转速，U_g 不变，观察突加、突减负载时的 I_d、n 的动态波形。

3）改变 ASR、ACR 的参数，观察动态波形如何变化。

6. 实验报告

1）根据实验结果，画出正、反转闭环控制特性曲线 $n = f(I_d)$。

2）根据实验结果，画出两种转速时的正、反转闭环机械特性 $n = f(I_d)$，并计算静差率。

3）分析 ASR 及 ACR 参数变化对系统动态过程的影响。

4）分析直流电动机从正转切换到反转过程中经历的工作状态以及系统能量转换情况。

7. 注意事项

1）参照 3.2.4 节实验的有关注意事项。

2）实验时，应保证 DLC 工作逻辑正确后，才能使系统正、反向切换运行。

3）为了防止意外，可在电枢回路串联一定的电阻，工作正常时，可随 U_g 的增大逐渐切除电阻。

3.2.6　直流脉宽调制 PWM 调速系统实验

1. 实验内容和目的

1）可逆直流脉宽调制 PWM 调速：单极式调制控制、受限单极式调制控制、双极式调制控制。达到加深理解直流脉宽调制的基本原理、熟悉不同调制控制规律的目的。

2）改变脉宽调制信号占空比 D，调节直流电动机的转速、转向，记录不同占空比下电枢电压、电枢电流平均值，验证电压传输比 $\rho = U_0 / U_s$ 与占空比 D 之间的对应关系。

3）记录各种调制方式下，主电路各功率器件上的驱动信号波形，功率器件上的电压波形，直流电动机电枢电压、电流波形，分析它们之间的相互关系。了解直流电动机在直流脉宽调制方式下的工作过程及运行状态，直流电动机的电枢电压、电流波形情况。

4）测试各类直流脉宽调制控制下，直流电动机在 1400r/mm 下的机械特性 $n = f(I_a)$。

2. 实验设备和器材

DKSZ—1 型电机调速控制系统实验装置和有关的常用仪器仪表、器材，如 DK01 主控制屏、直流脉宽调制 PWM 调速挂箱 DK 20；直流电动机-直流发电机-测速发电机组、双臂滑线变阻器、双踪慢扫描示波器或记忆示波器、万用表、手持式闪光测速表、直流电压表（300V）、直流电流表（2A）等。实验者可根据需要选用。

3. 参考实验电路和组成部件

直流脉宽调制 PWM 调速实验系统原理框图（面板布置图）如图 3-94 所示，其中包括功率主电路及驱动电路、软起动电路、过电流检测电路、PWM 调制及脉冲分配电路（控制电路）等部件。通过不同的接线连接，可以构成：①不可逆无制动功能直流脉宽调制 PWM 调速电路；②不可逆有制动功能直流脉宽调制 PWM 调速电路；③可逆单极式直流脉宽调制 PWM 调速电路；④可逆受限单极式直流脉宽调制 PWM 调速电路；⑤可逆双极式直流脉宽调制 PWM 调速电路。

图 3-94　直流脉宽调制 PWM 调速实验系统原理框图（面板布置图）

4. 建议的实验方法和步骤

（1）可逆单极式直流脉宽调制 PWM 调速

1）普通单极式直流脉宽调制 PWM 调速系统实验按图 3-95 接线；受限单极式直流脉宽调制 PWM 调速系统实验与图 3-95 相似，只要将图 3-95 中的控制电路的 "26" 端改为 "24" 端，"27" 端改为 "25" 端即可。本实验中直流电动机电枢两端不接反并联续流二极管。

图 3-95　普通单极式直流脉宽调制 PWM 调速系统实验接线图

2）极性开关设置为单极性。普通单极性直流脉宽调制 PWM 调速时，分别采用 $U_{g1(单)}$、$U_{g2(单)}$、$U_{g3(单)}$、$U_{g4(单)}$ 作为功率开关器件 $VT_1 \sim VT_4$ 的驱动信号；受限单极式直流脉宽调制 PWM 调速时，分别采用 $U_{g1(单)}$、$U_{g2(单)}$、$U'_{g3(单)}$、$U'_{g4(单)}$ 作为功率开关器件 $VT_1 \sim VT_4$ 的驱动信号。

3）下面按照相同操作步骤，进行调速运行实验：

①改变速度给定极性，注意直流电动机转向变化，同时观测转向控制信号 R（面板观察孔"9"）、$\overline{R}$（面板观察孔"11"）的极性变化。

②记录不同转向下，功率开关器件 $VT_1 \sim VT_4$ 的驱动信号分配情况，区分不同单极式调制方式下驱动信号的差异。

③完成"1. 实验内容和目的"中2）、3）、4）中规定的实验内容。

（2）可逆双极式直流脉宽调制 PWM 调速

1）本实验的接线图与图 3-95 相似，其中 VT_1、VT_4 的驱动电路均接控制电路中的"29"端，VT_2、VT_3 的驱动电路均接控制电路中的"28"端，且直流电动机两端不接反并联续流二极管。

2）极性开关设置为双极性，分别采用 $U_{g1,4(双)}$、$U_{g2,3(双)}$ 作为功率开关 VT_1、VT_4 和 VT_2、VT_3 的驱动信号。

3）下面按照相同操作步骤，进行调速运行实验：

①改变速度给定极性，注意直流电动机转速的变化。当速度给定电压为零时，直流脉宽调制电路输出电压为零，直流电动机静止；当速度给定电压为正时，电动机正转；当速度给定电压为负时，电动机应反转。给定电压大小决定电动机转速高低。

②观察转速为零时两组驱动信号的情况，测定占空比，注意感受电动机转轴的微振现象。

③完成"1. 实验内容和目的"中2）、3）、4）中规定的实验内容。

5. 实验报告

1）整理、记录不同直流脉宽 PWM 调制方式下，各功率开关器件上的驱动信号波形，比较不同调制控制、不同转向下驱动信号的差异。

2）整理、记录不同占空比 D 下各直流脉宽调制 PWM 电路输出电压传输比，验证电压传输比 $\rho = U_0 / U_s$ 与占空比 D 之间的对应关系。

3）画出不同直流脉宽调制 PWM 控制下，直流电动机在 1400r/min 下的机械特性

$n = f(I_{\mathrm{d}})$。

6. 注意事项

1）注意不同直流脉宽调制 PWM 控制时，各功率开关器件 $VT_1 \sim VT_4$ 的驱动信号输入端 $U_{g1} \sim U_{g4}$ 与脉冲分配电路输出端插孔"22"～"29"的正确选用、连接。

2）进行直流脉宽调制 PWM 调速实验时，被测直流电动机及作为负载的同轴直流发电机的接线可参考晶闸管可控整流直流电动机有关实验。

3.3　直流调速系统的实例分析

3.3.1　小容量有静差直流调速系统实例

1. 系统的结构特点和技术数据

图 3-96 所示为 KZD—Ⅱ型小功率直流调速系统电路图。

图 3-96　KZD—Ⅱ型小功率直流调速系统电路图

该系统是正在使用中的 4kW 以下直流电动机无级调速系统。系统的主电路采用单相桥式半控整流线路。具有电流截止负反馈、电压负反馈和电流正反馈（电动势负反馈）环节。具体技术数据如下：

1）交流电源电压：单相 220V。

2）整流输出电压：直流 180V。

3）最大输出电流：直流 30A。

4）励磁电压、电流：180V、1A。

5）调速范围：$D = 10$。

6）静差率：$s \leqslant 10\%$。

2. 定性分析

分析实际系统，一般先定性分析后定量分析。先分析各环节和各元器件的作用，搞清楚系统的工作原理；再建立系统的数学模型，进一步定量分析。本系统仅进行定性分析。

（1）主电路

主电路由单相交流 220V 电源供电，经单相半控桥整流，通过平波电抗器 L_d 给直流电动机供电。考虑到允许电网电压波动 ±5%，整流电路输出的最大直流电压为

$$U_{\mathrm{dmax}} = 0.9 \times 220 \times 0.95\text{V} = 188\text{V}$$

式中，0.9 为全波整流系数（平均值与有效值之比）；0.95 为电压降低 5% 引入的系数。

根据计算结果，最好选配额定电压为 180V 的直流电动机。但由于单相晶闸管整流装置的等效内阻较大（几欧至几十欧），为了使输出电压有较多的调节裕量，可以采用额定电压为 160V 的直流电动机。若采用额定电压为 220V 的直流电动机，则要相应地降低额定转速。

桥臂上的晶闸管和二极管分接在两边，这样可以使二极管兼有续流的作用。但两个晶闸管阴极间将没有公共端，脉冲变压器的两个二次绕组间将会有 $\sqrt{2} \times 220\text{V}$ 的峰值电压，因此对两个二次绕组间的绝缘要求也要提高。平波电抗器 L_d 可以限制脉动电流，但会延迟晶闸管的控制电流的建立，而单结晶体管张弛振荡器的脉冲宽度较窄，为保证可靠导通，在平波电抗器两端并联一电阻，既可以减少晶闸管控制电流建立的时间，也可以在主电路突然断电时，为平波电抗器提供放电回路。

主电路的交直流侧均设有阻容吸收电路，以吸收浪涌电压。由于晶闸管的单向导电性，直流电动机不能回馈制动。为加快制动和停车，采用 R_9 和接触器 KM 的常闭触点组成能耗制动回路。主电路中的 R_s 为电流表的分流器。

电动机励磁由单独的单相不可控整流桥供电，为了防止失磁而引起"飞车"事故，在励磁电路中串入欠电流继电器 KA。当励磁电流大于某数值时，KA 动作，KA 的常开触点闭合，主电路中的接触器 KM 线圈才可能得电，常开触点 KM 才能吸合，接通主电路。KA 的动作电流可由 RP$_7$ 调整。

主电路中的 S 为手动开关，S 断开时，绿灯亮，表示已有电源，但系统尚未起动；S 闭合后，红灯亮，同时 KM 线圈得电，使主电路和控制电路均接通电源，系统起动。

（2）控制电路

1）转速给定电路。由单相桥式整流器和稳压管构成的稳压电源作为给定电源。RP$_1$ 整定最高给定电压，RP$_2$ 整定最低电压，RP$_3$ 是转速给定电位器。

2）触发电路。触发电路采用单结晶体管触发器，放大管 VT$_2$ 控制电容 C_1 的充电电流，

单结晶体管 VT_3 组成张驰振荡器，VT_3 上方的 560Ω 电阻为温度补偿电阻，VT_3 下方的 100Ω 电阻为输出电阻。经功放管 VT_5 和脉冲变压器 T 的两路输出分别触发主电路晶闸管 VT_1 和 VT_2。VD_5 为隔离二极管，它使电容 C_6 两端电压能保持在整流电压的峰值。当 VT_5 突然导通时，C_6 放电，可增加触发脉冲的功率和前沿陡度。VD_5 的另一个作用是阻挡 C_6 上的电压对单结晶体管同步电压的影响。VD_1 和 VD_2 保证只能通过正向脉冲，保护晶闸管门极不受反向电压。

当 VT_2 基极电位降低时，VT_2 基极电流增加，其集电极电流也随着增加，于是电容 C_1 电压上升加快。使 VT_3 提早导通，触发脉冲前移，晶闸管整流器输出电压增加。

3）放大电路。电压放大电路由 VT_1 和电阻 R_5 构成。在放大器的输入端综合转速给定信号和电压、电流反馈信号，经放大后输出信号供给 VT_2，来控制单结晶体管触发电路的移相。两只二极管串联的 VD_6 为正向输入限幅器，二极管 VD_7 为反向输入限幅器。

为使放大器电路供电电压平稳，通常并联一电容 C_4。但 C_4 使电压过零点消失，又因为张驰振荡器和放大器共用一个电源，此电源电压兼起同步电压作用，若电压过零点消失，将无法使触发脉冲与主电路电压同步。为此，采用二极管 VD_4 来隔离电容 C_4 对同步电压的影响。

4）电压负反馈和电流正反馈。本系统采用具有电流补偿控制的电压负反馈，如图3-97a 所示。

反馈电压 U_u 取自电位器 RP_6，1.5kΩ、15kΩ 电阻分别限制 U_u 的上限和下限，调节 RP_6 即可调节电压反馈量大小。电流反馈信号 U_i 取自电位器 RP_5，R_c 为取样电阻，阻值很小，功率很大，以减小电枢回路总电阻。由 RP_5 取出的 U_i 与 $I_d R_c$ 成正比。这样，转速给定 U_n^*、电压负反馈 U_u 和电流正反馈 U_i 三个信号按图示极性进行叠加，得到偏差电压 ΔU，加在放大器 VT_1 的输入端，如图 3-97b 所示。

图 3-97　给定电压、电压反馈和电流正反馈补偿控制信号的综合

a）电压负反馈和电流正反馈电路　b）控制信号的综合

5）电流截止负反馈。电流截止负反馈信号取自电位器 RP_4，利用稳压管 2CW9 产生比

较电压，当电枢电流 I_d 超过截止电流 I_{dcr} 时，稳压管被 U_1' 击穿，VT$_4$ 导通，将触发电路中的电容 C_1 旁路，充电电流减小，C_1 充电时间加长，触发脉冲后移，整流输出电压降低，使主电路电流下降（当电流反馈信号增强到一定程度时，C_1 充电电流太弱，不能维持张弛振荡，因而停发触发脉冲，电动机堵转）。电枢电流减小以后，稳压管又恢复阻断状态，VT$_4$ 也恢复到截止状态，系统又自动恢复正常工作。由于电流是脉动的，当瞬时电流很小，甚至为零时，VT$_4$ 不能导通，失去电流截止作用。在 VT$_4$ 基极并联电容 C_2，对电流截止负反馈信号进行滤波，保证主电路平均电流大于截止电流时，系统能可靠地实现电流截止负反馈。VT$_4$ 集电极串入的二极管是为了防止电枢冲击电流过大时，电压 U_1' 将 VT$_4$ 的 bc 结击穿，使 VT$_3$ 导通，误发信号。电流截止保护电路如图 3-98 所示。

图 3-98　电流截止保护电路

6）抗干扰、消振荡环节。由于晶闸管整流电压和电流中含有较多的高次谐波分量，因此会影响系统的稳定。由电阻 R_7、电容 C_3、C_5 构成的串联滞后校正电路，在保证系统稳态精度的同时，提高了系统的动态稳定性。

本系统与前面介绍的有静差调速系统一样，转速降的补偿也是依靠偏差电压 ΔU 的变化来进行调节的，因此也是有静差调速系统。

3.3.2　双极式 PWM-M 双闭环可逆直流调速系统实例

双极式 PWM-M 双闭环可逆调速系统如图 3-99 所示。

1. 主电路

主电路由双极式 PWM 变换器组成，由 U_{b1} 和 U_{b2} 控制，VT$_1$ ~ VT$_4$ 是作开关用的电力晶体管，VD$_1$ ~ VD$_4$ 为续流二极管。当 U_{b1} 端出现正脉冲（U_{b2} 端出现负脉冲）时，VT$_{10}$ 饱和导通，A 点电位从 + U_s 下降到 VT$_{10}$ 的饱和导通电压，在 VT$_5$ 基极出现负脉冲，从而使 VT$_5$、VT$_1$ 导通，经电动机电枢使 VT$_8$、VT$_4$ 导通，电动机经电力晶体管 VT$_1$、VT$_4$ 接至电源。在 U_{b1} 正脉冲下降沿阶段，VT$_1$、VT$_4$ 经 15 ~ 18μs 存储时间后退出饱和，流过的电枢电流迅速下降，电枢电感 L 产生很大的自感电动势，其值为 $e_L = -L \dfrac{di}{dt}$。阻止电流下降，自感电动势 e_L 经 VT$_4$、VD$_2$ 及 VD$_3$、VT$_1$ 闭合回路续流。二极管 VD$_2$、VD$_3$ 为电力晶体管 VT$_1$、VT$_4$ 关断时提供自感电动势的续流通路，以免过压损坏电力晶体管。同理，当 U_{b2} 端出现正脉冲时，VT$_3$、VT$_2$ 导通，在电流下降阶段续流二极管 VD$_1$、VD$_4$ 起作用，为电力晶体管 VT$_3$、VT$_2$ 关断时提供自感电动势的续流通路。

图 3-99　双极式 PWM-M 双闭环可逆调速系统

2. 控制电路

1）转速给定电压。稳压源提供 + 15V 和 − 15V 的电源，由单刀双掷开关 SA 控制电动机正转与反转，RP_1 和 RP_2 分别是调速给定电位器。

2）脉宽调制器及延时电路。脉宽调制器为三角波脉宽调制器，调制信号的质量完全取决于输出三角波的线性度、对称性和稳定性。

由于双向脉宽调制信号是由正脉冲和负脉冲组成一个周期信号，控制逻辑不但要保证正常工作时的脉冲分配，而且必须保证任何一瞬间 VT_1、VT_2 或 VT_3、VT_4 不能同时导通，以免直流电源短路而烧坏电力晶体管。这就要求变换器中的同侧两只晶体管一只由导通变截止后，另一只方可由截止向导通转变；于是就形成了控制信号逻辑延时的要求，这一延时必须大于电力晶体管由饱和导通恢复到完全截止所需要的时间。延时电路由与非门构成，并增设了逻辑多"1"保护环节。

3）调节器。系统为转速、电流双闭环调速系统，ASR、ACR 均采用 PI 调节器，参数的选择可参考前面所讲的内容。

4）转速微分负反馈。ASR 在原来的基础上，增加了电容 C_{dn} 和电阻 R_{dn} 串联构成的转速微分负反馈，在转速变化过程中，转速只要有变化的趋势，微分环节就起着负反馈的作用，使系统的响应加快，退饱和的时间提前，因而有助于抑制振荡，减少转速超调，只要参数配合恰当，就有可能在进入线性闭环系统工作之后没有超调而趋于稳定。

习题与思考题

3-1　练习 MATLAB 的 Simulink 和 SimPower System 模块库的使用，熟悉两个模块库中模块的内容和模块的用途。

3-2　采用面向控制系统原理框图的建模与仿真方法，对本章所介绍的典型单闭环、双闭环、三闭环直流调速系统，可逆直流调速系统自行进行建模与仿真练习，并探讨每种系统在不同负载下的输出情况以及给定信号允许的变化范围。

3-3　采用面向控制系统原理框图的建模与仿真方法，对本章所介绍的直流脉宽调速系统自行进行建模与仿真练习，并探讨模型的调速范围和抗负载扰动能力。

第4章　交流调速系统的基本原理与方法

本章按照对转差功率的不同处理方式，进行交流调速系统的分类。首先讨论交流异步电动机调压调速系统，简要介绍晶闸管交流调压器，着重分析闭环控制的交流调压调速系统。其次从绕线转子异步电动机串级调速原理入手，简要讨论串级调速系统中转子整流器的特殊工作状态和串级调速系统的机械特性，详细分析双闭环控制的串级调速系统。最后介绍变频调速的基本控制方式和对应的机械特性，讨论变频器，分析变频调速所用的控制环节，利用变频器及变频控制环节组成变频调速系统。

4.1　交流调速系统概述

4.1.1　交流调速系统的特点

直流调速系统的主要优点在于调速范围广、静差率小、稳定性好以及具有良好的动态性能。在相当长时期内，高性能的调速系统几乎都采用直流调速系统。尽管如此，直流调速系统却解决不了直流电动机本身的换向问题和在恶劣环境下的不适用问题，同时制造大容量、高转速及高电压直流电动机也十分困难，这就限制了直流调速系统的进一步发展。

交流电动机自 1885 年出现后，由于没有理想的调速方案，因而长期用于恒速拖动领域。20 世纪 70 年代后，国际上解决了交流电动机调速方案中的关键问题，使得交流调速得到了迅速发展。现在，交流调速系统已逐步取代了大部分直流调速系统。目前，交流调速系统已具备了宽调速范围、高稳态精度、快速动态响应、高工作效率以及可以四象限运行等优异性能，其静、动态特性均可以与直流调速系统相媲美。

交流调速系统与直流调速系统相比，具有如下特点：

1）容量大。

2）转速高且耐高压。

3）交流电动机的体积、重量、价格比同等容量的直流电动机小，且结构简单、经济可靠、惯性小。

4）交流电动机环境适应性强，坚固耐用，可以在十分恶劣的环境下使用。

5）高性能、高精度的新型交流调速系统已达到同直流调速系统一样的性能指标。

6）交流调速系统能显著地节能。

从各方面来看，交流调速系统最终将取代直流调速系统。

4.1.2　交流调速系统的分类

从交流异步电动机的转速表达式

$$n = \frac{60f_s}{p_m}(1 - s)$$

可归纳出交流异步电动机的三类调速方法：变极对数 p_m 的调速、变转差率 s 调速及变电源频率 f_s 调速。为此常见的交流调速系统分类方法有：①变极调速；②调压调速；③绕线转子异步电动机转子串电阻调速；④绕线转子异步电动机串级调速；⑤电磁转差离合器调速；⑥变频调速等。其中，②、③、④、⑤属变 s 调速。以上是一种比较原始的分类方法。

现在科学的分类方法是，看调速系统是如何处理转差功率的，转差功率是消耗掉还是得到回收，还是保持不变？从这点出发，可以把异步电动机的调速系统分成三类：

1）转差功率消耗型调速系统——转差功率全部转化成热能而被消耗掉。这类系统的调速效率低，它们是以增加转差功率的消耗来换取转速的降低（恒转矩负载时），越向下调速，效率越低。这类系统结构最简单，因而还有一定的应用场合。上述第②、③、⑤的调速系统属于这类系统。

2）转差功率回馈型调速系统——转差功率的少部分被消耗掉，大部分则通过变流装置回馈给电网或者转化为机械能予以利用。转速越低，回收的转差功率越多。上述④的调速就属于这类系统。这类系统的效率显然比上一类要高得多。

3）转差功率不变型调速系统——这类系统在调速过程中，转差功率的消耗基本不变，因此效率最高。上述①、⑥的调速系统属于此类。其中，变极对数 p_m 的方法只能实现有级调速，应用场合有限，而变频调速应用最广，可以构成高动态性能的交流调速系统，是最有发展前途的。

4.2　异步电动机交流调压调速系统

异步电动机交流调压调速属于转差功率消耗型的调速系统。

4.2.1　异步电动机交流调压调速的原理和方法

1. 调压调速原理

根据异步电动机的机械特性方程式

$$T_e = \frac{3p_m U_s^2 R_r'/s}{\omega_s\left[\left(R_s + R_r'/s\right)^2 + \omega_s^2\left(L_{l1} + L'_{l2}\right)^2\right]}$$

式中，p_m 为电动机的极对数；U_s、ω_s 分别为电动机定子相电压和供电电源角频率；s 为转差率；R_s、R'_r 分别为定子每相电阻和折算到定子侧的转子每相电阻；L_{l1}、L'_{l2} 分别为定子每相漏感和折算到定子侧的转子每相漏感。

可见，当转差率 s 一定时，电磁转矩 T_e 与定子电压 U_s 的二次方成正比。改变定子电压可得到一组不同的人为机械特性，如图 4-1 所示。在带恒转矩负载 T_L 时，可得到不同的稳定转速，如图 4-1 中的 A、B、C 点，其调速范围较小；而带风机泵类负载时，可得到较大的调速范围，如图 4-1 中的 D、E、F 点。

所谓调压调速，就是通过改变定子外加电压来改变电磁转矩 T_e，从而在一定的输出转矩下达到改

图 4-1　异步电动机在不同电压下的机械特性

变电动机转速的目的。

2. 调压调速方法

交流调压调速是一种比较简便的调速方法，关键是如何获取可调的交流调压电源。为了获得可调交流电压，可采用下列调压方法：

（1）传统调压器调压

过去主要是利用自耦变压器 TU（小容量时）调压，如图 4-2a 所示，它的调压原理是很好理解的。

（2）饱和电抗器调压

饱和电抗器调压原理如图 4-2b 所示，饱和电抗器 LS 是带有直流励磁绕组的交流电抗器。改变直流励磁电流可以控制铁心的磁饱和程度，从而改变其交流电抗值。铁心饱和时，交流电抗很小，因而电动机定子所得电压高；铁心不饱和时，交流电抗随直流励磁电流而变化，因而定子电压也随其变化，从而实现调压调速。

（3）晶闸管交流调压器调压

晶闸管交流调压器调压原理如图 4-2c 所示。采用三对反并联的晶闸管或三个双向晶闸管调节电动机定子电压，这就是晶闸管交流调压。晶闸管器件组成的调压器是自动交流调压器的主要形式，

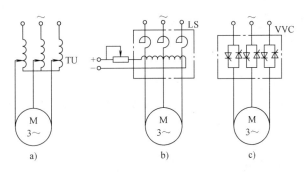

图 4-2 异步电动机调压调速原理

a）自耦变压器调压　b）饱和电抗器调压　c）晶闸管交流调压器调压

现以单相调压电路为例来说明晶闸管的控制方式。单相调压电路如图 4-3 所示，其控制方法有两种：

1）相位控制方式。通过改变晶闸管的导通角（见图 4-4 中阴影部分）来改变输出交流电压，电压输出波形如图 4-4 所示。相位控制输出电压较为精确，调速精度较高、快速性好，低速时转速脉动较小，是晶闸管交流调压的主要方式。但由于相位控制的导通波形只是工频正弦波一周期的一部分，含有成分复杂的谐波，易对电网造成谐波污染。

图 4-3 单相调压电路

图 4-4 晶闸管相位控制下的电压输出波形

2) 开关控制方式。为了克服相位控制方式所产生的谐波影响，可采用开关控制。即把晶闸管作为开关，使其工作在全导通或全关断状态，将负载电路与电源完全接通几个半波，然后再完全断开几个半波。交流电压的大小靠改变通断时间比 t_0/t_p 来调节。这种控制下的单相电压输出波形如图 4-5 所示。

图 4-5　晶闸管开关控制下的单相电压输出波形

开关控制由于采用了"过零"触发方式，谐波污染小。但在导通周期内电动机承受的电压为额定电压，而在间歇周期内电动机承受的电压为零，故加在电动机上的电压变化剧烈，转速脉动较大，特别是在低转速时，影响尤为严重。所以，开关控制方式常用于大容量、调速范围较小的场合。

在晶闸管交流调压中，晶闸管可借助于负载电流过零而自行关断，不需要另加换流装置，故线路简单、调试容易、维修方便、成本低廉，便于对原交流拖动系统改造时应用。

4.2.2　交流调压调速系统中的交流调压电源

1. 单相交流调压电路

用晶闸管对单相交流电压进行调压的电路有多种形式，这里以应用最广泛的反并联电路为例来分析。晶闸管的控制采用相位控制方式。

（1）电阻性负载的情形

单相交流反并联电路如图 4-3 所示。当电源电压 U_s 为正半周，触发延迟角为 α 时，触发晶闸管 VT_1 使之导通。电源通过 VT_1 向负载 R 供电，U_s 过零时，VT_1 自行关断。U_s 负半周时在同一触发延迟角 α 触发 VT_2 使之导通，电源通过 VT_2 向负载供电。不断重复上述过程，在负载 R 上就得到正负对称的交流电压，如图 4-4 所示。显然，改变触发延迟角 α 就可改变负载 R 上交流电压和电流的大小。

（2）电阻-电感性负载的情形

当交流调压电路的负载是像交流电动机那样的电阻-电感性负载时，晶闸管的工作情况与电阻性负载时就不相同了，此时晶闸管的工作不只与触发延迟角 α 有关，还与负载电路的阻抗角 φ 参数有关。在单相交流调压电路中，当以阻抗角 φ 来表征电阻-电感性负载的参数情况时，通过一系列分析，可以得到如下结论：对电阻-电感性负载，晶闸管调压电路应采用宽脉冲或脉冲列方式触发，晶闸管触发延迟角的正常移相范围为 $\varphi \leqslant \alpha \leqslant 180°$

2. 三相交流调压电路

交流调压调速需要三相交流调压电路，晶闸管三相交流调压电路的接线方式很多，工业上常用的是三相全波星形联结的调压电路，如图 4-6 所示。这种电路接法的特点是负载输出谐波分量低，适用于低电压大电流的场合。

要使该电路正常工作，必须满足下列条件：

1）在三相电路中至少要有一相的正向晶闸管与另一相的反向晶闸管同时导通。

图 4-6　三相全波星形联结的调压电路

2）要求采用宽脉冲或双窄脉冲触发电路。

3）为了保证输出电压三相对称并有一定的调节范围，要求晶闸管的触发信号除了必须与相应的交流电源有一致的相序外，各触发信号之间还必须严格地保持一定的相位关系。即要求 A、B、C 三相电路中正向晶闸管（即在交流电源为正半周时工作的晶闸管）的触发信号相位互差120°，三相电路中反向晶闸管（即在交流电源为负半周时工作的晶闸管）的触发信号相位也互差120°；但同一相中反并联的两个正、反向晶闸管的触发脉冲相位应互差180°。根据上面的结论，可得出三相调压电路中各晶闸管触发的次序为 VT_1、VT_2、VT_3、VT_4、VT_5、VT_6、VT_1……，相邻两个晶闸管的触发信号相位差为60°。

三相交流调压电路的输出波形较复杂，详细内容可参考有关专门资料。

4.2.3　交流调压调速系统的闭环控制

1. 异步电动机调压调速的机械特性

普通异步电动机调压调速时的机械特性如图4-1所示，其机械特性较硬，但带恒转矩负载运行时调速范围不大，如图中 A、B、C 点，最大转速变化范围为 $0 \sim s_m$；如果使电动机运行在 $s \geqslant s_m$ 的低速段，一方面可能使系统运行不稳定，另一方面随着转速降低，转差功率增大，转子阻抗减小，将引起转子电流增大，因过热而损坏电动机。为了扩大调速范围，使电动机在低速下能稳定运行又不致过热，这就要求电动机转子绕组有较高的电阻。对于笼型异步电动机，可以将电动机转子的鼠笼由铸铝材料改为电阻率较大的新材料，制成高转子电阻的异步电动机，这种电动机称为力矩电动机。这种高转子电阻异步电动机在不同电压下的机械特性如图4-7所示。

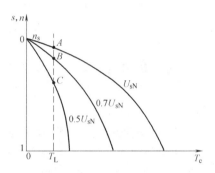

图4-7　高转子电阻异步电动机
在不同电压下的机械特性

显然，在恒转矩负载下，电动机的调压调速范围增大了，而且这种电动机可在堵转力矩下工作而不被烧坏。但是在低速运行时，电动机转子回路电阻的增大必然导致电动机低速运行时损耗的增大，并使机械特性变软，这是这种调速的主要缺陷。

2. 闭环控制的调压调速系统

在调压调速系统中，采用普通异步电动机时，其调速范围不大，且低速运行时稳定性差，在电网电压、负载有扰动时会引起较大的转速变化。采用高转子电阻异步电动机（力矩电动机）时，虽然调速范围扩大了，但机械特性变软，转速静差率变大了，如图4-7所示。开环控制很难解决这些矛盾。解决这些矛盾的根本方法是采用带速度负反馈的闭环控制，以达到自动调节转速的目的。在调速要求不高的场合，也可采用定子电压负反馈闭环控制。

图4-8a所示为带转速负反馈的闭环调压调速系统原理框图，图4-8b所示为相应的调速系统静特性。如果系统带负载 T_L 在 A 点运行，当负载增大引起转速下降时，反馈控制作用将提高定子电压，使转速恢复，即在新的一条机械特性上找到工作点 A'。同理，当负载减小使转速升高时，也可得到新工作点 A''。将工作点 A'、A、A'' 连接起来便是闭环系统的静特性。尽管异步电动机的开环机械特性和直流电动机的开环机械特性差别很大，但在不同开环机械特性上各取相应的工作点，连接起来得到闭环系统静特性这样的分析方法是完全一致

的。所以，虽然力矩电动机的机械特性很软，但由系统放大系数决定的闭环系统静特性却可以很硬。如果采用 PI 调节器，照样可以做到无静差。改变给定信号 U_n^*，则静特性上下平行移动，达到调速的目的。这样的静特性由于具有一定的硬度，所以不但能保证电动机在低速下的稳定运行，而且提高了调速的精度，扩大了调速范围，一般可达 10∶1。

图 4-8　转速闭环调压调速系统

a）原理框图　b）静特性

和直流变压调速系统不同的是，在额定电压 U_{sN} 下的机械特性和最小电压 U_{smin} 下的机械特性是闭环系统静特性左右两边的极限，当负载变化达到两侧的极限时，闭环系统便失去控制能力，回到开环机械特性上工作。

3. 调压调速系统闭环静特性的分析说明

根据图 4-8a 所示的系统原理框图，可画出系统的稳态结构图，如图 4-9 所示。它与单闭环直流调速系统的稳态结构图非常相似，只要将单闭环直流调速系统中的晶闸管整流桥、直流电动机换成晶闸管交流调压器（即图中的晶闸管调压装置）、异步电动机即可。

图 4-9　调压调速系统稳态结构图

4. 调压调速系统的可逆运行及制动

为使调压调速系统能可逆运行，可采用改变电动机定子供电电压相序的办法。改变相序可以用晶闸管来实现。电动机正反转控制电路如图 4-10 所示。图中，采用了五组反并联的晶闸管来实现无触点的切换。图中晶闸管 $VT_1 \sim VT_6$ 供给电动机定子正相序电源；而晶闸管 $VT_7 \sim VT_{10}$ 及 VT_1、VT_4 则供给电动机定子反相序电源，从而可使电动机正、反向旋转。

利用图 4-10 所示电路还可以进行电动机的反接制动与能耗制动。反接制动时，工作的晶闸管就是上述供给　图 4-10　电动机的正、反转及制动电路

电动机定子反相序电源的六个器件。当电动机要进行耗能制动时，可根据制动电路的形式不对称地控制某几个晶闸管工作。如仅使 VT_1、VT_2、VT_6 三个器件导通，其他器件都不工作，这样就可使电动机定子绕组中流过直流电流，而对旋转着的电动机产生制动转矩。所以，调压调速系统具有良好的制动特性。

5. 调压调速系统中的能耗与效率分析

由异步电动机的运行原理可知，当电动机定子接入三相交流电源后，定子绕组中建立的旋转磁场使转子绕组中感应出电流，两者相互作用产生电磁转矩 T_e 使转子加速，直到稳定在低于同步转速 n_s 的某一转速 n。由于旋转磁场和转子承受同样的转矩，但具有不同的转速，因此传到转子上的电磁功率 P_2 与转子轴上产生的机械功率 P_M 之间存在功率差 P_s，大小为

$$P_s = P_2 - P_M = \frac{1}{9550}T_e n_s - \frac{1}{9550}T_e n$$
$$= \frac{1}{9550}T_e(n_s - n) = sP_2 \tag{4-1}$$

式（4-1）中，P_s 称为转差功率，它将通过转子导体发热而消耗掉（即转子铜耗）。图 4-11 所示为异步电动机的能量流程。

图 4-11　异步电动机的能量流程

由图 4-11 可以看出，除了转差功率外，电动机中还存在其他能量损耗，不过对调压调速系统来说，特别是在低速时，转差功率占主要成分。因此若忽略其他损耗，则电动机的效率为

$$\eta = \frac{P_0}{P_1} \approx \frac{P_M}{P_2} = \frac{n}{n_s} = 1 - s \tag{4-2}$$

对恒转矩负载而言，有 $T_e = T_L$ 不变；因为 f_s 不变，故 n_s 不变，所以电磁功率 P_2 也不变，从式（4-1）、式（4-2）可知，随着转速的降低，转差功率 sP_2 增大，效率降低。

对风机泵类负载而言，有 $T_e = T_L = Kn^2$，随着转速的降低，T_e、P_2 按二次方速率下降，尽管低速时，转差率 s 增大，但总的来说转差功率 $P_s = sP_2$ 下降，损耗变小。所以，调压调速系统适合于风机、水泵等设备的调速节能。

4.3　绕线转子异步电动机串级调速系统

绕线转子异步电动机串级调速属转差功率回馈型调速。

4.3.1　串级调速的原理

1. 串电阻调速的原理

众所周知，绕线转子异步电动机在转子回路中串接附加电阻可实现调速，其原理如下：

从转子电流表达式

$$I_2 = \frac{sE_{r0}}{\sqrt{(R_r + R_f)^2 + (sX_{r0})^2}}$$

可知，当转子回路串入电阻 R_f 后，转子电流 I_2 瞬时降低，电动机的电磁转矩 T_e 也随转子电流 I_2 值的减小而相应降低，出现电磁转矩小于负载转矩的状态，稳定运行条件被破坏，电动机减速。随着转速的降低，s 值增大，转子电流回升，电磁转矩也相应回升，当电磁转矩与负载转矩又相等时，减速过程结束，电动机就在此转速下稳定运转。此时转速已变低，实现了调速。具体调节过程如下：

$$R_f \uparrow \rightarrow I_2 \downarrow \rightarrow T_e \downarrow \rightarrow (T_e - T_{dL}) < 0 \rightarrow \frac{dn}{dt} < 0 \rightarrow n \downarrow \rightarrow s \uparrow \rightarrow I_2 \uparrow \rightarrow T_e \uparrow$$

使 $T_e = T_{dL}$，达到新的平衡，但速度已经降低。

　　串电阻调速方法虽然简单方便，但无论从调速的性能还是从节能的角度来看，这种调速方法的性能都是低劣的。讨论这种调速方法，主要是从串电阻调速的原理获得串级调速的启发。

2. 串级调速的原理

　　为了改变绕线转子异步电动机的转子电流，除了在转子回路串电阻外，还可以在转子回路中串入与转子电动势同频率的附加电动势，通过改变附加电动势的幅值和相位实现调速。这样，在低速运转时，转差功率只有一小部分在转子绕组本身的电阻上消耗掉，而大部分被串入的附加电动势所吸收，再利用产生附加电动势的装置，设法把所吸收的这部分转差功率回馈给电网（或再送回电动机轴上输出），这样就使电动机在低速运转时仍具有较高的效率。这种在绕线转子异步电动机转子回路中串入附加电动势的高效率调速方法，称为串级调速。

　　串级调速完全克服了转子串电阻调速方法的缺点，它具有高效率、无级平滑调速、较硬的低速机械特性等许多优点。

　　当电动机转子串入的附加电动势 E_f 的相位与转子感应电势 sE_{r0} 的相位相差 180° 时，电动机在额定转速值以下调速，称为次同步调速。

　　从转子电流表达式

$$I_2 = \frac{sE_{r0} - E_f}{\sqrt{R_r^2 + (sX_{r0})^2}} \tag{4-3}$$

可以看出，因为串入反相位的附加电动势 E_f，引起转子电流减小，而电动机的电磁转矩 T_e 随转子电流的减小也相应减小，出现电磁转矩小于负载转矩的情况，稳定运行条件被破坏，电动机减速，随着转速的降低，s 增大，转子电流回升，电磁转矩也相应回升，当电磁转矩回升到与负载阻转矩相等时，减速过程结束，电动机就在此转速下稳定运转。串入与转子感应电动势相位相反的附加电动势的幅值越大，电动机的稳定转速就越低。这就是低于同步转速的串级调速原理。具体调节过程如下：

$$E_f \uparrow \rightarrow I_2 \downarrow \rightarrow T_e \downarrow \rightarrow (T_e - T_{dL}) < 0 \rightarrow \frac{dn}{dt} < 0 \rightarrow n \downarrow \rightarrow s \uparrow \rightarrow I_2 \uparrow \rightarrow T_e \uparrow$$

使 $T_e = T_{dL}$，达到新的平衡，但速度已经降低。

　　串级调速还可以向高于同步转速的方向调速，只要使电动机转子回路串入的附加电

动势 E_f 相位与转子感应电动势 sE_{r0} 的相位相同即可。其分析方法与上述相同，读者可自行分析。

4.3.2 串级调速系统主电路中的电源问题

1. 串级调速系统需要的电源

根据串级调速的原理，二次同步串级调速系统主电路中串入的附加电动势 E_f 应该是与转子感应电动势 sE_{r0} 反相位同频率且频率随转子频率同步变化的交流变频电源。这种类型电源的获取在工程上是非常困难的。

2. 串级调速系统主电路电源的工程实现

工程上，次同步串级调速系统是用不可控整流器将转子电动势 sE_{r0} 整流为直流电动势，并与转子整流回路中串入的直流附加电动势 U_β 进行合成，通过改变 U_β 值的大小，实现低于同步转速的调速运行。而可调直流附加电动势 U_β 在工程上比较容易实现。

（1）串级调速系统主电路组成

根据上述原理，串级调速系统主电路构成如图 4-12 所示。

图 4-12　串级调速系统主电路构成

系统中，直流附加电动势 U_β 是由晶闸管有源逆变器 UI 产生的，改变逆变角就改变了逆变电动势，相当于改变了直流附加电动势 U_β，可实现串级调速。在不考虑损耗的情况下，这种调速系统电动机轴输出机械功率为 $P_M = (1-s)P_2$，角速度 $\omega = (1-s)\omega_s$，则电动机输出转矩为

$$T_e = \frac{P_M}{\omega} = \frac{(1-s)P_2}{(1-s)\omega_s} = \frac{P_2}{\omega_s} = 常数$$

可见，电气串级调速系统具有恒转矩调速特性。

（2）串级调速系统中转子整流器的工作状态

电气串级调速系统主电路中的核心部分是有源逆变器和转子整流器。有源逆变器在变流技术中已有讨论，下面主要分析转子整流器的工作状态。

在分析串级调速系统的转子整流器时，应特别注意它与一般整流器有几点不同：①转子三相感应电动势的幅值和频率都是转差率 s 的函数；②折算到转子侧的漏抗值也是转差率 s 的函数；③由于电动机折算到转子侧的漏抗值较大，换流重叠现象严重，转子整流器会出现"强迫延迟换流"现象，引起转子整流电路的特殊工作状态。

· 186 · 电力拖动自动控制系统

转子整流器换流重叠角 γ 的一般表达式为

$$\cos\gamma = 1 - \frac{2X_{D0}}{\sqrt{6}E_{r0}}I_d$$

式中，I_d 为整流电流平均值；E_{r0} 为转子开路时的相电动势有效值；X_{D0} 为折算到转子侧的每相漏抗（$s=1$ 时）。

由上式可见，当 E_{r0} 和 X_{D0} 确定时，换流重叠角 γ 随着 I_d 的增大而增大。

1）转子整流器的第一工作状态（$0 < \gamma \leqslant 60°$）。在第一工作状态中，$I_d < \frac{\sqrt{6}E_{r0}}{4X_{D0}}$，$\gamma < 60°$，随 I_d 的增加，γ 也增加，二极管器件在自然换流点换流。

2）转子整流器的第二工作状态（$\gamma = 60°$，$0 < \alpha_p \leqslant 30°$）。当 $I_d = \frac{\sqrt{6}E_{r0}}{4X_{D0}}$ 时，$\gamma = 60°$，此时，若继续增大 I_d，则出现强迫延迟换流现象，即二极管器件的起始换流点从自然换流点向后延迟一段时间。这段时间用强迫延迟换流角 α_p 表示，在这一阶段，γ 保持 60°不变，而 α_p 在 0 ~ 30°间变化。

3）转子整流器的第三工作状态（$\alpha_p = 30°$，$\gamma > 60°$）。在 $\alpha_p = 30°$后再继续增大 I_d，则 $\alpha_p = 30°$不变，而随 I_d 增大 γ 从 60°继续增大。第三工作状态属于故障工作状态。

图 4-13 表示了在不同工作状态下 I_d 与 γ、α_p 之间的函数关系。

图 4-13　转子整流电路的 $\gamma = f(I_d)$　$\alpha_p = f(I_d)$

4.3.3　串级调速系统的调速特性和机械特性

1. 串级调速系统的调速特性

根据图 4-12 所示的串级调速系统主电路，可画出主电路和忽略导通二极管、晶闸管压降的直流等效电路，如图 4-14a 和图 4-14b 所示。下面进行直流主电路的有关参数的计算。其方法是将电动机的定子侧参数折算到转子侧，将变压器的一次侧参数折算到二次侧；再将电动机和变压器的交流侧参数折算到直流侧。

（1）电动机的参数计算

图 4-14a 中，R_{D1} 和 X_{D1} 为电动机的定子电阻和电抗，R_{D2} 和 X_{D20} 为电动机的转子电阻和转子不动时的转子电抗。

图 4-14　电气串级调速系统主电路和直流等效电路

a）主电路　b）直流等效电路

1）电动机的定子电抗折算到转子侧后，转子总电抗为

$$X_{D0} = \frac{1}{K_D^2}X_{D1} + X_{D20}$$

式中，X_{D0} 为经过折算后的转子电抗（转子不动时）；K_D 为电动机的定子电压和转子电压之比。

转子转动时的转子总电抗为 $X_D = sX_{D0}$。

2）电动机的定子电阻折算到转子侧后，转子总电阻为

$$R_D = s\frac{R_{D1}}{K_D^2} + R_{D2} = sR'_{D1} + R_{D2}$$

3）电动机转子侧参数折算到直流侧后，直流总电抗为

$$\frac{3}{\pi}X_D = \frac{3}{\pi}sX_{D0}$$

直流总电阻为

$$R_d = 3\left(\frac{I_2}{I_d}\right)^2 R_D$$

式中，I_2 和 I_d 为转子电流和直流主电路电流。

对转子整流器而言，有

$$\frac{I_2}{I_d} = \sqrt{\frac{2}{3}\left(1 - \frac{\gamma}{2\pi}\right)^2}$$

式中，γ 为换流重叠角，通常 $\gamma = \frac{\pi}{6} \sim \frac{2\pi}{9}$，此处简化为 $\gamma = 0$。

可知，$R_d = 2R_D$。

（2）转子整流器输出整流电压的计算

$$2.34sE_{r0} = sE_{d0} = U_d$$

（3）平波电抗器的电阻和电感的计算

$$R_L \text{ 和 } X_L$$

（4）逆变变压器参数的计算

图 4-14a 中，R_{T1} 和 X_{T1} 为逆变变压器一次绕组的电阻和电抗，R_{T2} 和 X_{T2} 为变压器二次绕组的电阻和电抗。逆变变压器的参数计算与电动机基本相同。

1) 变压器的一次绕组电抗折算到二次侧后，二次绕组总电抗为

$$X_{\mathrm{T}} = \frac{1}{K_{\mathrm{T}}^2}X_{\mathrm{T1}} + X_{\mathrm{T2}}$$

式中，K_{T} 为变压器的一次电压和二次电压之比。

2) 变压器的一次绕组电阻折算到二次侧后，二次绕组总电阻为

$$R_{\mathrm{T}} = \frac{1}{K_{\mathrm{T}}^2}R_{\mathrm{T1}} + R_{\mathrm{T2}}$$

3) 变压器二次绕组总电抗折算到直流侧后，直流总电抗为

$$\frac{3}{\pi}X_{\mathrm{T}}$$

变压器二次绕组总电阻折算到直流侧后，直流总电阻为

$$R_{\mathrm{t}} = 3\left(\frac{I_{\mathrm{T2}}}{I_{\mathrm{d}}}\right)^2 R_{\mathrm{T}}$$

式中，I_{T2} 和 I_{d} 为变压器二次电流和直流主电路电流。

对变压器而言，有

$$\frac{I_{\mathrm{T2}}}{I_{\mathrm{d}}} = \sqrt{\frac{2}{3}}$$

可知，$R_{\mathrm{t}} = 2R_{\mathrm{T}}$。

(5) 逆变器逆变电压的计算

$$U_{\beta} = 2.34U_{\mathrm{T2}}\cos\beta$$

根据图 4-14b 所示的直流等效电路，可列出其转子整流器第一工作状态下的直流回路电压平衡方程式

$$U_{\mathrm{d}} - U_{\beta} = 2.34sE_{\mathrm{r0}} - 2.34U_{\mathrm{T2}}\cos\beta = I_{\mathrm{d}}\left(\frac{3}{\pi}sX_{\mathrm{D0}} + \frac{3}{\pi}X_{\mathrm{T}} + 2R_{\mathrm{D}} + 2R_{\mathrm{T}} + R_{\mathrm{L}}\right) \quad (4\text{-}4)$$

式中，U_{T2} 为逆变变压器二次侧相电压，R_{D} 为折算到转子侧的电动机每相等效电阻，$R_{\mathrm{D}} = R_{\mathrm{D2}} + sR_{\mathrm{D1}}'$；$X_{\mathrm{D0}}$ 为在 $s=1$ 时折算到转子侧的电动机每相漏电抗；$\frac{3}{\pi}sX_{\mathrm{D0}}I_{\mathrm{d}}$ 为由转子漏抗引起的换相压降；R_{L} 为平波电抗器电阻；R_{T} 为折算到二次侧的逆变变压器每相等效电阻，$R_{\mathrm{T}} = R_{\mathrm{T2}} + R_{\mathrm{T1}}'$；$X_{\mathrm{T}}$ 为折算到二次侧的逆变变压器每相等效漏抗，$X_{\mathrm{T}} = X_{\mathrm{T2}} + X_{\mathrm{T1}}'$；$\frac{3}{\pi}X_{\mathrm{T}}I_{\mathrm{d}}$ 为由逆变变压器每相等效漏抗引起的换相压降。

从式 (4-4) 中求出转差率 s，再用 $s = 1 - n/n_{\mathrm{s}}$ 代入上式得转速 n 为

$$n = \frac{2.34(E_{\mathrm{r0}} - U_{\mathrm{T2}}\cos\beta) - I_{\mathrm{d}}\left(\frac{3}{\pi}X_{\mathrm{D0}} + \frac{3}{\pi}X_{\mathrm{T}} + 2R_{\mathrm{D}} + 2R_{\mathrm{T}} + R_{\mathrm{L}}\right)}{\dfrac{2.34E_{\mathrm{r0}} - \frac{3}{\pi}X_{\mathrm{D0}}I_{\mathrm{d}}}{n_{\mathrm{s}}}} \quad (4\text{-}5)$$

$$= \frac{U' - I_{\mathrm{d}}R_{\Sigma}}{C'_{\mathrm{e}}}$$

式中

$$U' = 2.34(E_{r0} - U_{T2}\cos\beta)$$

$$R_\Sigma = \frac{3}{\pi}X_{D0} + \frac{3}{\pi}X_T + 2R_D + 2R_T + R_L$$

$$C'_e = \frac{2.34E_{r0} - \dfrac{3}{\pi}X_{D0}I_d}{n_s}$$

由式（4-5）可见，串级调速系统通过调节逆变角 β 进行调速时，其特性 $n = f(I_d)$ 相当于他励直流电动机调压调速时的调速特性。但由于串级调速系统转子直流回路等效电阻 R_Σ 比直流电动机电枢回路总电阻大，故串级调速系统的调速特性 $n = f(I_d)$ 相对要软一些。

上述结论是在串级调速系统转子整流器为第一工作状态时得到的，转子整流器处于第二工作状态时仍可用相同的方法获得调速特性，其公式如式（4-6）所示，由式（4-6）可见第二工作状态特性更软了。

$$n = \frac{2.34(E_{r0}\cos\alpha_p - U_{T2}\cos\beta) - I_d\left(\dfrac{3}{\pi}X_{D0} + \dfrac{3}{\pi}X_T + 2R_D + 2R_T + R_L\right)}{\dfrac{2.34E_{r0}\cos\alpha_p - \dfrac{3}{\pi}X_{D0}I_d}{n_s}} \tag{4-6}$$

$$= \frac{U'' - I_d R_\Sigma}{C''_e}$$

式中

$$U'' = 2.34(E_{r0}\cos\alpha_p - U_{T2}\cos\beta)$$

$$R_\Sigma = \frac{3}{\pi}X_{D0} + \frac{3}{\pi}X_T + 2R_D + 2R_T + R_L$$

$$C''_e = \frac{2.34E_{r0}\cos\alpha_p - \dfrac{3}{\pi}X_{D0}I_d}{n_s}$$

2. 串级调速系统的机械特性与最大转矩

由于转子整流器有第一和第二工作状态，相应地，串级调速系统机械特性也有第一和第二两个工作区，由此可以得到串级调速系统在这两个工作区的机械特性和最大转矩，并将它们与绕线转子异步电动机固有特性的最大转矩进行比较，可以得出以下重要结论：

串级调速系统的额定工作点常位于机械特性第一工作区；串级调速系统在该区的过载能力比绕线转子异步电动机固有特性时的过载能力降低了 17% 左右。

下面进行说明。

（1）第一工作区的机械特性及最大转矩

经过推导，可以求得串级调速系统在第一工作区的机械特性表达式为

$$T_e = \frac{E_{d0}^2\left(\dfrac{3}{\pi}s_0 X_{D0} + \dfrac{3}{\pi}X_T + 2R_D + 2R_T + R_L\right)}{\omega_s\left(\dfrac{3}{\pi}s X_{D0} + \dfrac{3}{\pi}X_T + 2R_D + 2R_T + R_L\right)^2}(s - s_0) \tag{4-7}$$

式中，s_0 为理想空载转差率，$s_0 = \dfrac{U_{T2}}{E_{r0}}\cos\beta$；$E_{d0}$ 为 $s = 1$ 时的转子空载整流电动势，$E_{d0} = 2.34E_{r0}$。

经有关推导可得：

第一、二工作区分界点电流为 $I_{\text{d}1-2} = \dfrac{\sqrt{6}E_{\text{r}0}}{4X_{\text{D}0}}$；分界点的转矩为 $T_{\text{e}1-2} = \dfrac{27E_{\text{r}0}^2}{8\pi\omega_\text{s}X_{\text{D}0}}$。

绕线转子异步电动机固有特性的最大转矩为（忽略定子电阻时）$T_{\text{emax}} = \dfrac{3E_{\text{r}0}^2}{2\omega_\text{s}X_{\text{D}0}}$；由此可得

$$\frac{T_{\text{e}1-2}}{T_{\text{emax}}} = 0.716$$

即 $T_{\text{e}1-2} = 0.716T_{\text{emax}}$。

由于一般绕线转子异步电动机的最大转矩 $T_{\text{emax}} \geqslant 2T_{\text{en}}$，式中，$T_{\text{en}}$ 为绕线转子异步电动机额定转矩，故 $T_{\text{e}1-2} \geqslant 1.432T_{\text{Ten}}$。所以，串级调速系统在额定转矩下运行时，一般处于机械特性第一工作区。

（2）第二工作区的机械特性及最大转矩

最大转矩发生在第二工作区。同样经过推导，可以求得串级调速系统在第二工作区的机械特性表达式为

$$T_\text{e} = \frac{9\sqrt{3}E_{\text{r}0}^2}{4\pi\omega_\text{s}X_{\text{D}0}}\sin(60° + 2\alpha_\text{p}) \tag{4-8}$$

当强迫延迟换流角 $\alpha_\text{p} = 15°$ 时，可得串级调速系统机械特性在第二工作区内的最大转矩为

$$T_{\text{e2m}} = \frac{9\sqrt{3}E_{\text{r}0}^2}{4\pi\omega_\text{s}X_{\text{D}0}} \tag{4-9}$$

由此可得

$$\frac{T_{\text{e2m}}}{T_{\text{emax}}} = 0.826 \tag{4-10}$$

式（4-10）说明，采用串级调速后，绕线转子异步电动机的过载能力降低了 17.4%。在选择串级调速系统绕线转子异步电动机容量时，应特别考虑这个因素。

此外，在式（4-8）中令 $\alpha_\text{p} = 0$，可得机械特性第二工作区的起始转矩为

$$T_{\text{e2in}} = T_{\text{e}1-2} = \frac{27E_{\text{r}0}^2}{8\pi\omega_\text{s}X_{\text{D}0}}$$

故两段特性在交点处（$\gamma = 60°$，$\alpha_\text{p} = 0$）衔接。

图 4-15 所示为晶闸管串级调速系统的机械特性曲线，由图可见，串级调速系统的机械特性比绕线转子异步电动机的固有机械特性软，最大转矩比固有机械特性的小。

图 4-15　晶闸管串级调速系统的机械特性曲线

4.3.4　串级调速系统的双闭环控制

根据生产工艺对调速系统静、动态性能要求的不同，串级调速系统可采用开环控制或闭环控制。其中，由转速电流双闭环组成的串级调速系统较为常用。

1. 双闭环串级调速系统的组成和工作原理

双闭环串级调速系统的原理框图如图 4-16 所示，其结构与双闭环直流调速系统相似，图中，ASR 和 ACR 分别为转速调节器和电流调节器，TG 和 TA 分别为测速发电机和电流互感器，GT 为触发器。为了使系统既能实现速度和电流的无静差调节，又能获得快速的动态响应，ASR 和 ACR 一般都采用 PI 调节器。

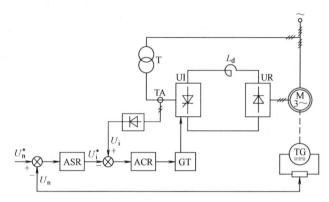

图 4-16　双闭环串级调速系统的原理框图

通过改变转速给定信号 U_n^* 的值，可以实现调速。例如，当转速给定信号 U_n^* 的值增大时，ACR 的输出电压也逐渐增加，使逆变角 β 逐渐增大，E_β 减小，电动机转速 n 也就随之升高。当 ACR 的输出电压为零时，应整定触发脉冲，使逆变角为最小值 β_{min}。通常 β_{min} 限制为 $30°$，以防止逆变失败。当 ACR 的输出电压为上限幅值时，应整定逆变角为最大值 $\beta_{max} = 90°$。

利用 ASR 的输出限幅作用和 ACR 的电流负反馈调节作用，可以使双闭环串级调速系统在加速过程中实现恒流升速，获得良好的加速特性，通过转速负反馈实现闭环调速。

2. 双闭环串级调速系统动态结构图

（1）串级调速系统直流主电路的传递函数

根据图 4-14b 可写出直流主电路的动态电压平衡方程式为

$$U_d - U_\beta = L_\Sigma \frac{dI_d}{dt} + R_{s\Sigma} I_d \tag{4-11}$$

式中，U_β 为逆变电动势，$U_\beta = 2.34 U_{T2} \cos\beta$；$L_\Sigma$ 为转子直流主电路总电感，$L_\Sigma = 2L_D + 2L_T + L_d$；$L_D$ 为折算到电动机转子侧的每相漏感；L_T 为折算到逆变压器二次侧的每相漏感；L_d 为平波电抗器电感；$R_{s\Sigma}$ 为转差率 s 时的转子直流主电路的等效总电阻，$R_{s\Sigma} = \dfrac{3}{\pi} s X_{D0} + \dfrac{3}{\pi} X_T + 2R_D + 2R_T + R_L$。

把 $s = 1 - \dfrac{n}{n_s}$ 代入式（4-11）可得

$$E_{d0} - \frac{n}{n_s} E_{d0} - U_\beta = L_\Sigma \frac{dI_d}{dt} + R_{s\Sigma} I_d \tag{4-12}$$

将式（4-12）取拉普拉斯变换，可求得转子直流主电路的传递函数

$$\frac{I_d(s)}{E_{d0} - \dfrac{E_{d0}}{n_s} n(s) - U_\beta(s)} = \frac{K_{Ln}}{T_{Ln} s + 1} \tag{4-13}$$

式中，K_{Ln} 为转子直流主电路的放大系数，$K_{Ln} = \dfrac{1}{R_{s\Sigma}}$；$T_{Ln}$ 为转子直流主电路的时间系数，

$T_{Ln} = \dfrac{L_{\Sigma}}{R_{s\Sigma}}$。

（2）异步电动机的传递函数

因为串级调速系统的额定工作点处于第一工作区，则电动机转矩 T_e 与转子主电路直流电流 I_d 的关系为

$$T_e = \frac{\left(E_{d0} - \dfrac{3}{\pi} X_{D0} I_d\right) I_d}{\omega_s} = C_m I_d \tag{4-14}$$

式中，C_m 为串级调速系统的转矩系数，$C_m = \dfrac{\left(E_{d0} - \dfrac{3}{\pi} X_{D0} I_d\right)}{\omega_s}$。

由式（4-14）可见，系数 C_m 是 I_d 的函数，在动态中，C_m 不是常数，用式（4-14）表示 T_e 与 I_d 的关系时有一定的误差，但为了计算方便，静、动态下都用该式表示 T_e 与 I_d 的关系。这样，串级调速系统的运动方程可写为

$$C_m(I_d - I_{dL}) = \frac{GD^2}{375} \frac{\mathrm{d}n}{\mathrm{d}t} \tag{4-15}$$

式中，I_{dL} 为负载转矩 T_L 所对应的等效直流电流。

对式（4-15）求拉普拉斯变换，可得电动机的传递函数为

$$\frac{n(s)}{I_d(s) - I_{dL}(s)} = \frac{1}{T_I s} \tag{4-16}$$

式中，T_I 为电动机环节的非线性积分时间常数，$T_I = \dfrac{GD^2}{375} \dfrac{1}{C_m}$。

关于双闭环串级调速系统中其他环节的传递函数，与双闭环直流调速系统中的结果是一致的。这样，可以得到双闭环串级调速系统的动态结构图如图 4-17 所示。

图 4-17　双闭环串级调速系统的动态结构图

双闭环串级调速系统的设计方法与双闭环直流调速系统基本相同，通常也采用工程设计方法。即先设计电流环，然后把设计好的电流环看做是速度环中的一个等效环节，再进行转速环的设计。

在应用工程设计方法进行动态设计时，电流环宜按典型 I 型系统设计，转速环宜按典型 II 型系统设计，但由于串级调速系统直流主电路中的放大系数 K_{Ln} 和时间常数 T_{Ln} 都是转速 n 的函数，不是常数，所以电流环是一个非定常系统。另外绕线转子异步电动机的系数 T_1 也不是常数，而是电流 I_d 的函数，这是和直流调速系统设计的不同之处。目前，工程设计时常用的处理方法如下：

1）在进行电流环设计时，一般可按调速范围的下限，即低速时的 S_{max} 来计算 K_{Ln} 和 T_{Ln}，从而计算 ACR 的参数。因为突加转速给定信号 U_n^* 时，由于电动机机械惯性大，转速来不及变化电流已调节完毕，即电流调节过程是在电动机静止或处于某一低速下，且转速来不及变化时进行的，因此，应按低速时的 K_{Ln} 和 T_{Ln} 来计算 ACR 的参数。只要保证升速有好的动态性能，则降速时的动态性能也能得到保证。

2）也可把电流环当作定常系统，按 $S_{max}/2$ 时所确定的 K_{Ln} 和 T_{Ln} 值，去计算 ACR 的参数。

3）转速环一般按典型 II 型系统进行设计，由于电动机环节的非线性积分时间常数 T_1 非定常，所以在设计时，可以选用与实际运行工作点电流值 I_d 相对应的 T_1 值，然后按定常系统进行设计。这样经校正后的系统会尽可能地接近满意的动态特性。

4.3.5　串级调速系统的效率和功率因数

由于串级调速系统的效率和功率因数与节能效果密切相关，因此，下面进行具体讨论。

1. 串级调速系统的总效率

串级调速系统的总效率是指电动机轴上输出功率与串级调速系统从电网输入的总有功功率之比。图 4-18 所示为反映串级调速系统各部分有功和无功功率间关系的单线原理框图。

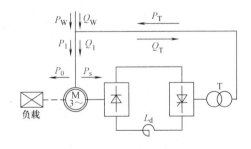

图 4-18　串级调速系统功率关系的单线原理框图

由图 4-18 可见：

1）定子输入功率

$$P_1 = P_W + P_T$$

即定子输入功率 P_1 由电网向整个串级调速系统提供的有功功率 P_W 及晶闸管逆变器返回到电网的回馈功率 P_T 构成。

2）旋转磁场传送的电磁功率

$$P_2 = P_1 - \Delta P_1 = P_s + P_M$$

由定子输入功率 P_1 减去定子损耗 ΔP_1（包括定子的铜耗和铁耗）得到电磁功率 P_2；P_2 中的一部分转变为转差功率 P_s，另一部分转变成机械功率 P_M。

3）回馈电网的功率

$$P_T = sP_2 - \Delta P_2 - \Delta P_s$$

转差功率减去转子损耗 ΔP_2 和转子整流器、晶闸管逆变器的损耗 ΔP_s，剩下部分即为回馈电网的功率 P_T。

4）电网向整个系统提供的有功功率

$$P_W = P_1 - P_T = (P_2 + \Delta P_1) - P_T = (1 - s)P_2 + \Delta P_1 + \Delta P_2 + \Delta P_s$$

5）电动机轴上输出功率

$$P_0 = P_M - \Delta P_m = (1 - s)P_2 - \Delta P_m$$

即电动机轴上输出功率 P_0 要从机械功率 P_M 中减去机械损耗 ΔP_m 后获得。

6）串级调速系统的总效率

$$\eta = \frac{P_0}{P_W} = \frac{(1 - s)P_2 - \Delta P_m}{(1 - s)P_2 + \Delta P_1 + \Delta P_2 + \Delta P_s} \times 100\%$$

由于大部分转差功率被送回电网，使串级调速系统从电网输入的总有功功率并不多，故串级调速系统的效率很高，可达 90% 以上。

2. 串级调速系统的总功率因数

晶闸管串级调速系统功率因数低。主要原因有以下两方面：

1）逆变变压器和异步电动机都要从电网吸收无功电流，故串级调速系统比固有特性下绕线转子异步电动机从电网吸收的无功功率增多，而串级调速系统把转差功率的大部分又回馈给电网，使系统从电网吸收的有功功率减少，这是造成串级调速系统总功率因数降低的主要原因。例如：

①串调系统从电网吸收的有功功率 P_W 等于异步电动机从电网吸收的有功功率 P_1 与通过逆变变压器回馈到电网的有功功率 $-P_T$ 的代数和，即 $P_W = P_1 - P_T$，有功功率减少。

②串调系统从电网吸收的无功功率 Q_W 等于异步电动机吸收的无功功率 Q_1 与逆变变压器吸收的无功功率 Q_T 之和，即 $Q_W = Q_1 + Q_T$，无功功率增加。

因此，串级调速系统的总功率因数降低为

$$\cos\varphi_s = \frac{P_W}{S} = \frac{P_1 - P_T}{\sqrt{(P_1 - P_T)^2 + (Q_1 + Q_T)^2}}$$

式中，P_W 为串级调速系统从电网吸收的总有功功率；S 为串级调速系统的总视在功率。

2）由于串级调速系统中接入转子整流器，不仅出现换流重叠现象，而且使转子电流发生畸变，这些因素将使异步电动机本身的功率因数降低，这是造成串级调速系统总功率因数低的另一个原因。

为了改善串级调速系统的总功率因数，人们提出了各种方法，主要可归为两大类：①利用电力电容器补偿；②采用高功率因数的串级调速系统。

3. 改善串级调速系统功率因数的方法

为了改善串级调速系统的总功率因数，人们提出了各种方法，归纳如下：

(1) 利用电力电容器补偿

这种方法简单易行，用得较多。缺点是电容器对电网谐波敏感，容易发热。由于电动机是感性负载，有时还会出现自激振荡现象，对电网产生不利影响。

(2) 斩波式串级调速系统

斩波式串级调速系统主电路如图 4-19 所示，在转子整流器和逆变器之间并联一个直流斩波器 CH。斩波器 CH 工作在开关状态，当它接通时，转子整流器电路被短接，电动机工作在转子短路状态；当它断开时，电动机工作在串级状态。一方面，将逆变器的逆变角保持在最小值不变，以减少从电网吸收的无功功率；另一方面，通过改变斩波器的占空比（即改变逆变电压）来调节电动机转速。

这种系统不但提高了功率因数，减小了逆变器的容量，而且结构也简单可靠，是一种较好的调速方案。

图 4-19 斩波式串级调速系统的主电路

(3) 采用强迫换相的具有超前功率因数的电源侧逆变器

利用 GTO、GTR、IGBT 等全控型器件构成逆变电路，可以产生反向延迟角并提高开关频率，实现 PWM 控制，从而为改善串级调速系统的功率因数提供了更加广阔的手段。

4.4 异步电动机变频调速系统

4.4.1 变频调速系统的基本控制方式和机械特性

异步电动机的变频调速属转差功率不变型调速，是异步电动机各种调速方案中效率最高和性能最好的一种调速方法。

1. 变频调速的基本控制方式

根据异步电动机的转速表达式

$$n = \frac{60f_s}{p_m}(1 - s) = n_s(1 - s) \tag{4-17}$$

可知，只要平滑调节异步电动机的供电频率 f_s，就可以平滑调节同步转速 n_s，从而实现异步电动机的无级调速，这就是变频调速的基本原理。

但实际上仅改变 f_s 并不能正常调速，在实际系统中是在调节定子电源频率 f_s 的同时调节定子电压 U_s，通过 U_s 和 f_s 的协调控制实现不同类型的变频调速。这是为什么呢？

由电机学知

$$E_{\mathrm{g}} = 4.44 f_{\mathrm{s}} N_1 K_{\mathrm{N1}} \Phi_{\mathrm{m}} \tag{4-18}$$

$$T_{\mathrm{e}} = C_{\mathrm{m}} \Phi_{\mathrm{m}} I'_2 \cos\varphi_2 \tag{4-19}$$

式中，E_{g} 为每相中气隙磁通感应电动势有效值，单位为 V；N_1 为定子每相绕组串联匝数；K_{N1} 为基波绕组系数；Φ_{m} 为每极气隙主磁通量，单位为 Wb；T_{e} 为电磁转矩，单位为 N·m；C_{m} 为转矩常数；I'_2 为转子电流折算至定子侧的有效值，单位为 A；$\cos\varphi_2$ 为转子电路的功率因数。

如果忽略定子上的电阻压降，则有

$$U_{\mathrm{s}} \approx E_{\mathrm{g}} = 4.44 f_{\mathrm{s}} N_1 K_{\mathrm{N1}} \Phi_{\mathrm{m}}$$

式中，U_{s} 为定子相电压。

于是，主磁通

$$\Phi_{\mathrm{m}} = \frac{E_{\mathrm{g}}}{4.44 f_{\mathrm{s}} N_1 K_{\mathrm{N1}}} \approx \frac{U_{\mathrm{s}}}{4.44 f_{\mathrm{s}} N_1 K_{\mathrm{N1}}}$$

假设现在只改变 f_{s} 调速，当 U_1 不变时：① $f_{\mathrm{s}} \uparrow \rightarrow \Phi_{\mathrm{m}} \downarrow \rightarrow T_{\mathrm{e}} \downarrow$，电动机的拖动能力会降低；② $f_{\mathrm{s}} \downarrow \rightarrow \Phi_{\mathrm{m}} \uparrow \rightarrow f_{\mathrm{s}} < f_{\mathrm{sN}}$ 时 $\Phi_{\mathrm{m}} > \Phi_{\mathrm{me}}$。由于在电动机设计时，主磁通 Φ_{m} 的额定值一般选择在定子铁心的临界饱和点，所以当在额定频率以下调频时，将会引起主磁通饱和，这样励磁电流急剧升高，使定子铁心损耗急剧增加。①、②两种情况都是实际运行中所不允许的。

在笼型异步电动机中，磁通 Φ_{m} 是定子和转子磁动势合成产生的，怎样才能保持磁通恒定呢？

从三相异步电动机定子每相电动势的有效值公式（4-18）可知：在额定频率以下调频时，只要控制好 E_{g} 和 f_{s} 便可使磁通 Φ_{m} 恒定；在额定频率以上调频时，应控制定子电压 U_{s} 不超过电动机最高额定电压。那么，如何实现基频（额定频率）以下和基频以上两种情况的控制呢？

（1）基频以下的调速控制方式

由式（4-18）可知，要保持 Φ_{m} 不变，则当频率 f_{s} 从额定值 f_{sN} 向下调节时，必须同时降低 E_{g}，使 $E_{\mathrm{g}}/f_{\mathrm{s}} = $ 常数。即采用气隙磁通感应电动势与频率之比为常数的控制方式。

然而，绕组中的气隙磁通感应电动势是难以直接控制的，$E_{\mathrm{g}}/f_{\mathrm{s}} = $ 常数的变频控制方式工程上不可以实现，主要作为原理分析之用。

根据公式 $U_{\mathrm{s}} = I_{\mathrm{s}} R_{\mathrm{s}} + E_{\mathrm{g}}$，当电动势值较高时，可以忽略定子绕组的阻抗压降，从而认为定子相电压 $U_{\mathrm{s}} \approx E_{\mathrm{g}}$，则得 $U_{\mathrm{s}}/f_{\mathrm{s}} = $ 常数。这是恒压频比的控制方式。

这种变频控制方式在低频时，U_{s} 和 E_{g} 都较小，定子阻抗压降所占的份量就比较显著，不能忽略。这时，可以人为地把电压 U_{s} 抬高一些，以便近似地补偿定子压降。带定子阻抗压降补偿的恒压频比控制特性示于图 4-20 中的 Ⅱ 线，无补偿的控制特性则为 Ⅰ 线。I_{s}、R_{s} 为定子电流和电阻，U_{s0} 为低频补偿电压。

图 4-20　恒压频比控制特性

（2） 基频以上调速控制方式

在基频以上调速时，频率可以从 f_{sN} 往上增高，但电压 U_s 却不能增加得比额定电压 U_{sN} 大，一般保持在电动机允许的最高额定电压 U_{sN}。由式（4-18）可知，这样只能迫使磁通与频率成反比地降低，相当于直流电动机弱磁升速的情况，即

$$\Phi_m = \frac{U_{sN}}{4.44 f_s N_1 K_{N1}}$$

图 4-21 笼型异步电动机变频调速控制特性

把基频以下和基频以上两种情况结合起来，可得图 4-21 所示的笼型异步电动机变频调速控制特性。

在基频以下，属于"恒转矩调速"；而在基频以上，基本属于"恒功率调速"。

2. 变频调速的机械特性

（1） 异步电动机恒压恒频时的机械特性

笼型异步电动机的电磁转矩为

$$\begin{aligned}
T_e &= \frac{3 p_m U_s^2 R'_r / s}{\omega_s [(R_s + R'_r/s)^2 + \omega_s^2 (L_{ls} + L'_{lr})^2]} \\
&= 3 p_m \left(\frac{U_s}{\omega_s}\right)^2 \frac{s \omega_s R'_r}{(s R_s + R'_r)^2 + s^2 \omega_s^2 (L_{ls} + L'_{lr})^2}
\end{aligned} \tag{4-20}$$

式中，p_m 为电动机极对数；ω_s 为电源角频率；R'_r 为经过折算后的转子电阻；L_{ls}、L'_{lr} 分别为定子电感和经过折算后的转子电感。

当 s 很小时，忽略式（4-20）分母中含 s 的项，则

$$T_e \approx 3 p_m \left(\frac{U_s}{\omega_s}\right)^2 \frac{s \omega_s}{R'_r} \propto s$$

转矩近似与 s 成正比，机械特性 $T_e = f(s)$ 是一段直线，如图 4-22 所示。

当 s 接近于 1 时，忽略式（4-20）分母中的 R'_r，则

$$T_e \approx 3 p_m \left(\frac{U_s}{\omega_s}\right)^2 \frac{\omega_s R'_r}{s [R_s^2 + \omega_s^2 (L_{ls} + L'_{lr})^2]} \propto \frac{1}{s}$$

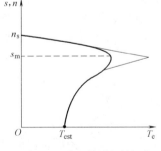

图 4-22 恒压恒频时笼型异步电动机的机械特性

转矩近似与 s 成反比，这时，$T_e = f(s)$ 是对称于原点的一段双曲线。

当 s 为以上两段的中间数值时，机械特性从直线段逐渐过渡到双曲线段，如图 4-22 所示。

上述就是恒压恒频时的机械特性曲线形状。

下面讨论基本变频控制方式下变频调速的三种机械特性。

（2） 变频调速时的机械特性

1） 恒 E_g / ω_s 控制（$E_g / f_s = C$）。当 E_g / ω_s 为恒值时，由式（4-18）可知，无论频率高低，每极磁通 Φ_m 均为常值，而转子电流为

$$I'_2 = \frac{E_g}{\sqrt{\left(\dfrac{R'_r}{s}\right)^2 + \omega_s^2 L'^2_{lr}}} \tag{4-21}$$

代入电磁转矩基本关系式,得

$$T_e = \frac{3p_m}{\omega_s} \frac{E_g^2}{\left(\dfrac{R'_r}{s}\right)^2 + \omega_s^2 L'^2_{lr}} \frac{R'_r}{s} = 3p_m \left(\frac{E_g}{\omega_s}\right)^2 \frac{s\omega_s R'_r}{R'^2_r + s^2 \omega_s^2 L'^2_{lr}} \tag{4-22}$$

这就是恒 E_g/ω_s 时的机械特性方程。

按前述相似的分析方法,当 s 很小时,忽略式(4-22)分母中含 s^2 的项,则

$$T_e \approx 3p_m \left(\frac{E_g}{\omega_s}\right)^2 \frac{s\omega_s}{R'_r} \propto s$$

这表明机械特性的这一段近似为一条直线;当 s 接近于 1 时,忽略式(4-22)分母中的 R'^2_r 项,则

$$T_e \approx 3p_m \left(\frac{E_g}{\omega_s}\right)^2 \frac{R'_r}{s\omega_s L'^2_{lr}} \propto \frac{1}{s}$$

这表明机械特性的这一段是双曲线;当 s 为上述两段的中间值时,机械特性在直线和双曲线之间逐渐过渡,曲线形状与恒压恒频时的机械特性曲线形状同。

当变频时,同步转速为 $n_s = \dfrac{60\omega_s}{2\pi p_m}$,随频率变化而变。负载时的转速降为 $\Delta n = sn_s = \dfrac{60}{2\pi p_m}s\omega_s$,在机械特性的近似直线段上,可以导出

$$s\omega_s \approx \frac{R'_r T_e}{3p_m \left(\dfrac{E_g}{\omega_s}\right)^2} \tag{4-23}$$

由此可见,当 E_g/ω_s 为恒值时,对于同一转矩 T_e,$s\omega_s$ 是基本不变的,因而 Δn 也是基本不变的。就是说,在恒 E_g/ω_s 条件下改变频率时,机械特性基本上是平行移动的,如图 4-23 所示。

它和直流他励电动机调压调速时特性的变化情况相似,所不同的是,当转矩增大到最大值以后,转速再降低时特性又折回来了。

恒 E_g/ω_s 控制特性的最大转矩为

$$T_{emax} = \frac{3}{2}p_m \left(\frac{E_g}{\omega_s}\right)^2 \frac{1}{L'_{lr}} \tag{4-24}$$

图 4-23　恒 E_g/ω_s 控制
变频调速时的机械特性

由式(4-24)可知,当 E_g/ω_s 为恒值时,T_{emax} 恒定不变。即随着频率的降低,恒 E_g/ω_s 控制的机械特性是一组曲线形状与恒压恒频时的机械特性曲线相同,且平行下移的特性,如图 4-23 所示。

2)恒 U_s/ω_s 控制($U_s/f_s = C$)。由于 E_g 是电动机内部参数,恒 E_g/ω_s 控制难以实现,因此工程上是采用恒压频比控制($U_s/\omega_s =$ 恒值)。这时,同步转速与频率的关系、带负载

时的转速降落与恒 E_g/ω_s 控制相同，在机械特性的近似直线段上，可以导出

$$s\omega_s \approx \frac{R'_r T_e}{3p_m \left(\dfrac{U_s}{\omega_s}\right)^2} \tag{4-25}$$

由式（4-25）可见，当 U_s/ω_s 为恒值时，对同一转矩 T_e，$s\omega_s$ 是基本不变的，因而 Δn 也是基本不变的，这就是说在恒压频比的条件下，改变频率时机械特性基本上是平行移动的，如图 4-24 所示。

图 4-24　恒压频比控制变频调速时的机械特性

当 U_s/ω_s 为恒值时，最大转矩 T_{emax} 随角频率 ω_s 的变化关系式为

$$T_{emax} = \frac{3}{2}p_m \left(\frac{U_s}{\omega_s}\right)^2 \frac{1}{\dfrac{R_s}{\omega_s} + \sqrt{\left(\dfrac{R_s}{\omega_s}\right)^2 + (L_{ls} + L'_{lr})^2}} \tag{4-26}$$

可见 T_{emax} 是随着 ω_s 降低而减小的。频率很低时，T_{emax} 太小将限制调速系统的带负载能力。

为此需采用定子阻抗电压补偿，适当地提高定子电压可以增强带负载能力。图 4-24 中虚线特性就是采用定子阻抗电压补偿后的特性。而恒 E_g/ω_s 控制的机械特性就是恒压频比控制中补偿定子阻抗压降特性所追求的目标。

3）基频以上变频调速时的机械特性（$U_s = U_{sN}$，变 f_s）。在基频 f_{sN} 以上变频调速时，由于电压 $U_s = U_{sN}$ 不变，式（4-20）的机械特性方程可写成

$$T_e = 3p_m U_{sN}^2 \frac{sR'_r}{\omega_s \left[(sR_s + R'_r)^2 + s^2\omega_s^2(L_{ls} + L'_{lr})^2\right]} \tag{4-27}$$

而式（4-26）的最大转矩表达式可改写成

$$T_{emax} = \frac{3}{2}p_m U_{sN}^2 \frac{1}{\omega_s \left[R_s + \sqrt{\left(\dfrac{R_s}{\omega_s}\right)^2 + (L_{ls} + L'_{lr})^2}\right]} \tag{4-28}$$

同步转速表达式为

$$n_s = \frac{60\omega_s}{2\pi p_m} \tag{4-29}$$

转速降为

$$\Delta n = sn_s = \frac{60}{2\pi p_m}s\omega_s \tag{4-30}$$

由此可见，当角频率 ω_s 提高时，同步转速 n_s 随之提高；最大转矩减小，机械特性上移；转速降随角频率的提高而增大，特性斜率稍变大，但其他形状基本相似，如图 4-25 所示。

由于频率提高而电压不变，气隙磁通势必减弱，导致转矩的减小，但此时转速升高了，这样可以认为输出功率基本不变。所以基频以上变频调速属于弱磁恒功率调速。

图 4-25　基频以上变频调速时的机械特性

4.4.2　变频调速系统中的变频电源

将直流电能变换成交流电能供给负载的过程称为无源逆变，实现无源逆变的电路称为无源逆变（变频）电路，实现变频的装置叫变频器。

1. 变频器的分类

变频器的基本分类如下：

变频器 $\begin{cases} \text{交-交变频器} \begin{cases} \text{按相数分} \begin{cases} \text{单相} \\ \text{三相} \end{cases} \\ \text{按输出波形分} \begin{cases} \text{正弦波} \\ \text{方波} \end{cases} \end{cases} \\ \text{交-直-交变频器} \begin{cases} \text{电流型} \\ \text{电压型} \\ \text{脉冲宽度调制型（PWM）} \end{cases} \end{cases}$

2. 交-交（直接）变频电路及其特点

交-交变频器的主要构成环节如图 4-26 所示，交-交变频电路是不通过中间直流环节而把工频交流电直接变换成不同频率交流电的变流电路，故又称为直接变频器或周波变换器（Cycloconverter）。因为没有中间直流环节，仅用一次变换就实现了变频，所以效率较高。大功率交流电动机调速系统所用的变频器主要是交-交变频器。

图 4-26　交-交变频器的主要构成环节

（1）单相交-交变频电路

1）单相交-交变频电路的基本结构。图 4-27a 所示为单相交-交变频主电路的原理框图。电路由两组反并联的晶闸管可逆变流器（一般采用三相变流器）构成，和可逆直流调速系统用的四象限变流器完全一样，两者的工作原理也非常相似。

2）工作原理如下：

①方波型交-交变频器。在图 4-27a 中，负载由正组与反组晶闸管整流电路轮流供电。各组所供电压的高低由移相触发延迟角 α 控制。当正组供电时，负载上获得正向电压；当反组供电时，负载获得负向电压。

如果在各组工作期间 α 不变，则输出电压 U_0 为矩形波交流电压，如图 4-27b 所示。改变正反组切换频率可以调节输出交流电的频率，而改变 α 的大小即可调节矩形波的幅值，从而调节输出交流电压 U_0 的大小。

图 4-27　单相交-交变频器的主电路及输出电压波形

a）原理框图　b）方波型平均输出电压波形

②正弦波型交-交变频器。正弦波型交-交变频器的主电路与方波型的主电路相同，但 α 按什么规律变化才能使输出电压平均值的变化规律成为正弦型呢？

实践证明：在正组桥整流工作时，设法使 α 由大到小再变大，如从 $\pi/2 \to 0 \to \pi/2$，必然引起输出平均电压由低到高再到低的变化，如图 4-28a 所示。而在正组桥逆变工作时，使 α 由小变大再变小，如从 $\pi/2 \to \pi \to \pi/2$，就可以获得图 4-28b 所示的平均值可变的负向逆变电压。

正弦波型克服了方波型交-交变频器输出波形高次谐波成分大的缺点，它比方波型交-交变频器更为实用。

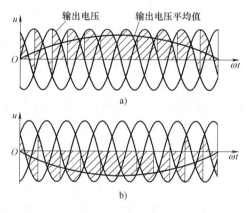

图 4-28　正弦型交-交变频器的输出电压波形

a）整流状态波形　b）逆变状态波形

3）交-交变频器特点。交-交变频器由于采用直接变换方式，所以效率较高，可方便地进行可逆运行。但主要缺点是：①功率因数低；②主电路使用晶闸管器件数目多，控制电路复杂；③变频器输出频率受到其电网频率的限制，最大变频范围在电网 1/2 以下。因此，交-交变频器一般只适用于球磨机、矿井提升机、电动车辆、大型轧钢设备等低速大容量拖动场合。

（2）三相交-交变频电路

三相交-交变频电路由三组输出电压相位互差 $120°$ 的单相交-交变频电路组成，三相交-交变频电路主要有两种接线方式：即公共交流母线进线方式和输出星形联结方式。

1）公共交流母线进线方式。图 4-29 所示为采用公共交流母线进线方式的三相交-交变频电路，它由三组彼此独立的、输出电压相位互相差开 $120°$ 的单相交-交变频电路组成，它们的电源进线通过电抗器接在公共的交流母线上。因为电源进线端共用，所以三组单相变频电路的输出端必须隔离。为此，交流电动机的三个绕组必须拆开，共引出六根线。公共交流母线进线方式的三相交-交变频电路主要用于中等容量的交流调速系统。

2）输出星形联结方式。图 4-30 所示为输出星形联结方式的三相交-交变频电路。三组单相交-交变频电路的输出端星形联结，电动机的三个绕组也是星形联结，电动机的中性点不和变频器的中性点接在一起，电动机只引出三根线即可。图 4-30 所示为三组单相变频器连接在一起，其电源进线必须隔离，所以三组单相变频器分别用三个变压器供电。

图 4-29　公共交流母线进线方式的
三相交-交变频电路

图 4-30　输出星形联结方式的
三相交-交变频电路

由于变频器输出端中性点不和负载中性点相连接，所以在构成三相变频器的六组桥式电路中，至少要有不同相的两组桥中的四个晶闸管同时导通才能构成回路，形成电流。同一组桥内的两个晶闸管靠双脉冲保证同时导通。两组桥之间靠足够的脉冲宽度来保证同时有触发脉冲。每组桥内各晶闸管触发脉冲的间隔约为 60°，如果每个脉冲的宽度大于 30°，那么无脉冲的间隔时间一定小于 30°。这样，如图 4-30 所示，尽管两组桥脉冲之间的相对位置是任意变化的，但在每个脉冲持续的时间里，总会在其前部或后部与另一组桥的脉冲重合，使四个晶闸管同时有脉冲，形成导通回路。

3）具体电路结构。下面列出了两种三相交-交变频电路的电路结构。图 4-31 所示为三相桥式整流器组成的三相-三相交-交变频电路，采用公共交流母线进线方式；图 4-32 所示为三相桥式整流器组成的三相-三相交-交变频电路，给电动机负载供电，采用输出星形联结方式（负载未画出）。

3. 交-直-交（间接）变频电路

（1）交-直-交变频电路的基本结构

交-直-交变频器的结构形式如图 4-33a 所示。交-直-交变频器先把交流电转换为直流电，经过中间滤波环节后，再把直流电逆变成变频变压的交流电，故又称为间接变频器。

按照不同的控制方式，间接变频器又有图 4-33 中 b、c、d 三种结构形式。

1）用可控整流器调压、逆变器调频的交-直-交变压变频器。在图 4-33b 中，调压和调频在两个环节上分别进行，其结构简单，控制方便。但由于输入环节采用晶闸管可控整流器，当电压调得较低时，电网端功率因数低，而输出环节采用由晶闸管组成的三相六拍逆变器，每周期换相六次，输出谐波较大。这是这类装置的主要缺点。

2）用不可控整流器整流、斩波器调压，再用逆变器调频的交-直-交变压变频器。在图 4-33c 所示的装置中，输入环节采用不可控整流器，只整流不调压，再增设斩波器进行脉宽调压。这样虽然多了一个环节，但输入功率因数提高，克服了图 4-33b 所示电路功率因数低的缺点。由于输出逆变环节未变，仍有输出谐波较大的问题。

3）用不可控整流器整流、脉宽调制（PWM）逆变器同时调压调频的交-直-交变压变频器。这类装置如图 4-33d 所示。由图可见，输入用不可控整流器，则输入功率因数高；用 PWM 逆变，则输出谐波可以减少。但 PWM 逆变器需要全控型电力电子器件，其输出谐波减少的程度取决于 PWM 的开关频率，而开关频率则受器件开关时间的限制。采用 P-MOS-FET 或 IGBT 时，开关频率可达 10kHz 以上，输出波形已经非常逼近正弦波，因而又称为正弦脉宽调制（Sinusoidal PWM，SPWM）逆变器。这是当前最有发展前途的一种装置形式，后面将对其进行详细分析。

图 4-31　三相桥式整流器组成的三相-三相交-交变频电路（公共交流母线进线方式）

图 4-32　三相桥式整流器组成的三相-三相交-交变频电路（星形联结方式）

图 4-33　间接变压变频装置的不同结构形式

a）间接变频器的结构形式　b）可控整流器调压、六拍逆变器调频

c）不可控整流、斩波器调压、六拍逆变器调频　d）不可控整流、PWM 逆变器调压调频

（2）交-直-交变频电路的类型

交-直-交变频器通过整流器把工频交流电变成直流，然后通过逆变器，把直流电逆变成频率可调的交流电。根据交-直-交变频器的中间滤波环节是采用电容性元件还是电感性元件，可以将交-直-交变频器分为电压型变频器和电流型变频器两大类。两类变频器的区别主要在于中间直流环节采用什么样的滤波元件。

1）交-直-交电压型变频器。在交-直-交变压变频装置中，当中间直流环节采用大电容滤波时，直流电压波形比较平直，在理想情况下是一个内阻抗为零的恒压源，输出交流电压是矩形或阶梯波，这类变频装置叫做电压型变频器，如图 4-34 所示。图示的交-直-交变频器输入采用了二极管不可控整流，输出为采用晶体管的 PWM 逆变。

图 4-34　三相桥式电压型交-直-交变频器

一般的交-交变压变频器虽然没有滤波电容，但供电电源的低阻抗使它具有电压源的性质，它也属于电压型变频器。

2）交-直-交电流型变频器。当交-直-交变压变频装置的中间直流环节采用大电感滤波时，直流电流波形比较平直，因而电源内阻抗很大，对负载来说基本上是一个恒流源，输出交流电流是矩形波或阶梯波，这类变频装置叫做电流型变频器，如图 4-35 所示。

有的交-交变压变频装置用电抗器将输出电流强制变成矩形波或阶梯波，具有电流源的性质，它也是电流型变频器。

图 4-35　三相桥式电流型交-直-交变频器

3）交-直-交电压型和电流型变频器比较。电流型变频器供电的变压变频调速系统，其显著特点是容易实现回馈制动。图 4-36 绘出了电流型变压变频调速系统的电动和回馈制动两种运行状态。以由晶闸管可控整流器 UR 和六拍电流型逆变器（Current Source Inverter，CSI）构成的交-直-交变压变频装置为例，当可控整流器 UR 工作在整流状态（$\alpha < 90°$）、逆变器工作在逆变状态时，电动机在电动状态下运行，如图 4-36a 所示。这时，直流回路电压的极性为上正下负，电流由 U_d 的正端流入逆变器，电能由交流电网经变频器传送给电动机，电动机处于电动状态；如果降低变频器的输出频率，使转速降低，同时使可控整流器的触发延迟角 $\alpha > 90°$，则异步电动机进入回馈制动发电状态，且直流回路电压 U_d 立即反向，而电流 I_d 方向不变。于是，逆变器变成整流器，而可控整流器 UR 转入有源逆变状态，电能由电动机回馈给交流电网，如图 4-36b 所示。

图 4-36　电流型变压变频调速系统的电动和回馈制动两种运行状态
a）电动状态下运行　b）发电状态下运行

由此可见，虽然电力电子器件具有单向导电性，电流 I_d 不能反向，但是可控整流器的输出电压 U_d 是可以迅速反向的，电流型变压变频调速系统容易实现回馈制动。与此相反，采用电压型变频器的调速系统要实现回馈制动和四象限运行却比较困难，因为其中间直流环节大电容上的电压极性不能反向，所以在原装置上无法实现回馈制动。若确实需要制动时，只有采用在直流环节中并联电阻的能耗制动，或者与可控整流器反并联设置另一组反向整流器，并使其工作在有源逆变状态，以通过反向的制动电流，实现回馈制动。这样做，设备就要复杂多了。

下面分析 180°导电型的交-直-交电压型和 120°导电型的交-直-交电流型变频器。

4. 交-直-交变频器分析

（1）180°导电型的交-直-交电压型变频器

1）主电路组成。变频器的主电路由整流器、中间滤波电容及晶闸管逆变器组成。图 4-

37 所示为三相串联电感式电压型变频器逆变部分的主电路，图中只画出了电容滤波器及晶闸管逆变器部分。整流器可采用单相或三相整流电路。C_d 为滤波电容，逆变器中 $VT_1 \sim VT_6$ 为主晶闸管，$VD_1 \sim VD_6$ 为反馈二极管，提供续流回路，R_A、R_B、R_C 为衰减电阻，$L_1 \sim L_6$ 为换流电感，$C_1 \sim C_6$ 为换流电容，Z_A、Z_B、Z_C 为变频器的三相对称负载。

图 4-37　三相串联电感式电压型变频器逆变部分的主电路

　　该逆变器部分没有调压功能，调压靠前级的可控整流电路完成。六个晶闸管按一定的导通规则通断，将滤波电容 C_d 送来的直流电压 U_d 逆变成频率可调的交流电。

　　2）晶闸管导通规则及输出波形分析。逆变器中六个晶闸管的导通顺序为 $VT_1 \rightarrow VT_2 \rightarrow VT_3 \rightarrow VT_4 \rightarrow VT_5 \rightarrow VT_6 \rightarrow VT_1 \cdots \cdots$，各晶闸管的触发脉冲间隔为 $60°$。电压型逆变器通常采用 $180°$ 导电型，即每个晶闸管导通 $180°$ 电角度后被关断，由同相的另一个晶闸管换流导通。每组晶闸管导电间隔为 $120°$。按照每个晶闸管触发间隔为 $60°$，触发导通后维持 $180°$ 才被关断的特征（$180°$ 导电型），可以得到六个晶闸管在 $360°$ 区间里的导通情况，见表 4-1。

表 4-1　逆变器中晶闸管的导通情况（$180°$ 电压型）

区间 晶闸管	$0° \sim 60°$	$60° \sim 120°$	$120° \sim 180°$	$180° \sim 240°$	$240° \sim 300°$	$300° \sim 360°$
VT_1	导通	导通	导通	×	×	×
VT_2	×	导通	导通	导通	×	×
VT_3	×	×	导通	导通	导通	×
VT_4	×	×	×	导通	导通	导通
VT_5	导通	×	×	×	导通	导通
VT_6	导通	导通	×	×	×	导通

　　根据每 $60°$ 间隔中晶闸管的导通情况，可以作出每个 $60°$ 区间内负载连接的等效电路，如图 4-38 所示。由此可求出输出相电压和线电压，而线电压等于相电压之差。

图 4-38　每个 $60°$ 区间内的负载等效电路

例如，由表 4-1 知，在 $0° \sim 60°$ 区间，VT_5、VT_6、VT_1 同时导通，等效电路如图 4-38 所示，三相负载分别为 Z_A、Z_B、Z_C，且 $Z_A = Z_B = Z_C = Z$。则：

输出相电压为

$$U_{A0} = U_d \frac{Z_A \mathbin{/\mkern-5mu/} Z_C}{(Z_A \mathbin{/\mkern-5mu/} Z_C) + Z_B} = \frac{1}{3} U_d$$

$$U_{B0} = -U_d \frac{Z_B}{(Z_A \mathbin{/\mkern-5mu/} Z_C) + Z_B} = -\frac{2}{3} U_d$$

$$U_{C0} = U_{A0} = \frac{1}{3} U_d$$

输出线电压为

$$U_{AB} = U_{A0} - U_{B0} = U_d$$

$$U_{BC} = U_{B0} - U_{C0} = -U_d$$

$$U_{CA} = U_{C0} - U_{A0} = 0$$

在 $60° \sim 120°$ 区间，有 VT_6、VT_1、VT_2 同时导通，该区间相、线电压计算值如下：

相电压计算值为

$$U_{A0} = \frac{2}{3} U_d$$

$$U_{B0} = -\frac{1}{3} U_d$$

$$U_{C0} = -\frac{1}{3} U_d$$

线电压计算值为

$$U_{AB} = U_d$$

$$U_{BC} = 0$$

$$U_{CA} = -U_d$$

同理，可求出后四个区间的相电压和线电压计算值，见表 4-2。

表 4-2　逆变器的相电压和线电压计算值（180°电压型）

相、线电压 ＼ 区间	$0° \sim 60°$	$60° \sim 120°$	$120° \sim 180°$	$180° \sim 240°$	$240° \sim 300°$	$300° \sim 360°$
U_{A0}	$\frac{1}{3} U_d$	$\frac{2}{3} U_d$	$\frac{1}{3} U_d$	$-\frac{1}{3} U_d$	$-\frac{2}{3} U_d$	$-\frac{1}{3} U_d$
U_{B0}	$-\frac{2}{3} U_d$	$-\frac{1}{3} U_d$	$\frac{1}{3} U_d$	$\frac{2}{3} U_d$	$\frac{1}{3} U_d$	$-\frac{1}{3} U_d$
U_{C0}	$\frac{1}{3} U_d$	$-\frac{1}{3} U_d$	$-\frac{2}{3} U_d$	$-\frac{1}{3} U_d$	$\frac{1}{3} U_d$	$\frac{2}{3} U_d$
U_{AB}	U_d	U_d	0	$-U_d$	$-U_d$	0
U_{BC}	$-U_d$	0	U_d	U_d	0	$-U_d$
U_{CA}	0	$-U_d$	$-U_d$	0	U_d	U_d

按表 4-2，将各区间的电压连接起来后即可得到交-直-交电压型变频器输出的相电压波形和线电压波形，如图 4-39 所示。三个相电压是相位互差 120°电角度的阶梯状交变电压波形，三个线电压波形则为矩形波，三相交变电压为对称交变电压。

图 4-39 所示相、线电压波形的有效值为

$$U_{A0} = U_{B0} = U_{C0} = \sqrt{\frac{1}{2\pi} \int_0^{2\pi} u_{A0}^2 \mathrm{d}\omega t} = \frac{\sqrt{2}}{3} U_d$$

$$U_{AB} = U_{BC} = U_{CA} = \sqrt{\frac{1}{2\pi} \int_0^{2\pi} u_{AB}^2 \mathrm{d}\omega t} = \sqrt{\frac{2}{3}} U_d$$

$$U_l = \sqrt{3} U_p$$

即线电压为 $\sqrt{3}$ 倍相电压。

由上分析可知，线电压、相电压及二者关系的结论与正弦三相交流电是相同的。

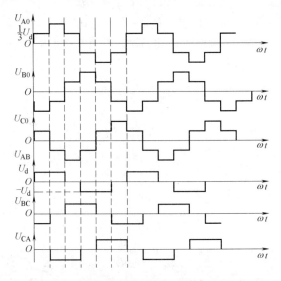

图 4-39 180°导电型逆变器输出的相电压、线电压波形

3）180°导电型逆变器工作规律总结如下：

①每个脉冲触发间隔 60°区间内有三个晶闸管器件导通，它们分属于逆变桥的共阴极组和共阳极组。

②在三个导通器件中，若属于同一组的有两个，则一个器件所对应相的相电压为 (1/3) U_d，另一个器件所对应相的相电压为 (2/3) U_d。

③共阳极组器件所对应相的相电压为正，共阴极组器件所对应相的相电压为负。

④三个相电压相位互差 120°；相电压之和为 0。

⑤线电压等于相电压之差；三个线电压相位互差 120°；线电压之和为 0。

⑥线电压为 $\sqrt{3}$ 倍相电压。

除了上述串联电感式逆变器外，晶闸管交-直-交电压型逆变器还有串联二极管式、采用辅助晶闸管换流等典型接线形式，由于晶闸管器件没有自关断能力，因此这些逆变器都需要配置专门的换流器件来换流，装置的体积与重量大，输出波形与频率均受限制。随着各种全控式开关器件 [如电力晶体管 GTR、门极关断（GTO）晶闸管、电力场效应晶体管 MOS-

FET、绝缘栅双极型晶体管 IGBT〕的研制与应用，在三相变频器中已越来越少采用普通晶闸管作变流器件了。

（2）120°导电型的交-直-交电流型变频器

在 180°导电型的电压型逆变器中，晶闸管的换流是在同一相中进行的。换流时，若应该关断的晶闸管没能及时关断，它就会和换流后同一相上的晶闸管形成通路，使直流电源发生短路，带来换流安全问题；另外，需要外接换流衰减电阻、换流电感、换流电容等元件才能完成换流，使得逆变器体积增加、成本提高、换流损耗加大。为此，引入了 120°导电型的电流型逆变器。该逆变器晶闸管的换流是在同一组中进行的，不存在电源短路问题，也不需要换流衰减电阻和换流电感等元件。

因为三相变频器的负载通常是异步电动机，可以用异步电动机负载中的定子电感来代替换流电路中的换流电感，并且省去衰减电阻。下面分析一个串联二极管式交-直-交电流型变频器带异步电动机负载的例子，它利用电动机绕组的电感作为换流电感。先讨论电动机的等效电路。

1）异步电动机等效电路的简化。图 4-40a 所示为三相异步电动机一相等效电路，其中 R_s、L_{1s} 分别为定子相电阻及漏感，R'_r、L'_{1r} 分别为折算到定子侧的转子相电阻及漏感，L_m 为定子每相绕组所产生的气隙主磁通对应的励磁电感。

图 4-40　三相异步电动机一相等效电路及近似等效电路

a）一相等效电路　b）近似等效电路　c）进一步化简的等效电路

为了简化分析，可以忽略定子电阻 R_s，并且将励磁电抗 L_m 移至 L'_{1r} 之后，形成图 4-40b 所示的近似等效电路。如果将流入三相异步电动机的相电流 i 分解为基波 i_1 与谐波 i_n 两部分 $i = i_1 + i_n$，则 i_1 和 i_n 都要在该相产生感应电动势。在串联漏电感 $L_{1s} + L'_{1r} = L_1$ 上，基波 i_1 与谐波 i_n 电流都会产生感应电动势，而在 L_m 与 R'_r/s 的并联支路中，却只有基波电流 i_1 的感应电动势 e_1 存在（由于电动机主磁通分布是正弦的，故感应电动势只有基波分量而没有谐波），于是电动机的一相等效电路可进一步简化为图 4-40c 所示。这样，电动机各相等效电路电压表达式可以写成

$$u_{相} = L_1 \frac{di}{dt} + e_1$$

2）主电路的组成。三相串联二极管式电流型逆变器的典型主电路如图 4-41 所示。图中，L_d 为整流与逆变两部分电路的中间滤波环节——直流平波电抗器，$VT_1 \sim VT_6$ 为主晶闸管，C_{13}、C_{35}、C_{51}、C_{46}、C_{62}、C_{24} 为换流电容，$VD_1 \sim VD_6$ 为隔离二极管。电动机的电感和换流电容组成换流电路。

以 e_{1A}、e_{1B}、e_{1C} 分别表示电动机各相基波电流感应电动势，L_{1A}、L_{1B}、L_{1C} 表示各相漏电感，则

$$u_A = L_{1A} \frac{di_A}{dt} + e_{1A}$$

$$u_B = L_{1B} \frac{di_B}{dt} + e_{1B}$$

$$u_C = L_{1C} \frac{di_C}{dt} + e_{1C}$$

该逆变器的输入端采用了可控整流，滤波电感 L_d 将整流器的输出强制变成恒定直流电流 I_d。逆变器部分没有调压功能，调压靠输入端的可控整流器。六个晶闸管按一定的导通规则通断，将滤波电感 L_d 送来的恒流 I_d 逆变成频率可调的交流电。

图4-41　三相串联二极管式电流型逆变器典型主电路

3）晶闸管导通规则及输出波形分析。逆变器中六个晶闸管的导通顺序为 $VT_1 \rightarrow VT_2 \rightarrow VT_3 \rightarrow VT_4 \rightarrow VT_5 \rightarrow VT_6 \rightarrow VT_1 \cdots \cdots$，各晶闸管的触发间隔为60°。电流型逆变器通常采用120°导电型，即每个晶闸管导通120°电角度后被关断，由同一组的另一个晶闸管换流导通。按照每个晶闸管触发间隔为60°，触发导通后维持120°才被关断的特征（120°导电型），可以得到六个晶闸管在360°区间里的导通情况，见表4-3。

表4-3　逆变器中晶闸管的导通情况（120°电流型）

区间 晶闸管	0°~60°	60°~120°	120°~180°	180°~240°	240°~300°	300°~360°
VT_1	导通	导通	✕	✕	✕	✕
VT_2	✕	导通	导通	✕	✕	✕
VT_3	✕	✕	导通	导通	✕	✕
VT_4	✕	✕	✕	导通	导通	✕
VT_5	✕	✕	✕	✕	导通	导通
VT_6	导通	✕	✕	✕	✕	导通

根据每60°间隔中晶闸管的导通情况，可以作出每个60°区间内负载连接的等效电路，

如图 4-42 所示。由此可求出输出的相电流和线电流。从表 4-3 和图 4-42 的等效电路可以很容易得到表 4-4 所列的逆变器相电流计算值。此处 Z 表示由 L_1 和 e_1 构成的负载。

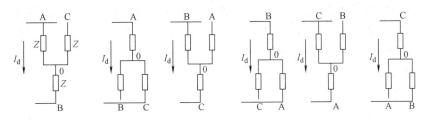

图 4-42　　每个 60°区间内的负载等效电路

表 4-4　　逆变器的相电流计算值（120°电流型）

区间 相电流	$0° \sim 60°$	$60° \sim 120°$	$120° \sim 180°$	$180° \sim 240°$	$240° \sim 300°$	$300° \sim 360°$
I_{A0}	I_d	I_d	0	$-I_d$	$-I_d$	0
I_{B0}	$-I_d$	0	I_d	I_d	0	$-I_d$
I_{C0}	0	$-I_d$	$-I_d$	0	I_d	I_d

按表 4-4，将各区间的相电流连接起来后即可得到 120°导电型逆变器输出的相电流波形，如图 4-43 所示。三个相电流是相位互差 120°电角度的矩形交变电流波形。

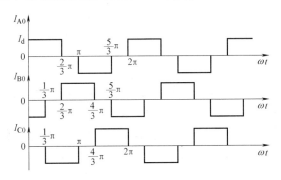

图 4-43　120°导电型逆变器输出的相电流波形

在星形联结的对称负载中，线电流等于相电流；若是三角形联结的对称负载，其线电流与相电流关系的分析与正弦电路类似。

4）120°导电型逆变器工作规律总结如下：

①每个脉冲触发间隔 60°内，有两个晶闸管器件导通，它们分属于逆变桥的共阴极组和共阳极组。

②在两个导通器件中，每个器件所对应相的相电流为 I_d。而不导通器件所对应相的相电流为零。

③共阳极组中器件所通过的相电流为正，共阴极组器件所通过的相电流为负。

④每个脉冲间隔 60°内的相电流之和为零。

4.4.3 晶闸管变频调速系统

要组成晶闸管变频调速系统仅有前面介绍的晶闸管变频器还不行，还必须加上相应的控制环节。为此，本节首先介绍晶闸管变频调速系统中的主要控制环节，然后再配上前述的静止型晶闸管交-直-交变频器，最终组成晶闸管变频调速系统。

1. 晶闸管变频调速系统中的主要控制环节

（1）给定积分器

给定积分器又称软起动器，它用来减缓突加阶跃给定信号造成的系统内部电流、电压的冲击，提高系统的运行稳定性。其输入/输出波形对比如图 4-44 所示。

（2）绝对值运算器

绝对值运算器是把给定积分器送来的输入信号（正值或负值）均转换为正值。其输入/输出关系为 $u_o = |u_i|$。其输入/输出波形关系如图 4-45 所示。

图 4-44　给定积分器的输入/输出波形　　　　图 4-45　绝对值运算器的输入/输出波形

（3）电压-频率变换器

转速给定信号是以电压形式给出的，而用晶闸管逆变器实现变频必须将其转换成频率的形式，电压-频率（U/F）变换器就是用来将电压给定信号转换成脉冲信号的装置。输入电压越高，脉冲频率越高；输入电压越低，则脉冲频率越低。该脉冲频率是逆变器（六拍逆变器）输出频率的 6 倍。其输入/输出信号关系如图 4-46 所示。

图 4-46　电压-频率变换器输入/输出信号关系

电压-频率变换器的种类很多，有单结晶体管压控振荡器、555 时基电路构成的压控振荡器，还有各种专用集成压控振荡器构成的电路。

（4）环形分配器

环形分配器又称六分频器，它将电压-频率变换器送来的压控振荡脉冲，每六个为一组，分为六路输出，依次送给逆变器的六个晶闸管器件。环形分配器的功能与输入/输出信号波形如图4-47a、b所示。

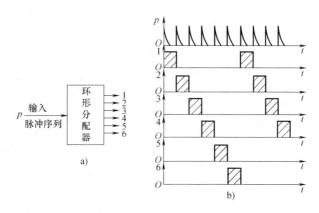

图 4-47　环形分配器的功能与输入/输出信号波形

a）环形分配器的功能　b）环形分配器输入/输出信号波形

在图4-47a中，输入信号为频率变化的脉冲序列，环形分配器的输出脉冲特征是：①各路脉冲发出的时间间隔为60°电角度；②各路脉冲的宽度为60°（因为带感性负载的晶闸管器件需要宽脉冲触发）；图4-47b所示是环形分配器的输出波形。

（5）脉冲功率放大与脉冲输出级

1）脉冲功率放大的作用：

①根据逻辑开关发出的指令，使功率放大管按照 $VT_1 \rightarrow VT_2 \rightarrow \cdots\cdots \rightarrow VT_6 \rightarrow VT_1 \cdots\cdots$ 或 $VT_6 \rightarrow VT_5 \rightarrow \cdots\cdots VT_1 \rightarrow VT_6 \cdots\cdots$ 的顺序导通，且导通120°；

②将宽度为60°的脉冲拓宽为120°的宽脉冲；

③将环形分配器送来的脉冲进行功率放大。

图4-48a所示为脉冲功率放大与脉冲输出级的功能框图，图4-48b所示为脉冲功率放大器的输入/输出信号波形。

2）脉冲输出级的作用：

①将脉冲功率放大器送来的宽脉冲调制成触发晶闸管所需的脉冲列（用方波发生器产生的脉冲进行脉冲列调制）；

②用脉冲变压器隔离输出级与晶闸管的门极。脉冲输出级的输出波形如图4-49所示。

脉冲输出级包括方波发生器、功率放大与解调两个部分。当 VT_1、VT_2 的基极均为高电平时，在脉冲变压器 TB 的一次侧得到调制后的信号，解调后得到原信号。

（6）函数发生器

函数发生器的作用有以下两个：

1）在 $f_{smin} \sim f_{sN}$ 的调频范围内，为确保恒转矩调速，将频率给定信号正比例转换为电压给定信号，并在低频下将电压给定信号适当提升，进行低频电压补偿以达到 $E_g / \omega_s =$ 常数的控制效果；

图 4-48　脉冲功率放大与脉冲输出级的功能框图及脉冲功率放大器的输入输出信号波形

a）脉冲功率放大与脉冲输出级的功能框图　b）脉冲功率放大器的输入输出信号波形

图 4-49　脉冲输出级的输出波形

2）在 f_{sN} 以上，无论频率给定信号如何上升，电压给定信号保持不变，使输出电压 u_s 保持 u_{sN} 不变。

函数发生器的输入与输出关系如图 4-50 所示。

（7）逻辑开关

逻辑开关电路的作用是根据给定信号为正、负或零来控制电动机的正转、反转或停车。如给定信号为正，则控制脉冲输出级按正相序触发，电动机正转；如给定信号为负，则控制脉冲输出级按负相序触发，相应于电动机反转；如给定

图 4-50　函数发生器的输入
与输出关系

信号为零，则逻辑开关将脉冲输出级的正、负脉冲都封锁，使电动机停车。

2. 晶闸管变频调速系统

（1）转速开环的电压型晶闸管变频调速系统

图 4-51 所示为晶闸管交-直-交电压型变频器转速开环变频调速系统原理框图。由于是没有测速反馈的转速开环变频调速系统，其调速性能不如转速闭环系统，因此适用于调速要求不高的场合。

系统中电动机对变频器的控制要求如下：

1）在额定频率 f_{sN} 以下，对电动机进行恒转矩调速，即要求在变频调速过程中，在改变频率的同时改变供电电压，保证变频器以恒压频比 U_s/ω_s = 常数控制电动机。

2）在额定频率 f_{sN} 以上，对电动机进行近似恒功率调速，即要求变频器保持输出电压不变，只改变频率调速。

图 4-51　晶闸管交-直-交电压型变频器转速开环变频调速系统原理框图

对转速开环的晶闸管变频调速系统的组成说明如下：

该系统的控制分上、下两路，上路实现对晶闸管整流器的变压控制，下路实现对晶闸管逆变器的变频控制。

在图 4-51 所示的系统原理框图中，主电路采用晶闸管交-直-交电压型变频器，控制电路有两个控制通道：上面是电压控制通道，采用电压闭环控制可控整流器的输出直流电压；下面是频率控制通道，控制电压源型逆变器的输出频率。电压和频率控制采用同一控制信号（来自绝对值运算器），以保证二者之间的协调。由于转速控制是开环的，不能让阶跃的转速给定信号直接加到控制系统上，否则将产生很大的冲击电流。为了解决这个问题，设置了给定积分器将阶跃信号转变成合适的斜坡信号，从而使电压和转速都能平缓地升高或降低，其次，由于系统是可逆的，而电动机的旋转方向只取决于变频电压的相序，并不需要在电压和频率的控制信号上反映极性，因此，在后面再设置绝对值运算器将给定积分器的输出变换成只输出其绝对值的信号。

电压控制环一般采用电压电流双闭环的控制结构。内环设 ACR，以限制动态电流；外环设 AVR，以控制变频器输出电压。电压-频率控制信号加到电压环以前，应补偿定子阻抗压降，以改善调速时（特别是低速时）的机械特性，提高带负载能力。

频率控制环节主要由电压-频率变换器、环形分配器和脉冲放大器三部分组成，将电压-频率控制信号转变成具有所需频率的脉冲列，再按六个脉冲一组依次分配给逆变器，分别触发桥臂上相应的六个晶闸管。

（2）转速开环的电流型晶闸管变频调速系统

晶闸管交-直-交电流型变频器转速开环变频调速系统原理框图如图 4-52 所示。

图 4-52　晶闸管交-直-交电流型变频器转速开环变频调速系统原理框图

该系统与前面所述的电压型变频器调速系统的主要区别在于主电路采用了大电感滤波的电流型逆变器。在控制系统上，两类系统结构基本相同，都是采用电压-频率协调控制。无论是电压型还是电流型变频调速系统，由于要用到电压 - 频率协调控制，因此都必须采用电压控制系统，只是电压反馈环节有所不同。电压型变频器直流电压的极性是不变的，而电流型变频器在回馈制动时直流电压要反向，因此后者的电压反馈不能从直流电压侧引出，而改从逆变器的输出端引出。

图 4-52 中所用各控制环节基本上与电压型变频器调速系统类似。图中，电流型逆变器采用电压闭环，能使电动机调速时保持恒磁通，但会引起系统不稳定。为了克服这种不稳定因素，在图 4-52 中增加了一个瞬态校正环节。

4.4.4　脉宽调制的异步电动机变频调速系统

晶闸管交-直-交变频器存在下列问题：

1）变压与变频需要两套可控的晶闸管变流器，开关元器件多，控制电路复杂。

2）晶闸管可控整流器在低频低压下功率因数低。

3）逆变器输出的阶梯波形中交流谐波成分较大。

所谓脉宽调制（Pulse Width Modulation，PWM）技术是指利用全控型电力电子器件的导通和关断把直流电压变成一定形状的电压脉冲序列，实现变压、变频控制并且消除输出谐波的技术，简称 PWM 技术。

变频调速系统采用 PWM 技术不仅能够及时、准确地实现变压变频控制要求，而且更重要的意义是抑制逆变器输出电压或电流中的谐波分量，从而降低或消除了变频调速时电动机的转矩脉动，提高了电动机的工作效率，扩大了调速系统的调速范围。

目前，实际工程中主要采用的 PWM 技术是正弦 PWM（SPWM），这是因为采用这种技术的变频器输出的电压或电流波形接近于正弦波形。

SPWM 方案多种多样，归纳起来可分为电压正弦 PWM、电流正弦 PWM 和磁通正弦 PWM 三种基本类型。其中，电压正弦 PWM 和电流正弦 PWM 是从电源角度出发的 SPWM，磁通正弦 PWM（也称为电压空间矢量 PWM）是从电动机角度出发的 SPWM 方法。

PWM 型变频器的主要特点是：

1）主电路只有一个可控的功率环节，开关器件少，控制电路结构得以简化。

2）整流侧使用了不可控整流器，电网功率因数与逆变器输出电压无关，基本上接近于 1。

3）VVVF 在同一环节实现，与中间储能器件无关，变频器的动态响应加快。

4）通过对 PWM 控制方式的控制，能有效地抑制或消除低次谐波，实现接近正弦形的输出交流电压波形。

1. 电压正弦脉宽调制的变频调速系统

（1）电压正弦脉宽调制原理

顾名思义，电压 SPWM 技术就是希望逆变器输出电压是正弦波形，它通过调节脉冲宽度来调节平均电压的大小。

电压正弦波脉宽调制法的基本思想是用与正弦波等效的一系列等幅不等宽的矩形脉冲波形来等效正弦波，如图 4-53 所示。具体是把一个正弦半波分作 n 等分（在图 4-53a 中 $n = 12$），然后把每一等分正弦曲线与横轴所包围的面积都用一个与之面积相等的矩形脉冲来代替，矩形脉冲的幅值不变，各脉冲的中点与正弦波每一等分的中点相重合，如图 4-53b 所示。这样，由 n 个等幅不等宽的矩形脉冲所组成的波形就与正弦波的半周波形等效，称为 SPWM 波形。同样，正弦波的负半周也可用相同的方法与一系列负脉冲等效。这种正弦波正、负半周分别用正、负脉冲等效的 SPWM 波形称作单极式 SPWM。

图 4-53b 所示的一系列等幅不等宽的矩形脉冲波形，就是所希望逆变器输出的 SPWM 波形。由于每个脉冲的幅值相等，所以逆变器可由恒定的直流电源供电，也就是说，这种交-直-交变频器中的整流器可以采用不可控的二极管整流器。当逆变器各功率开关器件都是在理想状态下工作时，驱动相应功率开关器件的信号也应为与图 4-53b 形状一致的一系列脉冲波形。

图 4-54 绘出了单极式 SPWM 电压波形，其等效正弦波为 $U_m \sin\omega_s t$，而 SPWM 脉冲序列波的幅值为

图 4-53　与正弦波等效的等幅
不等宽的矩形脉冲波形
a）正弦波形　b）等效的 SPWM 波形

图 4-54　单极式 SPWM 电压波形

$U_d/2$，各脉冲不等宽，但中心间距相同，都等于 π/n，n 为正弦波半个周期内的脉冲数。

令第 i 个脉冲的宽度为 δ_i，其中心点相位角为 θ_i，则根据面积相等的等效原则，得到

$$\delta_i \approx \frac{2\pi U_m}{n U_d}\sin\theta_i \tag{4-31}$$

式（4-31）说明，第 i 个脉冲的宽度与该处正弦波值近似成正比。因此，与半个周期正弦波等效的 SPWM 波是两侧窄、中间宽、脉宽按正弦规律逐渐变化的序列脉冲波形。

原始的脉宽调制方法是利用正弦波作为基准的调制波（Modulation Wave），受它调制的信号称为载波（Carrier Wave），在 SPWM 中常用等腰三角波当做载波。当调制波与载波相交时，如图 4-55a 所示，由它们的交点确定逆变器开关器件的通断时刻。具体的做法是，当 A 相的调制波电压 u_{ra} 高于载波电压 u_t 时，使相应的开关器件 VT_1 导通，输出正的脉冲电压，如图 4-55b 所示；当 u_{ra} 低于 u_t 时使 VT_1 关断，输出电压为零。在 u_{ra} 的负半周中，可用类似的方法控制下桥臂的 VT_4，输出负的脉冲电压序列。改变调制波的频率时，输出电压基波的频率也随之改变；降低调制波的幅值时，如 u'_{ra}，各段脉冲的宽度都将变窄，从而使输出电压基波的幅值也相应减小。

图 4-55　单极式脉宽调制波的形成
a）正弦调制波与三角载波　b）输出的 SPWM 波形

上述的单极式 SPWM 波形在半周内的脉冲电压只在"正"或"负"和"零"之间变化，主电路每相只有一个开关器件反复通断。如果让同一桥臂上、下两个开关器件交替地导通与关断，则输出脉冲在"正"和"负"之间变化，就得到双极式的 SPWM 波形。图 4-56 绘出了三相双极式的 SPWM 波形，其调制方法和单极式相似，只是输出脉冲电压的极性不同。

当 A 相调制波 $u_{rA} > u_t$ 时，VT_1 导通，VT_4 关断，使负载上得到的相电压为 $u_{A0} = +U_d/2$；当 $u_{rA} < u_t$ 时，VT_1 关断而 VT_4 导通，则 $u_{A0} = -U_d/2$。所以 A 相电压 $u_{A0} = f(t)$ 是以 $+U_d/2$ 和 $-U_d/2$ 为幅值作正、负跳变的脉冲波形。同理，图 4-56c 所示的 $u_{B0} = f(t)$ 是由 VT_3 和 VT_6 交替导通得到的，图 4-56d 所示的 $u_{C0} = f(t)$ 是由 VT_5 和 VT_2 交替导通得到的。由 u_{A0} 和 u_{B0} 相减可得逆变器输出的线电压波形 $u_{AB} = f(t)$，如图 4-56e 所示，其脉冲幅值为 $+U_d$ 和 $-U_d$。

双极性 SPWM 与单极性 SPWM 控制方法一样，对输出交流电压的大小调节要靠改变调制波的幅值来实现，而对输出交流电压的频率调节则要靠改变调制波的频率来实现。

（2）SPWM 变频器的主电路

图 4-57 所示为 SPWM 变频器主电路。

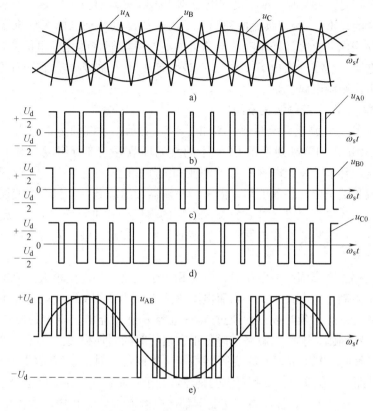

图 4-56　三相双极式 SPWM 波形

a）三相调制波与双极性三角载波　b）$u_{A0} = f(t)$

c）$u_{B0} = f(t)$　　d）$u_{C0} = f(t)$　　e）$u_{AB} = f(t)$

图 4-57　SPWM 变频器主电路

　　图 4-57 中，整个逆变器由三相不可控整流器供电，所提供的直流恒值电压为 U_d。为分析方便起见，认为异步电动机定子绕组星形联结，其中，中性点 0 与整流器输出端滤波电容器的中性点 0′相连，因而当逆变器任一相导通时，电动机绕组上所获得的相电压为 $U_d/2$。

　　滤波电容器起着平波和中间储能的作用，提供电感性负载所需的无功功率。

　　$VT_1 \sim VT_6$ 是逆变器的六个全控型功率开关器件，它们各有一个续流二极管反向并联。$VT_1 \sim VT_6$ 工作于开关状态，其开关模式取决于供给基极的 PWM 控制信号，输出交流电压的幅值和频率通过控制开关脉宽和切换点时间来调节。$VD_1 \sim VD_6$ 用来提供续流回路。以 A 相负载为例：当 VT_1 突然关断时，A 相负载电流靠 VD_4 续流，而当 VT_4 突然关断时，A 相负载电流又靠 VD_1 续流，B、C 两相续流原理同上。由于整流电源是二极管整流器，能量不能向电网回馈，因此当电动机突然停车时，电动机轴上的机械能将转化为电能通过 $VD_1 \sim VD_6$ 的整流向电容充电，储存在滤波电容 C_d 中，造成直流电压 U_d 的升高。该电压称为泵升电压。必须设置泵升电压限制电路。

（3）电压型 SPWM 变频调速系统

电压型 SPWM 变频调速系统原理框图如图 4-58 所示，系统的主电路由不可控三相桥式整流器 UR、三相桥式 SPWM 逆变器 UI 和中间直流环节等三部分组成。对于电压型变频器而言，其中间直流环节采用大电容 C 进行滤波和中间储能。

二极管整流虽然是全波整流电路，但由于整流器接滤波电容，只有当交流电压超过电容电压时，整流电路才进行充电（往往在交流电压的峰值处才进行充电）。交流电压小于电容电压时，电流为零，这将导致在电网上产生谐波。为了抑制谐波，通常在电网和变频器之间加一个进线电抗器 L_L。

由于电容量很大，合闸突加电压时，电容相当于短路，将产生很大的充电电流，损坏整流二极管。为了限制充电电流，采用限流电阻 R_0 和延时开关 SA 组成的预充电电路对电容 C 进行充电，电源合闸后，延时数秒，通过 R_0 对电容 C 进行充电。电容的电压升高到一定值后，闭合开关 SA 将限流电阻 R_0 短路，避免正常运行时的附加损耗。

由于二极管整流的电压型 SPWM 变频器不能再生制动，对于小容量的通用变频器一般都用电阻吸收制动能量。制动时，变频器中的整流器处于整流状态，逆变器也处于整流状态，此时异步电动机进入发电状态，整流器和逆变器都向电容 C 充电，当中间直流电压（称为泵升电压）升高到一定值时，通过开关器件 VT_b 接通 R_b，将电动机的动能消耗于电阻 R_b 上。

图 4-58　电压型 SPWM 变频调速系统原理框图

2. 电流正弦脉宽调制的变频调速系统

交流电动机的控制性能主要取决于转矩或者电流的控制质量（在磁通恒定的条件下），

为了满足电动机控制的良好动态响应，经常采用电流正弦 PWM 技术。电流正弦 PWM 技术本质上是电流闭环控制，实现方法很多，主要有 PI 控制、滞环控制及无差拍预测控制等几种，都具有控制简单、动态响应快和电压利用率高的特点。

目前，实现电流控制的常用方法是 A. B. Plunkett 提出的电流滞环 SPWM，即把正弦电流参考波形和电流的实际波形通过滞环比较器进行比较，其结果决定逆变器桥臂上、下开关器件的导通和关断。这种方法的主要优点是控制简单，响应快，瞬时电流可以被限制，功率开关器件得到自动保护。这种方法的主要缺点是电流谐波相对较大。本节重点介绍电流滞环跟踪控制的 SPWM 技术及其控制系统。

电流滞环控制是一种非线性控制方法，电流滞环控制型逆变器一相（A 相）的电流控制原理框图如图 4-59a 所示。正弦电流信号发生器的输出信号作为相电流给定信号，与实际的相电流信号相比较后送入电流滞环控制器。设滞环控制器的环宽为 2ε，t_0 时刻，$i_A^* - i_A \geq \varepsilon$，则滞环控制器输出正电平信号，驱动上桥臂功率开关器件 VT_1 导通，使 i_A 增大。当 i_A 增大到与 i_A^* 相等时，虽然 $\Delta i_A = 0$，但滞环控制器仍保持正电平输出，VT_1 保持导通，i_A 继续增大，直到 t_1 时刻，$i_A = i_A^* + \varepsilon$，滞环控制器翻转，输出负电平信号，关断 VT_1，并经保护延时后驱动下桥臂功率开关器件 VT_2。但此时 VT_2 未必导通，因为电流 i_A 并未反向，而是通过续流二极管 VD_2 维持原方向流通，其数值逐渐减小。直到 t_2 时刻，i_A 降到滞环偏差的下限值，又重新使 VT_1 导通。VT_1 与 VD_2 的交替工作使逆变器输出电流与给定值的偏差保持在 $\pm\varepsilon$ 范围之内，在给定电流上下作锯齿状变化。当给定电流是正弦波时，输出电流也十分接近正弦波，如图 4-59b 所示。与此类似，负半周波形是 VT_2 与 VD_1 交替工作形成的。

图 4-59　电流滞环控制型逆变器一相的电流控制原理框图及输出电流、电压波形

a）电流滞环控制型逆变器一相的电流控制原理框图　b）电流滞环控制型逆变器输出电流、电压波形

　　显然，滞环控制器的滞环宽度越窄，则开关频率越高，可使定子电流波形更逼近给定基准电流波形，从而将有效地使电动机定子绕组获得电流源供电效果，但开关损耗也加大。

　　了解一相电流滞环控制型 SPWM 逆变器原理之后便可以组成三相电流滞环控制型 SPWM 变频调速系统，原理框图如图 4-60 所示。

图 4-60　三相电流滞环控制型 SPWM 变频调速系统原理框图

　　需要指出的是，电流滞环控制型对于给定的滞环宽度，其开关频率随着电动机运行状态的变化而变化。当开关频率超过功率器件的允许开关频率时，将不利于功率器件的安全工作；当开关频率过低时，将会造成电流波形畸变，导致电流谐波成分加大。因此，最好能使逆变器的开关频率在一个周期内基本保持一定。

习题与思考题

　　4-1　根据交流电动机的转速方程，说明目前交流调速主要有哪些方法？各有什么特点？

　　4-2　异步电动机从定子输入转子的电磁功率中，有一部分是与转差成正比的转差功率，根据对其处理方式的不同，可把交流调速系统分成哪几类？举例说明。

　　4-3　在交流调压电路中，相位控制和通断控制各有什么优缺点？

　　4-4　交流调压调速系统的开环机械特性通常不能满足调速要求，要想获得实际应用，必须具备哪两个条件？

　　4-5　交流电动机调压调速时，为什么不能长期运行于低速状态？通常用什么方法来加以改善？

　　4-6　试述绕线转子异步电动机串级调速的基本原理。

　　4-7　简述由晶闸管-绕线转子异步电动机组成的串级调速系统的主电路构成。

　　4-8　在串级调速系统中为什么要在转子回路中串入一个外加电动势，此外加电动势与电动机转速的关系是怎么在实际系统中实现的？

　　4-9　试画出双闭环串级调速系统的动态结构图。

　　4-10　绕线转子异步电动机转子所接整流电路的工作特点是什么？

　　4-11　异步电动机与运行在自然接线时的情况相比，运行在串级调速时的机械特性有什么不同？

4-12　试从物理意义上说明串级调速系统机械特性比其固有特性要软的原因。

4-13　试定性比较晶闸管串级调速系统与转子串电阻调速系统的总效率。

4-14　串级调速适用于哪一类电动机？串级调速系统的调速性能怎样？为什么串级调速系统能提高电源的利用率？

4-15　试分析次同步串级调速系统总功率因数低的主要原因，并指出提高系统总功率因数的主要方法。

4-16　变频调速的基本控制方式有哪些？

4-17　交流变频调速的静止式变频装置主要有哪几种类型？

4-18　变频调速时为什么要维持恒磁通控制？恒磁通控制的条件是什么？

4-19　试述交-交变频器与交-直-交变频器各自的特点。

4-20　指出电压型变频器和电流型变频器各自的特点。为什么电压型变频器没有回馈制动能力？

4-21　电压型与电流型逆变器在构成上有什么区别？在性能上各有什么特点？

4-22　如何控制交-交变频器的正、反组晶闸管，以获得按正弦规律变化的平均电压？

4-23　转速开环的交-直-交电压型变频调速系统中给定积分器的作用是什么？

4-24　采用电压闭环控制的交-直-交电压型变频调速系统，电压反馈信号可从何处取出，为什么？

4-25　采用电压电流闭环控制的交-直-交电流型变频调速系统，电流、电压反馈信号应从何处取出，为什么？

第 5 章 矢量控制的高性能异步
电动机变频调速系统

本章阐述异步电动机矢量控制的基本概念，分析矢量控制的原理及矢量坐标变换的方法，重点讨论异步电动机的动态数学模型，利用矢量坐标变换将异步电动机模拟成直流电动机进行电磁转矩控制，实现异步电动机的高性能速度控制。本章还介绍异步电动机的转子磁链观测和无速度传感器技术，讨论典型的异步电动机矢量控制系统。

5.1 直流电动机和异步电动机的电磁转矩和矢量控制的基本原理

5.1.1 直流电动机和异步电动机的电磁转矩

任何电力拖动系统都服从于基本运动方程式

$$T_e - T_L = J\frac{\mathrm{d}\Omega}{\mathrm{d}t} = \frac{GD^2}{375}\frac{\mathrm{d}n}{\mathrm{d}t} \tag{5-1}$$

式中，T_e 为电动机的电磁转矩；T_L 为负载转矩；J 为转动惯量，其中，$J = \dfrac{GD^2}{4g} = \dfrac{GD^2}{375}$·$\dfrac{30}{\pi}$；$n$ 为电动机的转速，Ω 为电动机的机械角速度。

由式（5-1）可以知道，如果能快速准确地控制电磁转矩 T_e，那么调速系统就具有较高的动态性能，因此，调速系统性能好坏的关键是对电磁转矩的有效控制。

众所周知，晶闸管供电的转速电流双闭环直流调速系统具有优良的静、动态调速特性，其根本原因在于，作为被控对象的他励直流电动机的电磁转矩可以灵活地进行控制，因为直流电动机电磁转矩中的两个控制量磁通 Φ_m 和电枢电流 I_d 在空间位置上相互正交、Φ_m 和 I_d 相互独立无耦合，可分别进行控制。

而交流异步电动机的电磁转矩 $T_e = K_m\Phi_m I_2'\cos\varphi_2$，电磁转矩与磁通 Φ_m、转子电流 I_2'、转子功率因数 $\cos\varphi_2$ 有关；磁通由定、转子磁动势共同产生；另外磁通、转子电流、转子功率因数都是转差率 s 的函数，它们相互耦合，互不独立。因此，要想在动态中准确地控制异步电动机的转矩显然是比较困难的。

那么交流电动机是否可以模仿直流电动机的转矩控制规律而加以控制呢？1971 年德国学者 Blaschke 等人提出的矢量变换控制原理实现了这种控制思想。矢量变换控制成功地解决了交流电动机电磁转矩的有效控制，像直流调速系统一样，实现了交流电动机磁通和转矩的独立控制，从而使交流电动机变频调速系统具备了直流调速系统的优点。

5.1.2 矢量控制的基本原理

在交流异步电动机定子三相对称绕组中，通入对称的三相正弦交流电 i_A、i_B、i_C 时，则产生旋转磁动势，并由它建立相应的旋转磁场 Φ_{ABC}，如图 5-1a 所示，磁场的旋转角速度等于定子电流的角频率 ω_s。然而，产生旋转磁场不一定非要三相绕组，除单相外任意的多相对称绕组，通入多相对称正弦电流，都能产生圆形旋转磁场。图 5-1b 所示的、具有位置互差 90° 的两相定子绕组 α、β 异步电动机，当通入两相对称正弦电流 i_α、i_β 时，也能产生旋转磁场 $\Phi_{\alpha\beta}$。如果这个旋转磁场的大小、转速及转向与图 5-1a 所示三相绕组所产生的旋转磁场完全相同，则可认为图 5-1a 和图 5-1b 所示的两套交流绕组等效。由此可知，处于三相静止坐标系上的三相对称静止交流绕组，可以等效为两相静止直角坐标系上的两相对称静止交流绕组；三相交流绕组中的三相对称正弦交流电流 i_A、i_B、i_C 与两相对称正弦交流电流 i_α、i_β 之间必存在着确定的变换关系

$$i_{\alpha\beta} = C_{3S/2S}i_{ABC}$$
$$i_{ABC} = C_{3S/2S}^{-1}i_{\alpha\beta} = C_{2S/3S}i_{\alpha\beta}$$

(5-2)

式 (5-2) 为矩阵方程，其中 $C_{3S/2S}$ 和 $C_{2S/3S}$ 为变换矩阵。

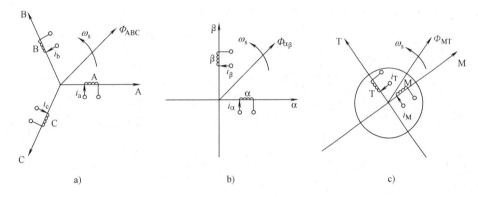

图 5-1　等效的交流电机绕组和直流电机绕组物理模型

a) 三相交流绕组　　b) 两相交流绕组　　c) 旋转的直流绕组

由直流电动机的结构可知，励磁绕组在空间上是固定的直流绕组，而电枢绕组在空间上是旋转的直流绕组，虽然电枢绕组本身在旋转，但是由于换向器的作用电枢磁动势 F_a 在空间上却有固定的方向。这样从磁效应的意义上来说，可以把直流电动机的电枢绕组当成在空间上固定的直流绕组。因而，直流电动机的励磁绕组和电枢绕组就可以用图 5-1c 所示的两个在空间位置上互差 90° 的直流绕组 M 和 T 来等效，M 绕组是等效的励磁绕组，T 绕组是等效的电枢绕组，M 绕组中的直流电流 i_M 被称为励磁电流分量，T 绕组中的直流电流 i_T 称为转矩电流分量。

设 Φ_{MT} 为 M 绕组和 T 绕组分别通入直流电流 i_M 和 i_T 时产生的合成磁通，且在空间固定不动。如果人为地使这两个绕组旋转起来，则 Φ_{MT} 也自然地随着旋转。当观察者站在以同步转速旋转的 M-T 绕组上与其一起旋转时，在他看来，仍是两个通入直流电流的固定绕组。若使 Φ_{MT} 的大小、转速和转向与图 5-1b 相同，则两相 α-β 交流绕组所产生的旋转磁场 $\Phi_{\alpha\beta}$ 与旋转的两相 M-T 直流绕组等效，又因为两相 α-β 交流绕组所产生的旋转磁场 $\Phi_{\alpha\beta}$ 与三相 A-B-C 交流绕组产生的旋转磁场 Φ_{ABC} 相同，所以旋转的 M-T 直流绕组与 A-B-C 交流绕组等效。显而易见，使固定的 M-T 绕组旋转起来，只不过是一种物理概念上的假设，然而，这种旋转的实现，可以通过矢量坐标变换方法来完成。在旋转磁场等效的原则下，α-β 交流绕组可

等效为 M-T 直流绕组，这时 α-β 交流绕组中的交流电流 $i_α$、$i_β$ 与 M-T 直流电流 i_M、i_T 之间存在着确定的变换关系

$$i_{MT} = C_{2S/2R}\, i_{αβ}$$
$$i_{αβ} = C_{2S/2R}^{-1}\, i_{MT} = C_{2R/2S}\, i_{MT}$$

(5-3)

式（5-3）为矩阵方程，其中 $C_{2S/2R}$ 和 $C_{2R/2S}$ 为变换矩阵。

式（5-3）的物理含义是表示一种旋转变换关系，或者说，对于相同的旋转磁场而言，如果 α-β 交流绕组中的电流 $i_α$、$i_β$ 与 M-T 直流绕组中的电流 i_M、i_T 存在着式（5-3）的变换关系，则 α-β 交流绕组与 M-T 直流绕组完全等效。

由于 α-β 两相交流绕组又与 A-B-C 三相交流绕组等效，所以，M-T 直流绕组与 A-B-C 交流绕组等效，即有

$$i_{MT} = C_{2S/2R}\, i_{αβ} = C_{3S/2R}\, i_{ABC}$$

由上式可知，M-T 直流绕组中的电流 i_M、i_T 与三相电流 i_A、i_B、i_C 之间存在着确定关系，因此通过控制 i_M、i_T 就可以实现对 i_A、i_B、i_C 的控制。

实际系统是在交流电动机的外部，把定子电流的励磁分量 i_M、转矩分量 i_T 作为给定控制量，记为 i_M^*、i_T^*，通过矢量旋转变换得到两相交流控制量 $i_α$、$i_β$，记为 $i_α^*$、$i_β^*$，然后通过两相/三相矢量变换（2S/3S）得到三相电流的控制量 i_A、i_B、i_C，记为 i_A^*、i_B^*、i_C^*，再用其来控制三相交流异步电动机的运行，从而实现交流电动机电磁转矩的控制。

上述矢量变换控制的基本思想和控制过程可用框图来表达，如图 5-2 所示的控制通道。

图 5-2　矢量变换控制过程框图

如果需要实现转矩电流分量、励磁电流分量的闭环控制，则要测量交流量，然后通过矢量坐标变换计算实际的 i_M、i_T，用其作为反馈控制量，其过程如图 5-2 所示的反馈通道。

5.2　矢量坐标变换及变换矩阵

矢量控制是通过矢量坐标变换将交流电动机的转矩控制与直流电动机的转矩控制统一起

来的。可见，矢量坐标变换是实现矢量控制的关键。本节从确定交流电动机坐标系入手，讨论矢量坐标变换的原理及实现方法。

1. 交流电动机的坐标系

（1）定子坐标系（A-B-C 和 α-β 坐标系）

交流电动机的定子三相绕组分别为 A、B、C，彼此相差 120°，构成一个 A-B-C 三相坐标系，如图 5-3 所示。矢量 X 在三个坐标轴上的投影分别为 x_A、x_B、x_C，代表了该矢量在三个坐标轴上的分量，如果 X 是定子电流矢量，则 x_A、x_B、x_C 分别表示三个绕组中的定子电流分量。

图 5-3　异步电动机定子坐标系

由于平面矢量可用两相直角坐标系来描述，所以在定子坐标系中可定义一个 α-β 两相直角坐标系，它的 α 轴与 A 轴重合，β 轴超前 α 轴90°，也绘于图 5-3 中，$x_α$、$x_β$ 为矢量 X 在 α-β 坐标轴上的分量。

因为 α 轴和 A 轴固定在定子 A 相绕组的轴线上，所以这两个坐标系在空间固定不动，称为静止坐标系。

（2）转子坐标系（a-b-c 和 d-q 坐标系）

转子三相绕组分别为 a、b、c，彼此相差 120°，构成一个 a-b-c 转子三相坐标系。转子坐标系固定在转子上，和转子一起在空间以转子角速度 $ω_r$ 旋转，如图 5-4 所示。转子 d-q 直角坐标系也位于转子上，q 轴超前 d 轴90°，通常称 d-q 坐标系为旋转坐标系。在异步电动机中，可定义转子上任一轴线为 d 轴（不固定），因而有不同的定向方式。

（3）同步旋转坐标系（M-T 坐标系）

同步旋转坐标系的 M 轴固定在磁链矢量上，T 轴超前 M 轴90°，该坐标系和磁链矢量一起在空间以同步角速度 $ω_s$ 旋转。各坐标轴之间的夹角如图 5-5 所示。图中，$ω_s$ 为同步角速度；$ω_r$ 为转子角速度；$φ_s$ 为磁链（磁通）同步角，它是从定子轴 α 到磁链轴 M 的夹角；$φ_L$ 为负载角，是从转子 d 轴到磁链轴 M 的夹角；λ 为转子位置角，其中 $φ_s = φ_L + λ$。

图 5-4　异步电动机转子坐标系　　　　图 5-5　各坐标轴的位置

2. 矢量坐标变换

异步电动机的坐标变换主要有三种：三相静止坐标系变换到两相静止坐标系，或两相静止坐标系变换到三相静止坐标系；由两相静止坐标系变到两相旋转坐标系，或者由两相旋转坐标系变换到两相静止坐标系；由直角坐标系到极坐标系的相互变换。

确定电流变换矩阵时，应遵守变换前后所产生的旋转磁场等效的原则；确定电压变换矩阵和阻抗变换矩阵时，应遵守变换前后电动机功率不变的原则。

（1）定子绕组轴系的变换（A-B-C 和 α-β 坐标系间的变换）

图 5-6 表示了异步电动机的定子三相绕组 A、B、C 和与之等效的异步电动机两相定子绕组 α、β 各相磁动势的空间矢量位置。为了方便起见，令三相绕组的 A 轴与两相绕组的 α 轴重合。

图 5-6　三相定子绕组和两相定子绕组磁动势的空间矢量位置

假设磁动势波形是正弦分布或只计其基波分量，当二者的旋转磁场等效时，合成磁动势沿相同轴向的分量必定相等，即三相绕组和两相绕组的瞬时磁动势沿 α、β 轴的投影相等，即

$$F_\alpha = F_A - F_B\cos60° - F_C\cos60° = F_A - \frac{1}{2}F_B - \frac{1}{2}F_C$$

$$F_\beta = F_B\sin60° - F_C\sin60° = \frac{\sqrt{3}}{2}F_B - \frac{\sqrt{3}}{2}F_C$$

因为各相磁动势均为有效匝数与其瞬时电流的乘积，设三相系统每相绕组的有效匝数为 N_3，两相系统每相绕组的有效匝数为 N_2，则有

$$N_2 i_\alpha = N_3\left(i_A - \frac{1}{2}i_B - \frac{1}{2}i_C\right)$$

$$N_2 i_\beta = N_3\left(\frac{\sqrt{3}}{2}i_B - \frac{\sqrt{3}}{2}i_C\right)$$

可以证明，为了保持变换前后功率不变，变换后的两相绕组每相有效匝数 N_2 应为原三相绕组每相有效匝数 N_3 的 $\sqrt{\dfrac{3}{2}}$ 倍。由此可得到：

三相电流变换为两相电流（3S/2S）的关系为

$$C_{3S/2S} = \sqrt{\frac{2}{3}}\begin{pmatrix} 1 & -\dfrac{1}{2} & -\dfrac{1}{2} \\ 0 & \dfrac{\sqrt{3}}{2} & -\dfrac{\sqrt{3}}{2} \end{pmatrix}$$

而两相电流变换为三相电流（2S/3S）的关系为

$$C_{2S/3S} = \sqrt{\frac{2}{3}}\begin{pmatrix} 1 & 0 \\ -\dfrac{1}{2} & \dfrac{\sqrt{3}}{2} \\ -\dfrac{1}{2} & -\dfrac{\sqrt{3}}{2} \end{pmatrix}$$

当定子三相绕组为星形联结时，有 $i_A + i_B + i_C = 0$，或 $i_C = -i_A - i_B$，则有

$$i_\alpha = \sqrt{\frac{3}{2}}i_A \qquad i_\beta = \sqrt{\frac{1}{2}}i_A + \sqrt{2}i_B \tag{5-4}$$

写成矩阵形式得到三相/两相变换式为

$$\begin{pmatrix} i_\alpha \\ i_\beta \end{pmatrix} = \begin{pmatrix} \sqrt{\dfrac{3}{2}} & 0 \\ \dfrac{1}{\sqrt{2}} & \sqrt{2} \end{pmatrix} \begin{pmatrix} i_A \\ i_B \end{pmatrix} \tag{5-5}$$

将上式逆变换可得到两相/三相变换式为

$$\begin{pmatrix} i_A \\ i_B \end{pmatrix} = \begin{pmatrix} \sqrt{\dfrac{2}{3}} & 0 \\ -\dfrac{1}{\sqrt{6}} & \dfrac{1}{\sqrt{2}} \end{pmatrix} \begin{pmatrix} i_\alpha \\ i_\beta \end{pmatrix} \tag{5-6}$$

按式（5-5）和式（5-6）实现三相/两相和两相/三相的变换要简单得多。图 5-7 所示为按式（5-5）构成的三相/两相（3S/2S）变换器模型。由此可知，在三相系统中，只需检测两相电流即可。

3S/2S 变换器、2S/3S 变换器在系统中的符号表示如图 5-8 所示。

图 5-7　3S/2S 变换器模型

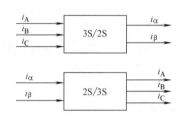

图 5-8　3S/2S 变换器和 2S/3S 变换器的符号表示

根据变换前后功率不变的约束原则，对于电压及阻抗的变换矩阵均可由电流变换矩阵求出，这里不再赘述。

（2）转子绕组轴系的变换（a-b-c 和 d-q 坐标系间的变换）

转子三相轴系到两相轴系的变换如图 5-9 所示。其中，图 5-9a 所示为一个对称的异步电动机三相转子绕组。图中，$\Delta\omega_r$ 为转差角频率。不管是绕线转子还是笼型转子，这个绕组都被看成是经频率和绕组折算后，折算到定子侧的。即是将转子绕组的频率、相数、每相有效串联匝数及绕组系数都折算成和定子绕组一样，折算的原则是折算前后电动机内部的电磁效应和功率平衡关系保持不变。

在转子对称多相绕相中，通入对称多相交流正弦电流时，生成合成的转子磁动势 $\boldsymbol{F}_r$，由电机学知识可知，转子磁动势与定子磁动势具有相同的转速、转向。

同样，根据旋转磁场等效原则及功率不变原则，同定子绕组一样，可把转子三相轴系变换到两相轴系。具体做法是，把等效的两相电动机的两相转子绕组 d、q 相序和三相电动机的三相转子绕组 a、b、c 相序取为一致，且使 d 轴与 a 轴重合，如图 5-9b 所示，然后，直接使用定子三相/两相轴系的变换矩阵式进行变换。

需要指出的是，转子三相轴系和变换后所得到的两相轴系，相对于转子实体都是静止的，但是，相对于静止的定子三相轴系及两相轴系而言，却是以转子角频率 ω_r 旋转的。因此和定子部分的变换不同，这里是三相旋转轴系（a-b-c）变换到两相旋转轴系（d-q）的变换。

图 5-9　转子三相轴系到两相轴系的变换

a) 转子三相轴系　b) 转子两相轴系

（3）矢量旋转变换

　　所谓矢量旋转变换（Vector Rotator），就是交流两相 α、β 绕组和直流两相 M、T 绕组之间电流的变换，它是一种静止的直角坐标系与旋转的直角坐标系之间的变换，简称 VR 变换。把两个坐标系画在一起，如图 5-10 所示。图中，静止坐标系的两相电流 i_α 和 i_β，旋转坐标系的两个直流电流 i_M 和 i_T 均以同步转速 ω_s 旋转，产生的合成磁动势为 F_s。由于各绕组匝数相等，可以消去合成磁动势中的匝数，而直接标上电流，例如 F_s 可直接标成 i_s。但必须注意，在这里，矢量 i_s 以其分量 i_α、i_β 和 i_M、i_T 所表示的实际上是空间磁动势矢量，而不是电流的时间相量。

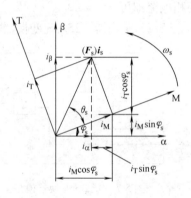

图 5-10　静止直角坐标系与旋转
直角坐标系间的变换

　　在图 5-10 中，M 轴、T 轴和矢量 i_s 都以转速 ω_s 旋转，因此 i_M 和 i_T 分量的长短不变，相当于 M、T 绕组的直流磁动势。但 α 轴与 β 轴是静止的，α 轴与 M 轴的夹角 φ_s 随时间而变化，因此 i_s 在 α 轴与 β 轴上的分量 i_α 和 i_β 的长短也随时间变化，相当于 α、β 绕组交流磁动势的瞬时值。由图 5-10 可见，i_α、i_β 和 i_M、i_T 之间存在着下列关系：

$$i_\alpha = i_M\cos\varphi_s - i_T\sin\varphi_s$$
$$i_\beta = i_M\sin\varphi_s + i_T\cos\varphi_s \tag{5-7}$$

两相旋转坐标系到两相静止坐标系的矩阵形式为

$$\begin{pmatrix} i_\alpha \\ i_\beta \end{pmatrix} = \begin{pmatrix} \cos\varphi_s & -\sin\varphi_s \\ \sin\varphi_s & \cos\varphi_s \end{pmatrix} \begin{pmatrix} i_M \\ i_T \end{pmatrix} \tag{5-8}$$

由式（5-8）可求出两相静止坐标系到两相旋转坐标系的逆变换关系为

$$\begin{pmatrix} i_M \\ i_T \end{pmatrix} = \begin{pmatrix} \cos\varphi_s & \sin\varphi_s \\ -\sin\varphi_s & \cos\varphi_s \end{pmatrix} \begin{pmatrix} i_\alpha \\ i_\beta \end{pmatrix} \tag{5-9}$$

同理，电压和磁链的旋转变换也与电流旋转变换相同。

（4）直角坐标-极坐标变换

　　在图 5-10 中，令矢量 i_s 和 M 轴的夹角为 θ_s，已知 i_M、i_T 求 i_s、θ_s，就是直角坐标-极坐

标变换，简称 K/P 变换。众所周知，直角坐标与极坐标的关系是

$$i_s = \sqrt{i_M^2 + i_T^2}$$

$$\theta_s = \arctan \frac{i_T}{i_M}$$

(5-10)

当 θ_s 在 $0 \sim 90°$ 范围内取不同值时，$|\tan\theta_s|$ 的变化范围是 $0 \sim \infty$，变化幅度太大，很难在实际变换器中实现，因此常改用下列公式来表示 θ_s 值：

$$\sin\theta_s = \frac{i_T}{i_s}$$

(5-11)

或

$$\tan \frac{\theta_s}{2} = \frac{\sin\theta_s}{1 + \cos\theta_s} = \frac{i_T}{i_s + i_M}$$

则

$$\theta_s = 2\arctan \frac{i_T}{i_s + i_M}$$

(5-12)

5.3　异步电动机在不同坐标系的数学模型

为了获得高性能的变频调速系统，必须从交流电动机的动态数学模型入手。首先，异步电动机的变频调速需要进行电压（或电流）和频率的协调控制，因而有电压（或电流）和频率两个独立的输入变量。其次异步电动机只通过定子供电，而磁通和转速的变化是同时进行的，为了获得良好的动态性能，应对磁通进行控制，使它在动态过程中尽量保持恒定，因而输出变量除转速外，还应包括磁通。因此，异步电动机的数学模型是一个多变量系统，而且因为电压（或电流）、频率、磁通、转速之间又互相影响，所以异步电动机的数学模型还是一个强耦合的多变量系统，主要的耦合是绕组之间的互感联系。另外，由于在异步电动机中，磁通与电流的乘积产生转矩，转速与磁通之积得到旋转感应电动势，它们都是同时变化的，在数学模型中就会有两个变量的乘积项，因此异步电动机的数学模型是非线性的；再有，因为三相异步电动机定子有三个绕组，转子也可等效为三个绕组，每个绕组产生的磁通都有自己的电磁惯性，再加上运动系统的机电惯性，所以异步电动机的数学模型必定是一个高阶系统。综上所述，异步电动机的数学模型是一个高阶的、非线性的、强耦合的多变量系统。

5.3.1　异步电动机在静止坐标系的数学模型

异步电动机在不同坐标系上数学模型的表达形式是不同的。在研究异步电动机数学模型前，先对其作如下假设：

1）电动机三相绕组完全对称。

2）电动机气隙磁通在空间按正弦分布。

3）不计涡流、磁饱和等因素的影响。

在笼型异步电动机中，转子是短路的，即转子端电压为零。如果绕线转子电路接入对称的电阻或电感，可将它们附加到转子本身的电阻或电感中去，计算时仍认为转子端电压

为零。

1. 异步电动机在 A-B-C 静止坐标系的数学模型

(1) 电压方程

定子电压方程为

$$u_A = R_s i_A + p\psi_A$$
$$u_B = R_s i_B + p\psi_B \tag{5-13}$$
$$u_C = R_s i_C + p\psi_C$$

转子电压方程为

$$u_a = R_r i_a + p\psi_a$$
$$u_b = R_r i_b + p\psi_b \tag{5-14}$$
$$u_c = R_r i_c + p\psi_c$$

用电压矩阵方程可表示为

$$
\begin{pmatrix} u_A \\ u_B \\ u_C \\ u_a \\ u_b \\ u_c \end{pmatrix} =
\begin{pmatrix}
R_s & 0 & 0 & 0 & 0 & 0 \\
0 & R_s & 0 & 0 & 0 & 0 \\
0 & 0 & R_s & 0 & 0 & 0 \\
0 & 0 & 0 & R_r & 0 & 0 \\
0 & 0 & 0 & 0 & R_r & 0 \\
0 & 0 & 0 & 0 & 0 & R_r
\end{pmatrix}
\begin{pmatrix} i_A \\ i_B \\ i_C \\ i_a \\ i_b \\ i_c \end{pmatrix} + p
\begin{pmatrix} \psi_A \\ \psi_B \\ \psi_C \\ \psi_a \\ \psi_b \\ \psi_c \end{pmatrix} \tag{5-15}
$$

式中，u_A、u_B、u_C 分别为定子三相电压；u_a、u_b、u_c 分别为转子三相电压；i_A、i_B、i_C 分别为定子三相电流；i_a、i_b、i_c 分别为转子三相电流；ψ_A、ψ_B、ψ_C 分别为定子三相磁链；ψ_a、ψ_b、ψ_c 分别为转子三相磁链；R_s、R_r 分别为定、转子电阻；p 为微分算子，$p = \dfrac{\mathrm{d}}{\mathrm{d}t}$。

(2) 磁链方程

$$
\begin{pmatrix} \psi_A \\ \psi_B \\ \psi_C \\ \psi_a \\ \psi_b \\ \psi_c \end{pmatrix} =
\begin{pmatrix} \boldsymbol{\psi}_s \\ \boldsymbol{\psi}_r \end{pmatrix} =
\begin{pmatrix} \boldsymbol{L}_{ss} & \boldsymbol{L}_{sr} \\ \boldsymbol{L}_{rs} & \boldsymbol{L}_{rr} \end{pmatrix}
\begin{pmatrix} \boldsymbol{i}_s \\ \boldsymbol{i}_r \end{pmatrix} \tag{5-16}
$$

式中

$$\boldsymbol{\psi}_s = (\psi_A \quad \psi_B \quad \psi_C)^T; \boldsymbol{\psi}_r = (\psi_a \quad \psi_b \quad \psi_c)^T$$

$$\boldsymbol{i}_s = (i_A \quad i_B \quad i_C)^T; \boldsymbol{i}_r = (i_a \quad i_b \quad i_c)^T$$

而

$$
\boldsymbol{L}_{ss} =
\begin{pmatrix}
L_{m1} + L_{l1} & -\dfrac{1}{2}L_{m1} & -\dfrac{1}{2}L_{m1} \\
-\dfrac{1}{2}L_{m1} & L_{m1} + L_{l1} & -\dfrac{1}{2}L_{m1} \\
-\dfrac{1}{2}L_{m1} & -\dfrac{1}{2}L_{m1} & L_{m1} + L_{l1}
\end{pmatrix}
$$

$$\boldsymbol{L}_{rr} = \begin{pmatrix} L_{m1} + L_{l2} & -\dfrac{1}{2}L_{m1} & -\dfrac{1}{2}L_{m1} \\[2mm] -\dfrac{1}{2}L_{m1} & L_{m1} + L_{l2} & -\dfrac{1}{2}L_{m1} \\[2mm] -\dfrac{1}{2}L_{m1} & -\dfrac{1}{2}L_{m1} & L_{m1} + L_{l2} \end{pmatrix}$$

$$\boldsymbol{L}_{rs} = \boldsymbol{L}_{sr}^{T} = L_{m}\begin{pmatrix} \cos\theta & \cos(\theta - 120°) & \cos(\theta + 120°) \\ \cos(\theta + 120°) & \cos\theta & \cos(\theta - 120°) \\ \cos(\theta - 120°) & \cos(\theta + 120°) & \cos\theta \end{pmatrix} \tag{5-17}$$

式中，θ 为定子 A 轴和转子 a 轴间的空间位移角；L_m 为定子和转子间的互感；L_{l1}、L_{l2} 分别为定子和转子漏感。

（3）转矩方程

$$T = p_m L_m\big[\,(i_A i_a + i_B i_b + i_C i_c)\sin\theta + (i_A i_b + i_B i_c + i_C i_a)\sin(\theta + 120°) +$$
$$(i_A i_c + i_B i_a + i_C i_b)\sin(\theta - 120°)\,\big] \tag{5-18}$$

式中，p_m 为电动机极对数。

式（5-18）说明电动机转矩是定子和转子电流及 θ 的函数，是一个多变量、非线性且强耦合的方程。

（4）运动方程

一般情况下，电力拖动系统的运动方程为

$$T_e = T_L + \frac{J}{p_m}\frac{d\omega_r}{dt} \tag{5-19}$$

式中，T_L 为负载阻转矩；J 为系统转动惯量；ω_r 为转子转速。

2. 异步电动机在 α-β 静止坐标系的数学模型

从异步电动机在 A-B-C 坐标系中的数学模型可以看出：电动机是一个多变量、非线性、强耦合的系统。要想获得类似直流电动机的速度控制性能，必须按照矢量控制原理，进行矢量变换。首先将三相 A-B-C 静止坐标系下异步电动机的数学模型变换到两相 α-β 静止坐标系下，从而得到异步电动机在两相静止坐标系下的数学模型。

为完成静止三相/两相变换和逆变换，需要分别使用如下变换矩阵：

$$\boldsymbol{C}_{3S/2S} = \sqrt{\frac{2}{3}}\begin{pmatrix} 1 & -\dfrac{1}{2} & -\dfrac{1}{2} \\[2mm] 0 & \dfrac{\sqrt{3}}{2} & -\dfrac{\sqrt{3}}{2} \end{pmatrix}$$

$$\boldsymbol{C}_{2S/3S} = \sqrt{\frac{2}{3}}\begin{pmatrix} 1 & 0 \\[2mm] -\dfrac{1}{2} & \dfrac{\sqrt{3}}{2} \\[2mm] -\dfrac{1}{2} & -\dfrac{\sqrt{3}}{2} \end{pmatrix}$$

经过变换可以得到感应电动机在两相 α-β 静止坐标系下的数学模型。

（1）电压方程

定子电压方程为

$$u_{\alpha 1} = R_s i_{\alpha 1} + p\psi_{\alpha 1}$$
$$u_{\beta 1} = R_s i_{\beta 1} + p\psi_{\beta 1}$$

(5-20)

转子电压方程为

$$u_{\alpha 2} = R_r i_{\alpha 2} + p\psi_{\alpha 2} + \omega_r\psi_{\beta 2}$$
$$u_{\beta 2} = R_r i_{\beta 2} + p\psi_{\beta 2} - \omega_r\psi_{\alpha 2}$$

(5-21)

（2）磁链方程

定子磁链方程为

$$\psi_{\alpha 1} = L_s i_{\alpha 1} + L_m i_{\alpha 2}$$
$$\psi_{\beta 1} = L_s i_{\beta 1} + L_m i_{\beta 2}$$

(5-22)

转子磁链方程为

$$\psi_{\alpha 2} = L_r i_{\alpha 2} + L_m i_{\alpha 1}$$
$$\psi_{\beta 2} = L_r i_{\beta 2} + L_m i_{\beta 1}$$

(5-23)

式中，$u_{\alpha 1}$、$u_{\beta 1}$ 分别为定子电压的 α、β 分量，$u_{\alpha 2}$、$u_{\beta 2}$ 分别为转子电压的 α、β 分量；$i_{\alpha 1}$、$i_{\beta 1}$ 分别为定子电流的 α、β 分量；$i_{\alpha 2}$、$i_{\beta 2}$ 分别为转子电流的 α、β 分量；$\psi_{\alpha 1}$、$\psi_{\beta 1}$ 分别为定子磁链的 α、β 分量，$\psi_{\alpha 2}$、$\psi_{\beta 2}$ 分别为转子磁链的 α、β 分量；L_s、L_r 分别为定子、转子两相绕组的自感；L_m 为定、转子两相绕组之间的互感；ω_r 为转子转速；下标 1 代表定子侧变量，2 代表转子侧变量（也可用 s 代表定子侧变量，r 代表转子侧变量）。

对于笼型异步电动机，转子短路，即 $u_{\alpha 2} = u_{\beta 2} = 0$，则电压方程可变化为下列矩阵形式：

$$\begin{pmatrix} u_{\alpha 1} \\ u_{\beta 1} \\ 0 \\ 0 \end{pmatrix} = \begin{pmatrix} R_s + pL_s & 0 & pL_m & 0 \\ 0 & R_s + pL_s & 0 & pL_m \\ pL_m & \omega_r L_m & R_r + pL_r & \omega_r L_r \\ -\omega_r L_m & pL_m & -\omega_r L_r & R_r + pL_r \end{pmatrix} \begin{pmatrix} i_{\alpha 1} \\ i_{\beta 1} \\ i_{\alpha 2} \\ i_{\beta 2} \end{pmatrix}$$

(5-24)

（3）转矩方程

$$T = p_m L_m (i_{\beta 1} i_{\alpha 2} - i_{\beta 2} i_{\alpha 1})$$

(5-25)

以上是两相 α-β 静止坐标系当 α 轴固定在定子 A 轴上时异步电动机的数学模型，称为 Stanley 方程，也可称为 Kron 的异步电动机方程或原型电机基本方程。

和静止 A-B-C 坐标系下的数学模型相比较，显然 α-β 坐标系中方程的维数降低且变量间的耦合因子减少，可见经过坐标变换后，系统的数学模型得到了简化。

5.3.2 异步电动机在 d-q 同步旋转坐标系的数学模型

通过静止两相 α-β 坐标变换，虽然使异步电动机的数学模型得到了简化，但此时站在 α-β 静止坐标系上看异步电动机的各物理量，它们仍然是交流量。

按照矢量控制原理，要想将这些交流量转换成直流量，需要引进 d-q 同步旋转坐标变换。该坐标系是一个两相旋转直角坐标系，它的 d 轴可按不同方向定向，其 q 轴逆时针超前 d 轴 90°空间电角度。该坐标系在空间以定子磁场的同步角速度（也就是转子磁场的同步角速度）旋转，站在 d-q 同步旋转坐标系上再来看交流电动机的各量，这些交流物理量就为直流量了。

为此，将两相 α-β 静止坐标系下异步电动机的数学模型变换到两相同步旋转直角坐标系下，从而得到异步电动机在 d-q 同步旋转坐标系下的数学模型。

为完成同步旋转 d-q 坐标变换，需要分别使用变换矩阵 $C_{2S/2R}$ 和 $C_{2R/2S}$。经过变换可以得到异步电动机在 d-q 同步旋转坐标系下的数学模型。

（1）电压方程

定子电压方程为

$$
\begin{aligned}
u_{d1} &= R_s i_{d1} + p\psi_{d1} - \psi_{q1} p\theta_1 \\
u_{q1} &= R_s i_{q1} + p\psi_{q1} + \psi_{d1} p\theta_1
\end{aligned}
\tag{5-26}
$$

转子电压方程为

$$
\begin{aligned}
u_{d2} &= R_r i_{d2} + p\psi_{d2} - \psi_{q2} p\theta_2 \\
u_{q2} &= R_r i_{q2} + p\psi_{q2} + \psi_{d2} p\theta_2
\end{aligned}
\tag{5-27}
$$

式中，u_{d1}、u_{q1} 分别为定子电压的 d、q 分量；u_{d2}、u_{q2} 分别为转子电压的 d、q 分量；i_{d1}、i_{q1} 分别为定子电流的 d、q 分量；i_{d2}、i_{q2} 分别为转子电流的 d、q 分量；ψ_{d1}、ψ_{q1} 分别为定子磁链的 d、q 分量；ψ_{d2}、ψ_{q2} 分别为转子磁链的 d、q 分量；θ_1 为 d 轴与 α-β 坐标系 α 轴间的夹角，$p\theta_1 = \omega_s$，ω_s 为定子旋转磁场同步角速度；θ 为转子 a 轴与 α-β 坐标系 α 轴的夹角，$p\theta = \omega_r$，ω_r 为转子角速度；θ_2 为 d 轴与转子 a 轴间的夹角（即 $\theta_2 = \theta_1 - \theta$）。

（2）磁链方程

定子磁链方程为

$$
\begin{aligned}
\psi_{d1} &= L_s i_{d1} + L_m i_{d2} \\
\psi_{q1} &= L_s i_{q1} + L_m i_{q2}
\end{aligned}
\tag{5-28}
$$

转子磁链方程为

$$
\begin{aligned}
\psi_{d2} &= L_r i_{d2} + L_m i_{d1} \\
\psi_{q2} &= L_r i_{q2} + L_m i_{q1}
\end{aligned}
\tag{5-29}
$$

对于笼型异步电动机，转子短路，即 $u_{d2} = u_{q2} = 0$，则电压方程可变化为下列矩阵形式：

$$
\begin{pmatrix} u_{d1} \\ u_{q1} \\ 0 \\ 0 \end{pmatrix} = \begin{pmatrix} R_s + pL_s & -\omega_s L_s & pL_m & -\omega_s L_m \\ \omega_s L_s & R_s + pL_s & \omega_s L_m & pL_m \\ pL_m & -\Delta\omega_r L_m & R_r + pL_r & -\Delta\omega_r L_r \\ \Delta\omega_r L_m & pL_m & \Delta\omega_r L_r & R_r + pL_r \end{pmatrix} \begin{pmatrix} i_{d1} \\ i_{q1} \\ i_{d2} \\ i_{q2} \end{pmatrix}
\tag{5-30}
$$

式中，$\Delta\omega_r$ 为转子转差角速度。

（3）转矩方程

$$
T = p_m L_m (i_{q1} i_{d2} - i_{q2} i_{d1})
\tag{5-31}
$$

d-q 坐标系中的运动方程与 α-β 静止坐标系下的方程形式基本相同。

以上是 d-q 同步旋转直角坐标系当 d 轴按任意方向定向时异步电动机的数学模型。当站在以同步速度旋转的 d-q 坐标系上来看交流电动机的各物理量时，它们都已成为在空间静止不动的直流物理量了。

5.3.3　异步电动机在 d-q 定向坐标系的数学模型和特点

上面讨论的同步旋转 d-q 直角坐标系只是限制了坐标系的旋转速度，并没有规定其 d 轴的定向方式。下面讨论 d-q 旋转坐标系的几种定向方式以及这几种定向方式下异步电动机的数学模型和特点。

1. 定子磁链定向异步电动机的数学模型和特点

按定子磁链定向方式是近年来提出的一种矢量控制方法。该方法将 d-q 同步旋转坐标系的 d 轴放在定子磁场方向上，由此可得到如下数学模型：

$$u_{d1} = R_s i_{d1} + p\psi_{d1}$$
$$u_{q1} = R_s i_{q1} + \omega_s \psi_{d1}$$
$$(1 + T_r p)L_s\psi_{q1} - \Delta\omega_r T_r(\psi_{d1} - \sigma L_s i_{d1}) = 0 \tag{5-32}$$
$$(1 + T_r p)\psi_{d1} = (1 + \sigma T_r p)L_s i_{d1} - \Delta\omega_r T_r\sigma L_s i_{q1}$$
$$T = p_m\psi_{d1} i_{q1}$$

式中，T_r 为转子时间常数，$T_r = L_r/R_r$。

以上方程表明，按定子磁链定向的矢量控制使定子方程大大简化，从而有利于定子磁通观测器的实现。但转子方程并没有简化，在进行磁通控制时，不论采用直接磁通闭环控制，还是采用间接磁通闭环控制，均需消除 i_{q1} 耦合项的影响，因此往往需要设计一个解耦器使 i_{d1} 与 i_{q1} 解耦。

2. 气隙磁链定向异步电动机的数学模型和特点

设气隙磁链的 d 轴分量为 ψ_{dm}，q 轴分量为 ψ_{qm}。其中

$$\psi_{dm} = L_m(i_{d1} + i_{d2})$$
$$\psi_{qm} = L_m(i_{q1} + i_{q2})$$

当将 d-q 同步旋转坐标系的 d 轴放在气隙磁链方向上时，有 $\psi_{qm} = 0$，由此可得按气隙磁链定向的电动机数学模型

$$u_{d1} = R_s i_{d1} + \sigma L_s p i_{d1} - \omega_s\sigma L_s i_{q1} + p\psi_{dm}$$
$$u_{q1} = R_s i_{q1} + \sigma L_s p i_{q1} + \omega_s\sigma L_s i_{d1} + \omega_s\psi_{dm}$$

$$\Delta\omega_r = \frac{R_r + T_r p}{\dfrac{L_r}{L_m}\psi_{dm} - T_r i_{d1}}i_{q1}$$

$$p\psi_{dm} = \frac{1}{T_r}\psi_{dm} + \frac{L_m}{L_r}(R_r + T_r p)i_{d1} - \Delta\omega_r T_r\frac{L_m}{L_r}i_{q1} \tag{5-33}$$

$$T = p_m\psi_{dm} i_{q1}$$

式中，$\sigma L_s = [1 - L_m^2/(L_s L_r)]L_s = L_\sigma$；另 $L_\sigma = L_{s\sigma} + \dfrac{L_m}{L_r}L_{r\sigma} \approx L_{s\sigma} + L_{r\sigma}$

设总的漏感系数为 σ，则有

$$\sigma = 1 - L_m^2/(L_s L_r)$$

其中，$L_{s\sigma}$ 和 $L_{r\sigma}$ 分别为定、转子绕组漏感。

由式（5-33）可看出，如果保持气隙磁链 ψ_{dm} 不变，转矩直接和 q 轴电流成正比，另外从上式不难看出，磁链和转差关系中存在耦合。所以，按气隙磁链定向的矢量控制系统的特点是，控制系统的结构复杂，但定向所用的气隙磁链容易测量，而且电动机磁通的饱和程度与气隙磁链是一致的，故基于气隙磁链的控制方式适合于处理磁饱和效应。

3. 转子磁链定向异步电动机的数学模型和特点

当 d-q 同步旋转坐标系的 d 轴与转子磁链方向一致时，转子磁链的 d 轴分量等于转子磁链，而 q 轴分量为 0，这将使电动机的数学模型更加简化。为了突出该定向方式，用同步旋转的 M-T 坐标系来表示以该方式定向的 d-q 同步旋转坐标系。此时有

$$
\begin{aligned}
\psi_{\mathrm{M2}} &= \psi_{\mathrm{d2}} = \psi_{\mathrm{r}} \\
\psi_{\mathrm{T2}} &= \psi_{\mathrm{q2}} = 0
\end{aligned}
\Bigg\}
\tag{5-34}
$$

式中，ψ_{r} 为转子磁链。

在 M-T 同步旋转坐标系下，异步电动机的数学模型可表达如下：

（1）电压方程

定子电压方程为

$$
\left.
\begin{aligned}
u_{\mathrm{M1}} &= R_{\mathrm{s}} i_{\mathrm{M1}} + p\psi_{\mathrm{M1}} - \psi_{\mathrm{T1}}\omega_{\mathrm{s}} \\
u_{\mathrm{T1}} &= R_{\mathrm{s}} i_{\mathrm{T1}} + p\psi_{\mathrm{T1}} + \psi_{\mathrm{M1}}\omega_{\mathrm{s}}
\end{aligned}
\right\}
\tag{5-35}
$$

转子电压方程为

$$
\left.
\begin{aligned}
u_{\mathrm{M2}} &= 0 = R_{\mathrm{r}} i_{\mathrm{M2}} + p\psi_{\mathrm{r}} \\
u_{\mathrm{T2}} &= 0 = R_{\mathrm{r}} i_{\mathrm{T2}} + \psi_{\mathrm{r}}\Delta\omega_{\mathrm{r}}
\end{aligned}
\right\}
\tag{5-36}
$$

（2）磁链方程

定子磁链方程为

$$
\left.
\begin{aligned}
\psi_{\mathrm{M1}} &= L_{\mathrm{s}} i_{\mathrm{M1}} + L_{\mathrm{m}} i_{\mathrm{M2}} \\
\psi_{\mathrm{T1}} &= L_{\mathrm{s}} i_{\mathrm{T1}} + L_{\mathrm{m}} i_{\mathrm{T2}}
\end{aligned}
\right\}
\tag{5-37}
$$

转子磁链方程为

$$
\left.
\begin{aligned}
\psi_{\mathrm{r}} &= L_{\mathrm{r}} i_{\mathrm{M2}} + L_{\mathrm{m}} i_{\mathrm{M1}} \\
0 &= L_{\mathrm{r}} i_{\mathrm{T2}} + L_{\mathrm{m}} i_{\mathrm{T1}}
\end{aligned}
\right\}
\tag{5-38}
$$

下列是用矩阵形式表示的电压方程：

$$
\begin{pmatrix} u_{\mathrm{M1}} \\ u_{\mathrm{T1}} \\ 0 \\ 0 \end{pmatrix}
=
\begin{pmatrix}
R_{\mathrm{s}} + pL_{\mathrm{s}} & -\omega_{\mathrm{s}}L_{\mathrm{s}} & pL_{\mathrm{m}} & -\omega_{\mathrm{s}}L_{\mathrm{m}} \\
\omega_{\mathrm{s}}L_{\mathrm{s}} & R_{\mathrm{s}} + pL_{\mathrm{s}} & \omega_{\mathrm{s}}L_{\mathrm{m}} & pL_{\mathrm{m}} \\
pL_{\mathrm{m}} & 0 & R_{\mathrm{r}} + pL_{\mathrm{r}} & 0 \\
\Delta\omega_{\mathrm{r}}L_{\mathrm{m}} & 0 & \Delta\omega_{\mathrm{r}}L_{\mathrm{r}} & R_{\mathrm{r}}
\end{pmatrix}
\begin{pmatrix} i_{\mathrm{M1}} \\ i_{\mathrm{T1}} \\ i_{\mathrm{M2}} \\ i_{\mathrm{T2}} \end{pmatrix}
\tag{5-39}
$$

（3）以转子磁链表达的异步电动机数学模型

$$
\begin{pmatrix} u_{\mathrm{M1}} \\ u_{\mathrm{T1}} \\ 0 \\ 0 \end{pmatrix}
=
\begin{pmatrix}
R_{\mathrm{s}} + \sigma L_{\mathrm{s}} p & -\omega_{\mathrm{s}}\sigma L_{\mathrm{s}} & p\dfrac{L_{\mathrm{m}}}{L_{\mathrm{r}}} & -\omega_{\mathrm{s}}\dfrac{L_{\mathrm{m}}}{L_{\mathrm{r}}} \\[2mm]
\omega_{\mathrm{s}}\sigma L_{\mathrm{s}} & R_{\mathrm{s}} + \sigma L_{\mathrm{s}} p & \omega_{\mathrm{s}}\dfrac{L_{\mathrm{m}}}{L_{\mathrm{r}}} & p\dfrac{L_{\mathrm{m}}}{L_{\mathrm{r}}} \\[2mm]
-\dfrac{R_{\mathrm{r}} L_{\mathrm{m}}}{L_{\mathrm{r}}} & 0 & p + \dfrac{R_{\mathrm{r}}}{L_{\mathrm{r}}} & -\Delta\omega_{\mathrm{r}} \\[2mm]
0 & -\dfrac{R_{\mathrm{r}} L_{\mathrm{m}}}{L_{\mathrm{r}}} & \Delta\omega_{\mathrm{r}} & p + \dfrac{R_{\mathrm{r}}}{L_{\mathrm{r}}}
\end{pmatrix}
\begin{pmatrix} i_{\mathrm{M1}} \\ i_{\mathrm{T1}} \\ \psi_{\mathrm{M2}} \\ \psi_{\mathrm{T2}} \end{pmatrix}
\tag{5-40}
$$

考虑到 $\psi_{\mathrm{M2}} = \psi_{\mathrm{r}}$ 和 $\psi_{\mathrm{T2}} = 0$，则有

$$u_{M1} = (R_s + \sigma L_s p)i_{M1} - \omega_s \sigma L_s i_{T1} + p\frac{L_m}{L_r}\psi_r$$

$$u_{T1} = (R_s + \sigma L_s p)i_{T1} + \omega_s \sigma L_s i_{M1} + \omega_s \frac{L_m}{L_r}\psi_r$$

$$0 = -\frac{R_r L_m}{L_r}i_{M1} + (p + \frac{R_r}{L_r})\psi_r$$

$$0 = -\frac{R_r L_m}{L_r}i_{T1} + \Delta\omega_r\psi_r$$

$$(5\text{-}41)$$

式中，u_{M1}、u_{T1} 分别为定子电压的 M、T 分量；u_{M2}、u_{T2} 分别为转子电压的 M、T 分量；i_{M1}、i_{T1} 分别为定子电流的 M、T 分量；i_{M2}、i_{T2} 分别为转子电流的 M、T 分量；ψ_{M1}、ψ_{T1} 分别为定子磁链的 M、T 分量；ψ_{M2}、ψ_{T2} 分别为转子磁链的 M、T 分量。

由数学模型式（5-41）的第三式得

$$\psi_r = \frac{L_m}{T_r p + 1}i_{M1} \tag{5-42}$$

（4）转矩方程

$$T = p_m \frac{L_m}{L_r}i_{T1}\psi_r \tag{5-43}$$

在 M-T 坐标系按转子磁链定向后，定子电流的两个分量之间实现了解耦，i_{M1} 唯一确定磁链 ψ_r 的稳态值，i_{T1} 只影响转矩。与直流电动机中的励磁电流和电枢电流相对应，这样就大大简化了多变量、强耦合的交流电动机调速系统的控制问题。由上述各式可得异步电动机的动态结构图，如图 5-11 所示。

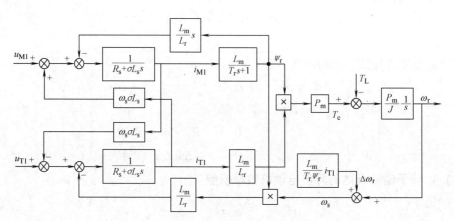

图 5-11　异步电动机的动态结构图

5.4　异步电动机转子磁链观测器

矢量控制得以有效实现的基础在于异步电动机磁链信息的准确获取。为实现磁场定向和磁链闭环控制，都需要知道磁链的大小和位置。因而，进行磁通观测问题的讨论很有必要。矢量控制调速系统一般是按转子磁链进行磁场定向，因此这里重点讨论转子磁链的观测。

工程上，转子磁链的直接检测因工艺和技术问题难以实现，因而较多采用间接检测法，即利用易测得的定子电压、电流或转速，借助异步电动机的数学模型，计算转子磁链的幅值 ψ_r 和空间位置角 φ_s。间接检测法的闭环检测性能较好，但结构复杂；而开环检测结构简单，适当改进则有较高的实用性。

异步电动机的磁链包括定子磁链、转子磁链、气隙磁链等类型。但只要观测出定子、转子、气隙磁链中的任何一个，另外两个就可推得。根据这一结论和按转子磁链定向的工作方式，下面重点讨论转子磁链的观测。

5.4.1　转子磁链的直接检测

在矢量控制研究初期，转子磁链是利用直接测得的转子磁通作为检测信号。直接检测磁通的方法有两种：一种是在电动机槽内埋设探测线圈；另一种是利用贴在定子内表面的霍尔片或其他电磁元件来检测磁通。从理论上说，直接检测应该比较准确。但实际上，埋设线圈和磁感元件都会遇到不少工艺和技术问题，特别是由于齿槽的影响，测得的磁通脉动较大，尤其是在低速运行时，使得实际应用相当困难。

5.4.2　转子磁链的间接检测

利用易测得的定子电压、电流或转速，借助异步电动机的数学模型，计算转子磁链的幅值 ψ_r 和空间位置角 φ_s，这就是转子磁链的间接检测方法。

根据实测物理量的不同组合，采用状态观测器技术，可以获得多种转子磁链的观测模型。主要可分成两类：开环观测模型和闭环观测模型。

1. 开环磁链观测模型

从异步电动机的数学模型推导出转子磁链的方程式，并将该方程式作为转子磁链的状态观测模型。开环磁链观测模型主要有下列几种：

（1）电流模型 I 法（根据定子电流和转速检测值估算转子磁链 ψ_r）

在 α-β 坐标系下可推得

$$\left.\begin{aligned}
\psi_{\alpha2} &= \frac{1}{T_r s + 1}(L_m i_{\alpha1} - T_r \psi_{\beta2} \omega_r) \\
\psi_{\beta2} &= \frac{1}{T_r s + 1}(L_m i_{\beta1} - T_r \psi_{\alpha2} \omega_r)
\end{aligned}\right\} \tag{5-44}$$

从模型可知：电流模型 I 法的优点是模型计算不涉及纯积分，其观测值是渐近收敛的，同时低速观测性能优于电压模型法；不足是模型中采用了转速 ω_r 作为输入信息，不便于采用无速度传感器技术，另外模型中还包含转子时间常数 T_r 等时变参数，对转子磁链观测影响较大。

（2）电流模型 II 法（转差频率法）

电流模型 II 法是在 M-T 旋转坐标系下得到的转子磁链观测器模型，它根据定子电流励磁分量给定值 i_{M1}^*、转矩分量给定值 i_{T1}^* 以及由转子位置检测器得到的 λ 角（定子静止 α 轴和同步旋转 d 轴间的夹角），计算出转子 d 轴和 M 轴间的夹角 φ_L^*，进一步计算出 α 轴和 M 轴之间期望的磁链位置角 φ_s^*，用 φ_s^* 代替 φ_s 进行坐标变换。有关表达式如下：

1）转子磁链模型期望值

$$\psi_r^* = \frac{L_m}{1 + T_r s} i_{M1}^*$$ (5-45)

2）转差角频率期望值

$$\Delta\omega_r^* = \frac{L_m}{T_r \psi_r^*} i_{T1}^*$$ (5-46)

3）负载角的期望值

$$\varphi_L^* = \frac{1}{s} \Delta\omega_r^*$$ (5-47)

4）磁链位置角的期望值

$$\varphi_s^* = \varphi_L^* + \lambda$$ (5-48)

式中，λ 为转子位置角，它来自电动机轴上的位置发送器。

上述计算可以用图 5-12 所示的异步电动机的电流模型表示。

图 5-12　异步电动机的电流模型

a）使用位置信号　b）使用转速信号

电流模型Ⅱ法中使用的是定子电流分量的给定值，所得到的转子磁链 ψ_r^* 和磁链角 φ_s^* 只是期望值，而不是转子磁链 ψ_r 和磁链位置角 φ_s 的实际值。因此，使用 ψ_r^* 作为反馈量构成的磁链闭环系统形式上是磁链闭环控制，但本质仍然是磁链开环系统。

如果将上述电流模型中的电流给定值 i_{M1}^* 和 i_{T1}^* 换成电流实际值 i_{M1} 和 i_{T1}，则可得到能反映实际磁链状态的电流模型。但因为电流模型中包含电动机转子电阻，模型精度不高，所以很少用此模型得到的 ψ_r 和 φ_s 来单独构成磁链闭环系统。

（3）电压模型法

异步电动机的电压模型和电流模型一样，都是用来观测异步电动机转子磁链的大小和空间位置的。由于电流模型受转子参数 T_r 的影响，使异步电动机的控制性能受到影响，而电压模型可弥补上述不足。

电压模型的任务是，根据定子电流、电压实际测量值，经 3S/2S 变换后得到 $i_{\alpha1}$、$i_{\beta1}$、$u_{\alpha1}$、$u_{\beta1}$，再利用矢量分析器得到转子磁链的幅值 ψ_r 和位置角 φ_s。

1）在 α-β 坐标系中

$$\left. \begin{array}{l} \psi_{\alpha1} = \int e_\alpha dt = \int \left(u_{\alpha1} - R_s i_{\alpha1} - L_\sigma \frac{di_{\alpha1}}{dt} \right) dt \\ \psi_{\beta1} = \int e_\beta dt = \int \left(u_{\beta1} - R_s i_{\beta1} - L_\sigma \frac{di_{\beta1}}{dt} \right) dt \end{array} \right\}$$ (5-49)

式中，L_σ 为电动机总漏感，$L_\sigma = L_{s\sigma} + L_{r\sigma}$；$L_{s\sigma}$ 和 $L_{r\sigma}$ 分别为定、转子漏感。

2）在 α-β 坐标系中转子磁链矢量 $\pmb{\psi}_r$ 的模 $|\psi_r|$ 和位置角 φ_s 为

$$|\psi_r| = \sqrt{\psi_{\alpha1}^2 + \psi_{\beta1}^2}; \quad \cos\varphi_s = \frac{\psi_{\alpha1}}{|\psi_r|}; \quad \sin\varphi_s = \frac{\psi_{\beta1}}{|\psi_r|} \tag{5-50}$$

式中，ψ_r 为由电压模型计算得到的转子磁链实际值；$|\psi_r|$ 为转子磁链的大小；φ_s 为 α 轴和 M 轴之间的磁链位置角。

磁链实际值信号 ψ_r 可用于实现磁链反馈。异步电动机的电压模型如图 5-13 所示。

图 5-13　异步电动机的电压模型

这是模拟系统中常采用的电压模型。

（4）组合模型法（电压、电流模型相结合的方法）

考虑到电压模型和电流模型各自的特点，常将两者结合起来使用。即在高速时用低通滤波器将电流模型滤掉，让电压模型起作用；在低速时用高通滤波器将电压模型滤掉，让电流模型起作用。令高、低通滤波器的转折频率相等，实现两模型的平滑过渡。这就是组合模型法。下面是在 α-β 坐标系中的组合式模型：

$$\left.\begin{aligned} \psi_{\alpha2} &= \frac{Ts}{Ts+1}\psi_{\alpha2(\text{电压模型})} + \frac{1}{Ts+1}\psi_{\alpha2(\text{电流模型})} \\ \psi_{\beta2} &= \frac{Ts}{Ts+1}\psi_{\beta2(\text{电压模型})} + \frac{1}{Ts+1}\psi_{\beta2(\text{电流模型})} \end{aligned}\right\} \tag{5-51}$$

用数字方式实现这种组合模型是很方便的。

2. 闭环磁链观测模型

开环观测模型具有结构简单、实现方便等优点，但其精度受参数变化和各种干扰的影响较大，通过引入状态反馈构成闭环状态观测模型，可以有效改善转子磁链观测模型的稳定性，这就是磁链闭环观测器。常用的磁链闭环观测器如下：

1）基于误差反馈的转子磁链观测器。

2）基于龙贝格状态观测理论的异步电动机全阶状态观测器。

3）基于模型参考自适应理论的转子磁链观测器。

综上所述，转子磁链的直接检测因工艺和技术问题难以实现，工程上较多采用间接检测法；闭环转子磁链检测性能较好，但结构复杂；而开环检测结构简单，适当改进有较高的实用性，所以应用较多，如组合模型法就是其中之一。α-β 坐标系下的组合模型法在模拟系统中使用效果较好，已经得到了较广泛的应用。

5.5　异步电动机的无速度传感器技术

为了得到高性能的调速系统，需采用转速闭环控制，因而需要检测异步电动机转子的转速。常用的转速检测方法有用测速发电机检测转速、用光电方法测速等，这些利用速度传感器的测速方法不可避免地要在电动机上安装硬件装置。对于直流电动机、同步电动机这类电动机，其本身较复杂，再附加一个速度传感器硬件倒也无所谓，对笼型异步电动机而言，速度传感器的安装将破坏电动机本身坚固、简单、低成本的优点。因此，无速度传感器技术成为笼型异步电动机调速系统优先采用的技术。

1. 无速度传感器调速系统的转速估计方法

各国学者在这方面已做了大量的工作，研究出许多无速度传感器的转速估计方法。国外从 20 世纪 70 年代末就开始了无速度传感器的研究工作，较为典型的转速估计方法如下：

（1）从电动机的物理模型出发直接估算

根据电动机的电压、电流、等效电路参数估算电动机的转速或转差。这方面较早期的工作是在 1975 年，A. Abbondant 从电动机稳态数学模型推导出的计算转差频率的方法，但这种形式的估计在动态过程中很难跟踪真实转差。

（2）采用模型参考自适应方法（MRAS）估算

这种方法在 1987 年由 S. Tamai 首先引入，其后被频繁地用于参数和转速的辨识，建立的参考模型和可调模型也各式各样。国内外学者在这方面做了大量的工作。

MRAS 辨识转速的主要思想是，将不含未知参数的方程作为参考模型，将含有待估计参数的方程作为可调模型，两个模型应该具有相同物理意义的输出量，利用两个模型的输出量的误差构成合适的自适应率来实时调节可调模型的参数，以达到控制对象的输出跟踪参考模型的目的。MARS 应用到转速估计方面较有影响的工作是 Schauder 提出的转速 MARS 辨识方法，将不含有真实转速的磁链方程（电压模型）作为参考模型，含有待辨识转速的磁链方程（电流模型）作为可调模型，以转子磁链作为比较输出量，采用比例积分自适应律进行转速估计。这种方法由于仍采用电压模型法来估计转子磁链，引入了纯积分环节，因此使在低速时转速的误差较为明显。其后，Y. Hori 和 P. F. Zheng 等对该方法进行了改进，其出发点是在选择不同的参考模型和可调模型的比较输出上。其中，P. F. Zheng 利用电动机的反电动势作为模型输出，避免了纯积分环节，但其低速性能受到了定子电阻的影响。因而，他又从无功功率的角度出发，成功地在参考模型中消去了定子电阻，从而避免了其影响，由此获得了更好的低速性能和更强的鲁棒性。

MARS 解决了转速辨识上的理论问题，动态性能好，是目前用得较多的转速辨识方法。但参数变化对辨识结果的影响还没有完全解决，另外还存在着稳态不稳的现象，低速时也存在偏差。

（3）基于 PI 控制器法估算

这种方法适用于按转子磁场定向的矢量控制系统，其基本思想是利用某些量的误差项使其通过 PI 调节器而得到转速信息。T. Ohtani 利用了转矩电流的误差项，而 M. Tsuji 则利用了转子 q 轴磁通的误差项。这两种方法都利用了自适应的思想，在电动机参数变化的鲁棒性上比直接计算的方法有所增强，结构上又比 MARS 方法简单，不失为一种结构简单、性能良好的转速估算方法。

（4）采用扩展的卡尔曼滤波器（EKF）估算

卡尔曼滤波器（EKF）是一种基于状态方程的强有力的状态估算法。近几年也用于电动机的参数估算和转速估算。列出以定子电流和转子磁链为状态变量、转速为参数的状态方程，将状态方程线性化后，就可以按卡尔曼滤波器的递推公式进行计算。实验结果表明，转速估算值与实际值非常接近，即使在极低速时，估算误差只有几转范围，由估算值构成的闭环系统在宽范围内仍具有良好的特性。

(5) 基于人工神经网络估算

作为实现智能控制途径之一的人工神经网络，由于具有自适应性、自学习性，与线性系统的自适应控制有许多相似之处，因此将人工神经网络技术引入到电动机参数估计与转速估算是很自然的一步。受并联形式模型参考自适应速度估算的启发，L. B. brahim 等提出，用人工神经网络方法实现异步电动机的转速估计，国内也有学者进行了这方面的研究。总的说来，人工神经网络理论在交流电气传动控制系统中的应用尚属起步阶段，各种方案仍处在不断探索与完善之中，离工程应用还有一段路要走。

2. 基于转矩电流误差推算转速的方法

当异步电动机按转子磁场定向时，异步电动机的电磁转矩仅由转矩电流分量 i_{Tl} 产生，即

$$T_e = p_m \frac{L_m}{L_r} \psi_r^* i_{\text{Tl}} \tag{5-52}$$

又

$$T_e - T_L = \frac{J}{p_m} \frac{\mathrm{d}\omega_r}{\mathrm{d}t} \tag{5-53}$$

将 $\omega_r = \frac{2\pi p_m n}{60}$ 及 $J = GD^2/4g$ 代入式（5-52）、式（5-53）并整理可得

$$T_e = C_m i_{\text{Tl}} \tag{5-54}$$

又

$$T_e - T_L = \frac{GD^2}{375} \frac{\mathrm{d}n}{\mathrm{d}t} \tag{5-55}$$

式中　$C_m = p_m \frac{L_m}{L_r} \psi_r^*$。

由式（5-54）和式（5-55）可见，转矩电流变化量的积分可以反映电动机的转速。根据式（5-55）可得

$$n = C_m \frac{375}{GD^2} \int (i_{\text{Tl}} - i_{\text{dL}}) \mathrm{d}t$$

式中　$i_{\text{dL}} = T_L/C_m$。

考虑到实际可能检测到的电流分量为转矩电流分量 i_{Tl}，因此构造一个电动机转速推算机构为

$$n = C_m \frac{375}{GD^2} \int (i_{\text{Tl}}^* - i_{\text{Tl}}) \mathrm{d}t \tag{5-56}$$

即利用电动机转矩电流分量的指令值 i_{Tl}^* 与实际值 i_{Tl} 之差的积分来进行转速估计。

上述推算转速基于的物理概念是，因为估计的转速与实际转速之间的误差，一定会引起指令转矩与实际转矩（或转矩电流分量）之间产生误差，可以用这些误差去估计转速 n，并且实现转矩的无差控制。

5.6　矢量控制的变频调速系统

矢量变换控制系统的构想是，在静止三相坐标系下的定子交流电流 i_A、i_B、i_C 通过三相/两相变换，可以等效成两相静止坐标系下的交流电流 i_α、i_β；再通过按转子磁场定向的旋转变换，可以等效成同步旋转坐标系下的直流电流 i_M、i_T。原交流电动机的转子总磁通 ψ_r 就是等效直流电动机的磁通，M 绕组相当于直流电动机的励磁绕组，i_{M1} 相当于励磁电流；T 绕组相当于电枢绕组，i_{T1} 相当于与转矩成正比的电枢电流。

把上述等效关系画出来，即得到图 5-14 中双线框内的动态结构图。从整体上看，A、B、C 三相输入，转速 ω_r 输出，是一台异步电动机。从内部看，经过三相/两相变换和同步旋转变换，异步电动机变换成一台由 i_{M1}、i_{T1} 输入，ω_r 输出的直流电动机。

图 5-14　矢量变换控制系统的构想

既然异步电动机经过坐标变换可以等效成直流电动机，那么，模仿直流电动机的控制方法，求得直流电动机的控制量，再经过相应的坐标反变换，就能够控制异步电动机了。所构想的矢量变换控制系统如图 5-14 所示。图中，给定和反馈信号经过类似于直流调速系统所用的控制器，产生励磁电流的给定信号 i_{M1}^* 和电枢电流的给定信号 i_{T1}^*，经过反旋转变换 VR^{-1} 得到 i_α^* 和 i_β^*，再经过两相/三相（2S/3S）变换得到 i_A^*、i_B^*、i_C^*。把这三个电流控制信号加到带电流控制的变频器上，就可以输出异步电动机调速所需的三相变频电流。

在设计矢量控制系统时，可认为，在控制器后面引入的反旋转变换 VR^{-1} 与电动机内部的旋转变换环节 VR 抵消，2S/3S 变换器与电动机内部的 3S/2S 变换环节抵消，如果再忽略变频器中可能产生的滞后，则图 5-14 中点划线框内的部分可以完全删去，剩下的部分就和直流调速系统非常相似了。可以想像，矢量控制交流变频调速系统的静、动态性能应该完全能够与直流调速系统相媲美。

1. 直接磁场定向矢量控制变频调速系统

异步电动机变频调速的矢量控制系统近年来发展迅速。其理论基础虽然是成熟的，但实际系统却种类繁多，各有千秋。这里介绍三种，便于读者得到一个完整的系统概念。

图 5-15 所示为一种直接磁场定向矢量控制变频调速系统原理框图。整个系统与图 5-14 所示的矢量变换控制系统构想很相近。图中，带 " * " 号的是各量的给定信号，不带 " * " 号的是各量的实测信号。系统主电路采用电流跟踪控制 PWM 变频器。系统的控制部分有转

速、转矩和磁链三个闭环。磁通给定信号由函数发生环节获得，转矩给定信号同样受到磁通信号的控制。

图 5-15　直接磁场定向矢量控制变频调速系统原理框图

ASR—转速调节器　ATR—转矩调节器　AψR—磁链调节器　BRT—速度传感器

直接磁场定向矢量控制变频调速系统的磁链是闭环控制的，因而矢量控制系统的动态性能较高。但它对磁链反馈信号的精度要求很高。

2. 间接磁场定向矢量控制变频调速系统

图 5-16 所示为另一种矢量控制变频调速系统——暂态转差补偿矢量控制变频调速系统。该系统中磁链是开环控制的，由给定信号并靠矢量变换控制方程确保磁场定向，没有在运行中实际检测转子磁链的相位，这种情况属于间接磁场定向。由于没有磁链反馈，这种系统结构相对简单。但这种系统在动态过程中实际的定子电流幅值及相位与给定值之间总会存在偏差，从而影响系统的动态性能。为了解决这个问题，可采用参数辨识和自适应控制或其他智能控制方法。

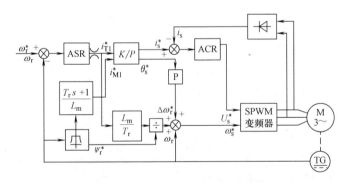

图 5-16　暂态转差补偿矢量控制变频调速系统原理框图

图 5-16 所示系统中，主电路采用由 IGBT 构成的 SPWM 变频器，控制结构完全模仿了直流电动机的双闭环调速系统。系统的外环是转速环，转速给定与实测转速比较后，经过 ASR 输出转矩电流给定信号 i_{T1}^*。同时，实测转速角速度 ω_r 经函数发生器输出转子磁链给定值 ψ_r^*，经过运算得励磁电流给定值 i_{M1}^*。i_{T1}^*、i_{M1}^* 经坐标变换（K/P）输出定子电流的给定值 i_s^* 和定子电流相位给定值 θ_s^*，对 θ_s^* 微分后作为暂态转差补偿分量。ψ_r^*、i_{T1}^* 运算后得到

$\Delta \omega_\mathrm{r}{}^*$，加上 ω_r，再加上暂态转差补偿分量，得到频率给定信号 $\omega_\mathrm{s}{}^*$，作为 SPWM 信号的频率给定。$i_\mathrm{s}{}^*$ 与反馈电流 i_s 比较后经 ACR 输出信号 $U_\mathrm{s}{}^*$，作为 SPWM 的幅值给定信号。

3. 无速度传感器的矢量控制变频调速系统

无速度传感器的矢量控制变频调速系统目前的主要方案如下：

1）基于转子磁通定向的无速度传感器矢量控制变频调速系统。

2）基于定子磁通定向的无速度传感器矢量控制变频调速系统。

3）基于定子电压矢量定向的无速度传感器矢量控制变频调速系统。

4）基于直接转矩控制的无速度传感器直接转矩控制变频调速系统。

5）采用模型参考自适应（MRAS）的无速度传感器变频调速系统。

6）利用扩展的卡尔曼滤波器进行转速辨识的无速度传感器变频调速系统。

为了对无速度传感器变频调速系统有一个基本概念，这里选择方案 1）进行较为详细的介绍。

所谓无速度传感器变频调速系统就是取消图 5-15 所示系统中的速度检测装置 BRT，通过间接计算法求出电动机运行的实际转速值作为转速反馈信号。下面着重讨论上述系统中间接计算转速实际值的基本方法，即转速推算器的基本组成原理。

在电动机定子侧装设电压传感器和电流传感器，检测三相电压 u_A、u_B、u_C 和三相电流 i_A、i_B、i_C。根据三相/两相（3S/2S）变换求出静止轴系中的两相电压 $u_{\alpha 1}$、$u_{\beta 1}$ 及两相电流 $i_{\alpha 1}$、$i_{\beta 1}$。

由定子静止轴系（α-β）中的两相电压、电流可以推算定子磁链，估计电动机的实际转速。

在定子两相静止轴系（α-β）中磁链为

$$
\begin{aligned}
\psi_{\alpha 1} &= \int (u_{\alpha 1} - R_\mathrm{s} i_{\alpha 1}) \,\mathrm{d}t \\
\psi_{\beta 1} &= \int (u_{\beta 1} - R_\mathrm{s} i_{\beta 1}) \,\mathrm{d}t
\end{aligned}
\tag{5-57}
$$

磁链的幅值及相位角为

$$
\psi_\mathrm{s} = \sqrt{\psi_{\alpha 1}^2 + \psi_{\beta 1}^2}
$$

$$
\cos\varphi_\mathrm{s} = \frac{\psi_{\alpha 1}}{\psi_\mathrm{s}}, \quad \sin\varphi_\mathrm{s} = \frac{\psi_{\beta 1}}{\psi_\mathrm{s}}
\tag{5-58}
$$

$$
\varphi_\mathrm{s} = \arctan \frac{\psi_{\beta 1}}{\psi_{\alpha 1}}
$$

由式（5-58）中的第三式可求出同步角频率

$$
\omega_\mathrm{s} = \frac{\mathrm{d}\varphi_\mathrm{s}}{\mathrm{d}t} = \frac{\mathrm{d}}{\mathrm{d}t} \left(\arctan \frac{\psi_{\beta 1}}{\psi_{\alpha 1}}\right) = \frac{(u_{\beta 1} - R_\mathrm{s} i_{\beta 1})\psi_{\alpha 1} - (u_{\alpha 1} - R_\mathrm{s} i_{\alpha 1})\psi_{\beta 1}}{\psi_\mathrm{s}^2}
\tag{5-59}
$$

由矢量控制方程可求得转差角频率 $\Delta \omega_\mathrm{r}$

$$
\Delta \omega_\mathrm{r} = \frac{L_\mathrm{m}}{T_\mathrm{r}} \frac{i_{\mathrm{T}1}}{\psi_\mathrm{r}}
\tag{5-60}
$$

根据式（5-57）～式（5-60）可得到转速推算器的基本结构，如图 5-17 所示。

无速度传感器转差型矢量控制变频调速系统原理框图如图 5-18 所示。

图 5-17　转速推算器的基本结构

图 5-18　无速度传感器转差型矢量控制变频调速系统原理框图

由式（5-60）可知，转速推算器受转子参数（T_r、L_r）变化的影响，因而基于转子磁链定向的转速推算器还需要考虑转子参数的自适应控制技术。此外，转速推算器的实用性还取决于推算的精度和计算的快速性，因此对于任何速度推算器的推算精度和计算的快速性达到应用水平都必须采用高速微处理器才能实现。本系统的目的是指出无速度传感器的一种基本实现方法。

5.7　异步电动机的交-交变频调速技术

矿井提升机等大容量系统通常采用交-交变频供电电源。受自关断器件的容量限制，以及换相电容器换相能力的限制，目前大功率交-交变频器通常是由普通晶闸管构成、依靠电源自然换相。为此，本节讨论异步电动机的交-交变频调速系统中的几个技术问题。

5.7.1　异步电动机的定子电流控制

异步电动机控制策略的实现最终是通过变频器落实到对电动机定子电流的控制上来的，在异步电动机交-交变频调速系统中，通常选择电动机定子电流作为被控对象。原因是，经磁场定向解耦后的电磁转矩和磁链直接受控于定子电流的转矩分量和励磁分量，通过控制定子电流就能有效地控制转矩和磁链。

交-交变频器是电压源性质的变频器，当它用于提升机等低速大功率设备作拖动系统电源时，要求其能快速准确地控制电流，使其不受负载电压变化的影响。因此，也需要用电流控制方法把电压源型的交-交变频器改造成具有电流源特性的变频器。而电流闭环控制在一定意义上具有理想电流源特性，可以将电压源型的变频器改造成电流源特性的变频器。

鉴于上述两个原因，对异步电动机定子电流控制方法的讨论也成为一个重要的研究课题。目前常用的是 PI 电流控制法。

PI 控制法是一种性能优越的控制规律，在直流调速系统中已有很好的体现。在矢量控制中，可以在两相同步旋转坐标系和三相静止坐标系下对定子电流分别进行调节，然后再将二者结合起来。具体原理如下：通过转子磁链定向，将三相静止坐标系中的定子电流分解成 M-T 坐标系中的两相直流电流 i_{M1}、i_{T1}，再仿照直流系统控制方法进行控制，这种控制可使电流稳态误差为零；与此同时，在三相静止坐标系中，每一相设置一个 PI 调节器分别去调节定子三相交流电，但实际上由于定子三相交流电流只有两相是独立的（三相电流之和等于零），三相不能同时采用 PI 调节器。解决办法有两个：一是在任意两相中使用 PI 调节器，再根据三相电流关系调节第三相；二是在静止坐标系下的定子三相交流调节器均采用 P 调节器，两相同步旋转坐标系下的直流调节器均采用 I 或 PI 调节器，二者结合起来，仍为 PI 调节器。

就目前而言，交直流电流调节分离的"PI 控制法"是较为常用的定子电流控制方法。图 5-19 所示为一种采用"PI 电流控制法"的、性能较好的电流调节电路的原理框图。

图 5-19　三相电流调节电路的原理框图

AAR—交流电流调节器　ADR—直流电流调节器　AUR—电压调节器　AT—触发装置

该电路有下列特点：

1）采用了电压前馈补偿环节。交-交变频器基于可逆整流，单相输出的交-交变频器实质上是一套逻辑无环流三相桥式反并联可逆整流装置，装置中的晶闸管靠交流电源自然换流，移相控制信号是正弦交流信号。直流调速系统中，电流控制是通过 ACR 及以其为核心的电流闭环来实现的。ACR 为 PI 调节器，系统的稳态误差等于零，动态误差不为零。而交-交变频器输出电流随时间正弦变化，对电流调节系统而言，系统始终处于动态，动态跟踪误差一直存在，输出电流总是比给定电流滞后一段时间。为了克服上述缺点，电流环中需加入电压前馈补偿环节。引入电压前馈补偿环节后，ACR 不再担任产生输出电压的任务，仅起校正误差作用。

2）采用了直流电流调节环节。把三相电流信号 i_A、i_B、i_C 通过坐标变换分解成励磁电流分量 i_{M1} 和转矩电流分量 i_{T1} 两个直流信号，然后与励磁电流给定 i_{M1}^* 和转矩电流给定 i_{T1}^* 相比较，误差经 PI 调节器调节，输出两个直流校正信号 Δu_{M1}^* 和 Δu_{T1}^*。它们与直流电压给定信号 u_{M1}^* 和 u_{T1}^* 叠加后，再通过坐标变换，变成三个交流电压信号作为电压前馈补偿量，通过电压前馈补偿环节消除三相电流误差。图 5-19 中，两个 PI 调节器 1ADR、2ADR 称为"直流电流调节器"。三相交流电流只有两个是独立的，经坐标变换后三个交流变量变成两个独立的直流变量，它们彼此不相关，因此可以用两个 PI 调节器分别控制，使两个直流量的静差为零。用这种方法测量三相电流，有偏差就同时校正三相电流，不存在对哪一相"偏爱"，对哪一相"疏远"问题。

3）采用了交流电流调节环节。三个 PI 调节器 1AAR～3AAR 称为"交流电流调节器"。从图 5-19 中还看到，三相交流电流给定信号也是从它们的转矩分量及励磁分量经坐标变换获得的。经这样安排，总的电流调节还是比例积分调节，比例部分主要是针对动态，比例积分部分针对静态。

图 5-20 所示为已经在生产中得到应用的典型三相交-交变频电流控制系统原理框图。

图 5-20　典型三相交-交变频电流控制系统原理框图

5.7.2　异步电动机交-交变频调速系统的基本结构

在异步电动机矢量控制调速系统中，为了获得良好的转速动态性能和实现转子磁场定向控制，通常选择转速和转子磁链两个变量作为系统的被调量，加上前述的定子电流闭环，即构成具有电流、磁链及转速闭环控制的异步电动机矢量控制调速系统。系统原理框图如图 5-21 所示。

该系统是以定子电流控制环为内环，以转子磁链及转速环为外环（其中磁链环和转速环为并行关系）的双闭环控制系统。系统中，定子电流采用了"PI 电流控制法"，磁链和转速采用了磁通观测器和无速度传感器技术。

图 5-21　异步电动机矢量控制系统原理框图

1. 定子电流控制系统

根据异步电动机的性质，对电动机转矩的控制实质上是通过对定子电流的控制来实现的。系统中采用了"PI 电流控制法"的定子电流（变频器电流）控制系统，它由交流电流调节，直流电流调节、定子电压给定 u_{M1}^* 和 u_{T1}^* 计算电路、矢量控制所需的坐标变换等环节组成。其原理框图如图 5-21 虚线框内所示。

在该电流控制系统中，给定输入有两路，励磁电流给定来自于磁链调节器 AψR 的输出 i_{M1}^*；转矩电流给定来自于转速调节器 ASR 的输出 i_{T1}^*，其中，一路用于直流电流调节系统的给定和定子电压给定"u_{M1}^*，u_{T1}^* 计算"之用，另一路经 2R/2S 和 2S/3S 变换环节输出作为交流电流调节系统的给定。

该电流控制系统的反馈输入采用与直流调速系统中相同的交流电流检测方法获得定子三相电流实际值，其中，一路直接作为交流电流调节系统的反馈信号 i_{A-B-C}，另一路经 3S/2S 和 2S/2R 变换环节输出，作为直流电流调节系统的反馈信号 i_{M1-T1}。

以交流电流调节器 AAR 和直流电流调节器 ADR 为核心构成定子电流控制系统。该电流控制系统的输出作用于交-交变频器，将其改造成具有电流源特性的变频器，用于高性能调速系统。

2. 转子磁链控制系统

异步电动机的磁场定向、转矩控制都离不开对转子磁链的控制，转子磁链作为异步电动机矢量控制系统的被控量之一是必需的。图 5-21 所示系统应用间接磁链检测方法进行转子磁通观测，实现磁链的开闭环复合控制。在不考虑弱磁控制的情况下，转子磁链控制系统包括下列几个环节：

（1）磁链给定环节

在调速系统中，磁链给定值 ψ_r^* 由系统设定，在不考虑弱磁调速情况下，这一环节就是一个恒值给定环节。磁链给定值 ψ_r^* 的一路经"i_{M1}^* 计算电路"送至定子电流调节系统励磁电流分量输入端，通过定子电流控制系统来改变励磁电流大小，另一路送至磁链调节环节调节转子磁链。

（2）磁链调节环节

磁链调节环节如图 5-22 所示。

磁链给定值 ψ_r^* 减去磁链实际值 ψ_r 得磁链误差信号 $\Delta\psi = \psi_r^* - \psi_r$，然后送 AψR。以 AψR 为核心的磁链闭环系统对磁链进行调节。AψR 采用 PI 调节器。

在转子磁链调节环节中，根据转子磁链获取方式的不同，有直接矢量控制和间接矢量控制之分；若采用电流模型、电压模型方法获取转子磁链，又有磁链开环、磁链闭环和磁链开闭环复合控制之分。图 5-21 所示系统中采用了磁链开闭环复合控制。

图 5-22　磁链调节环节

3. 转速闭环控制系统

异步电动机矢量控制系统重点控制的变量就是电动机的转速，在高性能调速系统中转速控制均采用闭环控制。

（1）转速给定和转速调节器

转速给定环节一般是一个带有正负限幅的恒值给定环节；ASR 是 PI 调节器，输入是转速给定 ω_r^*（n^*）和转速实际值 ω_r（n）的偏差，输出为定子电流转矩分量给定 i_{T1}^*。

（2）转速检测环节

为了实现转速闭环控制，需要检测异步电动机转子的转速。常用的转速检测方法有用测速发电机检测转速、用光电方法测速等，这些利用速度传感器的测速方法不可避免地要在电动机上安装硬件装置。对笼型异步电动机而言，速度传感器的安装将破坏电动机本身坚固、简单、低成本的优点，因此异步电动机调速系统通常采用无速度传感器技术。

5.7.3　基于"工程设计方法"的调节器设计

在异步电动机交-交变频矢量控制调速系统中，通常选择转子转速和转子磁链作为系统的被调量。根据电动机数学模型的有关方程，异步电动机交-交变频调速系统动态结构图如图 5-23 所示。

图 5-23　异步电动机交-交变频调速系统动态结构图

图 5-23 中，从输入 i_{M1}^*、i_{T1}^* 到输出 i_{M1}、i_{T1} 的部分为定子电流控制系统，它是调速系统的内环；调速系统的外环是转子磁链及转速环，AψR 和 ASR 为磁链和转速调节器，其中磁链环和转速环为平行结构关系；点划线框内为基于矢量控制原理的异步电动机动态结构图，通

过坐标变换，将异步电动机等效成直流电动机进行控制；加入 T_e^* 和 i_{T1}^* 之间的环节是为了抵消电动机动态结构图中 i_{T1} 和 T_e 间的环节；φ_s^* 和 φ_s 为坐标变换所需的磁链位置角；右上角带 * 的变量为给定值，不带 * 者为实际值。采用定子电流内模控制后，消除了电动机的交叉耦合，这样，图 5-23 系统就可等效成两个独立的、以转子转速和转子磁链为输出量的直流控制系统了。

在单变量线性调速系统中，调节器设计常采用"工程设计方法"，国外称为"电子最佳调节器设计方法"。交流电动机是一个多变量、非线性、强耦合的被控对象，在带电流、磁链及转速闭环控制的异步电动机矢量控制系统中，当采用矢量控制后，整个调速系统被解耦成电流、磁链和转速三个独立的单变量线性系统，因此也可采用单变量线性系统常用的"工程设计方法"来设计。在多环系统中，用"工程设计方法"设计调节器的顺序是先内环，后外环。为此，应先设计电流控制内环再设计磁链和转速控制外环。

下面概述用"工程设计方法"设计系统调节器的方法。

1. 电流环的设计

本系统采用的三相交-交变频电流控制系统原理框图如图 5-20 所示，它有图 5-24 所示的结构关系。该电流控制系统设置了直流和交流两套电流调节系统，因此需要分别进行交流电流调节器和直流电流调节器的设计。

(1) 交流电流调节器设计

可以看出，交流电流调节器的调节对象为电压前馈环节、交-交变频器及异步电动机，电压前馈是系数为 1 的加法器。

图 5-24　电流控制系统原理框图

1）异步电动机的传递函数。按转子磁场定向时，异步电动机的电压方程为

$$\left.\begin{array}{l} u_{M1} = (R_s + \sigma L_s p) i_{M1} - \omega_s \sigma L_s i_{T1} + p \dfrac{L_m}{L_r} \psi_r \\[2mm] u_{T1} = (R_s + \sigma L_s p) i_{T1} + \omega_s \sigma L_s i_{M1} + \omega_s \dfrac{L_m}{L_r} \psi_r \end{array}\right\} \qquad (5\text{-}61)$$

因为恒磁通调速，故 $p\psi_r = 0$。通过电压前馈的解耦作用，则式（5-61）可变成

$$\left.\begin{array}{l} u_{M1} = \sigma L_s p i_{M1} \\[1mm] u_{T1} = \sigma L_s p i_{T1} \end{array}\right\} \qquad (5\text{-}62)$$

由此可得电动机定子电压与电流间的关系如下：

在两相旋转坐标系下

$$\begin{pmatrix} i_{M1} \\ i_{T1} \end{pmatrix} = \begin{pmatrix} \dfrac{1}{T_d s} & 0 \\ 0 & \dfrac{1}{T_d s} \end{pmatrix} \begin{pmatrix} u_{M1} \\ u_{T1} \end{pmatrix} \tag{5-63a}$$

在三相静止坐标系下

$$\begin{pmatrix} i_A \\ i_B \\ i_C \end{pmatrix} = \begin{pmatrix} \dfrac{1}{T_d s} & 0 & 0 \\ 0 & \dfrac{1}{T_d s} & 0 \\ 0 & 0 & \dfrac{1}{T_d s} \end{pmatrix} \begin{pmatrix} u_A \\ u_B \\ u_C \end{pmatrix} \tag{5-63b}$$

式中，$T_d = \sigma L_s$ 为时间常数。

2) 交-交变频器的传递函数。通常交-交变频器的传递函数是 $K_s / (T_s s + 1)$ 的惯性环节。此处 T_s 为交-交变频器的惯性时间常数。因交-交变频器是由三相全控桥整流器反并联构成，故 $T_s = 1.7\mathrm{ms}$。它和其他一些小时间常数（反馈滤波、触发输入滤波等）合在一起考虑时，$T_s = 3\mathrm{ms}$。

3) 交流电流调节环的动态结构。由式（5-63a、b）可知，在静止坐标系中，异步电动机每一坐标轴上都是一个时间常数为 $T_d = \sigma L_s$ 的积分环节。则

$$i_x = \frac{1}{T_d s} u_x \tag{5-64}$$

式中，下标"x"代表 A-B-C 中任一分量。

所以交流电流调节环可绘成图 5-25 所示的动态结构图，成为三个独立的无耦合线性系统。

图 5-25　交流电流调节环的动态结构图

图 5-25 中，Δu_x 为直流电压前馈补偿环节的输出，当将其折算到输入端后，Δu_x 等效成输入端信号 $\Delta u_x / K_s$，这样交流电流调节器的调节对象就是一个积分和一个小时间常数的惯性环节，用工程设计方法将其设计成典型 I 型系统。

因此，交流电流调节器可选为 P 调节器，其比例系数为

$$K_i = \frac{T_d}{2K_s T_s} \tag{5-65}$$

当交流电流调节环设计好后，可用一个时间常数为 $T_{eq.i} = 2T_s$（等效时间常数）的小惯性环节来等效。此时交流电流环等效传递函数为 $1/(2T_s s + 1)$，等效时间常数 $T_{eq.i} = 2T_s = 6\mathrm{ms}$。

（2）直流电流调节器设计

图 5-25 中，输出电流为

$$i_x = \frac{1}{1 + 2T_s s}\left(i_x^* + \frac{\Delta u_x}{K_i}\right) = i'_x + \Delta i_x \tag{5-66}$$

式中，i'_x 为输入量 i_x^* 产生的输出；Δi_x 为输入 $\Delta u_x / K_i$ 产生的输出。

由式（5-66）可得：

在 A-B-C 坐标系下

$$\begin{cases} \Delta i_A = \dfrac{1/K_i}{2T_s s + 1}\Delta u_A \\[2mm] \Delta i_B = \dfrac{1/K_i}{2T_s s + 1}\Delta u_B \\[2mm] \Delta i_C = \dfrac{1/K_i}{2T_s s + 1}\Delta u_C \end{cases} \tag{5-67a}$$

在 M-T 坐标系下

$$\begin{cases} \Delta i_{M1} = \dfrac{1/K_i}{2T_s s + 1}\Delta u_{M1} \\[2mm] \Delta i_{T1} = \dfrac{1/K_i}{2T_s s + 1}\Delta u_{T1} \end{cases} \tag{5-67b}$$

式（5-67a、b）的分式是直流电流调节器的调节对象，于是直流电流调节环的动态结构图如图 5-26 所示。

直流电流调节器的调节对象为仅含有一个小时间常数的惯性环节，它的作用主要是消除静态误差，通常也将其设计成典型 I 型系统。调节器采用 I 调节器，积分时间常数为

图 5-26   直流电流调节环的动态结构图

$$\tau_i = \frac{8K_s T_s^2}{T_d} \tag{5-68}$$

根据图 5-26 可求出直流电流调节环的闭环传递函数为

$$\frac{i_y(s)}{i_y^*(s)} = \frac{\dfrac{1}{\tau_i s}\dfrac{1}{K_i(2T_s s + 1)}}{1 + \dfrac{1}{\tau_i s}\dfrac{1}{K_i(2T_s s + 1)}} \approx \frac{1}{4T_s s + 1} = \frac{1}{T_{eq.Di} s + 1} \tag{5-69}$$

直流电流调节环节等效时间常数为

$$T_{eq.Di} = 2T_{eq.i} = 4T_s = 12\text{ms} \tag{5-70}$$

此时，整个定子电流调节环节（交流电流调节环加直流电流调节环）可近似地用两个独立的、无耦合的惯性环节来等效

$$\begin{aligned} i_{M1} &= \frac{1}{T_{eq.Di} s + 1}i_{M1}^* \\[3mm] i_{T1} &= \frac{1}{T_{eq.Di} s + 1}i_{T1}^* \end{aligned} \tag{5-71}$$

2. 磁链环的设计

在异步电动机中有

$$\psi_r = \frac{L_m}{T_r s + 1} i_{M1}$$

其中

$$T_r = \frac{L_r}{R_r} = \frac{L_m + L_{r\sigma}}{R_r}$$

式中，$L_{r\sigma}$、R_r 分别为转子绕组漏感及电阻。

异步电动机磁链调节环的动态结构图如图 5-27 所示。

图 5-27 异步电动机磁链调节环的动态结构图

由图 5-27 可见，磁链环调节对象是一个大时间常数 T_r 及一个小时间常数 $T_{eq\cdot Di}$ 的惯性环节，所以磁链调节器应选 PI 调节器。图中，K_ψ 为磁链环调节器的比例系数，τ_ψ 为积分时间常数。

根据工程设计方法，将磁链调节环设计成典型 I 型系统，使磁链调节器的积分时间常数 $\tau_\psi = T_r$，且按 "二阶最佳" 选择调节器参数。

则积分时间常数

$$\tau_\psi = T_r$$

比例系数

$$K_\psi = \frac{T_r}{2 L_m T_{eq\cdot Di}}$$

3. 转速环的设计

异步电动机转速调节环的动态结构图如图 5-28 所示。

图 5-28 异步电动机转速调节环的动态结构图

由图 5-28 可见，异步电动机的转速调节对象存在耦合，即磁链 ψ_r 乘转矩电流分量 i_{T1}。它们的耦合关系见下式：

$$T_e = p_m \frac{L_m}{L_r} i_{T1} \psi_r = K_m i_{T1} \psi_r$$

式中，p_m 为电动机极对数。

电动机转速与转矩间的关系可由运动方程求得，因为

$$T_e - T_L = \frac{1}{p_m} J \frac{d\omega_r}{dt}$$

式中，J 为拖动系统的转动惯量。

在研究动态传递函数时，如为恒转矩负载，可认为 $\Delta T_L = 0$。则有

$$n(s) = \frac{p_m}{2J\pi s}T_e(s) = \frac{1}{T'_m s}T_e(s) \tag{5-72}$$

式中，$T'_m = \dfrac{2J\pi}{p_m}$。

为解开转速调节环中的耦合，在转速调节器中加入除法器 $i_{T1}^* = T_e^* / \psi_r^m$。$\psi_r^m$ 是磁链模型值。若模型准确，ψ_r^m 等于磁链实际值 ψ_r，这种除运算抵消了速度调节对象中的乘运算，把转速调节环解耦成独立的单变量线性系统，动态结构图如图 5-29 所示。从定子电流转矩分量给定 i_{T1}^* 到实际值 i_{T1}，整个定子电流调节环用一个小时间常数 $T_{eq.Di}$ 的惯性环节代替。

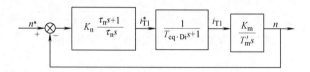

图 5-29　解耦后的转速环动态结构图

由图 5-29 知，转速环调节对象是一个积分和一个小时间常数环节，通常将转速环设计成典型 Ⅱ 型系统，所以转速调节器采用 PI 调节器，调节器的参数选择如下：

比例系数

$$K_n = \frac{h+1}{2h} \frac{T'_m}{K_m T_{eq.Di}}$$

积分常数

$$\tau_n = h T_{eq.Di}$$

习题与思考题

5-1　简述矢量控制的基本思路。

5-2　矢量控制中常用哪几种磁场定向方式？

5-3　列出矢量控制中所用到的坐标变换式。

5-4　写出异步电动机按转子磁链定向时的数学模型表达式。

5-5　说明用电流模型 Ⅱ 法观测转子磁链的方法，该观测方法适合在什么场合使用？

5-6　说明用电压模型观测转子磁链的方法，该观测方法适合在什么场合使用？

5-7　为什么高性能笼型异步电动机调速系统需要采用无速度传感器技术？

5-8　列举用无速度传感器技术估计转速的几种方法。

5-9　说明异步电动机定子电流控制 PI 法的控制规律。

5-10　从异步电动机按转子磁链定向时的动态结构图上说明交叉电动势的存在以及消除方法。

第6章 交流调速系统的MATLAB 仿真以及实验与实训

本章以交流调速系统为基础，应用 MATLAB 的 Simulink 和 SimPower System 工具箱，采用面向原理框图的图形化仿真技术，对典型的交流调压调速系统、绕线转子异步电动机串级调速系统、变频调速系统和矢量控制调速系统进行仿真实验分析；应用配套的教学实验设备进行相关的实物实验，并进行典型系统的实例分析。

6.1 交流调速系统的 MATLAB 仿真实验

因为本章所要讨论的交流调速系统的执行机构是交流电动机，与直流调速系统的直流电动机相比较，主电路有区别，又因为交流调速系统的控制电路采用的是转速单闭环和转速电流双闭环控制方式，控制电路的建模与直流调速系统中的单、双闭环控制方式没有什么区别，所以本节重点讨论交流调速系统的主电路的建模与参数设置。

6.1.1 交流调压调速系统和串级调速系统的 MATLAB 仿真实验

6.1.1.1 异步电动机交流调压调速系统的建模与仿真

交流调压调速系统的原理框图如图 6-1 所示。

图 6-2 所示为采用面向原理框图方法构建的交流调压调速系统的仿真模型。下面介绍各部分的建模与参数设置过程。

1. 系统的建模和模型参数设置

（1）主电路的建模和参数设置

由图 6-2 可见，主电路由三相对称交流电压源、晶闸管三相交流调压器、交流异步电动机、电动机信号分配器等部分组成。

三相交流电源的建模和参数设置在第 3 章已经作过讨论（本模型三相电源的相序是 A-B-C），此处着重

图 6-1　交流调压调速系统的
原理框图

讨论晶闸管三相交流调压器、交流异步电动机、电动机测试信号分配器的建模和参数设置问题。

1）晶闸管三相交流调压器的建模和参数设置。晶闸管三相交流调压器通常是采用三对反并联的晶闸管器件组成，单个晶闸管器件采用"相位控制"方式，利用电网自然换流。图 6-3 所示为晶闸管三相交流调压器的仿真模型。图 6-4 所示为三相交流调压器中晶闸管器件的参数设置。

在图 6-3 中是用单个晶闸管器件按三相交流调压器的接线要求搭建成仿真模型的，单个晶闸管器件的参数设置仍然遵循晶闸管整流桥的参数设置原则。

图 6-2　交流调压调速系统的仿真模型

图 6-3　晶闸管三相交流调压器的仿真模型　　　图 6-4　调压器中晶闸管器件的参数设置

2）交流异步电动机、电动机测试信号分配器的建模和参数设置。在 SimPower System 工具箱中有一个电机模块库，它包含了直流电动机、异步电动机、同步电动机及其他各种电机模块。其中，模块库中有两个异步电动机模型，一个是标幺值单位制（PU unit）下的异步电动机模型，另一个是国际单位制（SI unit）下的异步电动机模型，本节采用后者。

国际单位制下的异步电动机模块符号如图 6-5a 所示，电动机测试信号分配器模块符号如图 6-5b 所示。

描述异步电动机模块性能的状态方程包括电气和机械两个部分，电气部分有五个状态方程，机械部分有两个状态方程。该模块有四个输入端子，四个输出端子。模块的前三个输入端子（A，B，C）为电动机的定子电压输入，第四个输入端子一般接负载，为加到电动机轴上的机械负载，该端子可直接接 Simulink 信号；模块的前三个输出端子（a，b，c）为转子电压输出，一般短接在一起，或连接其他附加电路。当异步电动机为笼型异步电动机时，电动机模块符号将不显示输出端子（a，b，c），第 4 个输出端子为 m 端子，它返回一系列电动机内部信号（共 21 路），供给电动机测试信号分配器模块的输入 m 端子。电动机测试信号分配器模块的 21 路输出信号构成如下：

①第 1 ~ 第 3 路：转子电流 i_{ra}、i_{rb}、i_{rc}。

②第 4 ~ 第 9 路：同步 d-q 坐标系下的转子信号，依次为 q 轴电流 i_{qr}，d 轴电流 i_{dr}；q 轴磁通 ψ_{qr}，d 轴磁通 ψ_{dr}；q 轴电压 U_{qr}，d 轴电压 U_{dr}。

③第 10 ~ 第 12 路：定子电流 i_{sa}、i_{sb}、i_{sc}。

④第 13 ~ 第 18 路：同步 d-q 坐标系下的定子信号，依次为 q 轴电流 i_{qs}，d 轴电流 i_{ds}；q 轴磁通 ψ_{qs}，d 轴磁通 ψ_{ds}；q 轴电压 U_{qs}，d 轴电压 U_{ds}。

⑤第 19 ~ 第 21 路：电动机转速 ω_m，机械转矩 T_e，电动机转子角位移 θ_m。

图 6-5　异步电动机模块符号和电动机测试信号分配器模块符号
a）异步电动机模块符号
b）电动机测试信号分配器模块符号

具体要输出哪些信号，可根据实际问题，通过电动机测试信号分配器模块的设置对话框来选择，需要输出哪个物理量只要在其前面的复选框内打个 "√"。详细选择如图 6-6 所示的电动机测试信号分配器参数设置对话框的参数选择。

图 6-6　电动机测试信号分配器参数设置对话框及参数选择

异步电动机的参数可通过电动机模块的参数对话框来输入，如图 6-7 所示。

图 6-7 中有关参数设置如下：

①绕组类型（Rotor type）列表框：分绕线转子式（Wound）和笼型（Squirrel-cage）两

图 6-7　异步电动机参数设置对话框及参数设置

种，此处选后者。

②参考坐标系（Reference frame）列表框：有静止坐标系（Stationary）、转子坐标系（Rotor）和同步旋转坐标系（Synchronous），此处选同步旋转坐标系。

③额定参数：额定功率 P_n（单位为 VA），线电压 U_n（单位为 V），频率 f（单位为Hz）。

④定子电阻 R_s（Stator）（单位为 Ω）和漏感（L_{1s}）（单位为 H）。

⑤转子电阻 R_r（Rotor）（单位为 Ω）和漏感（L_{1r}）（单位为 H）。

⑥互感（Mutual inductance）L_m（单位为 H）。

⑦转动惯量（Inertia）J（单位为 kg·m^2）。

⑧极对数 p。

详细数据如图 6-7 所示的异步电动机的参数设置对话框及参数设置，参数设置原则与前同。

（2）控制电路的建模和参数设置

交流调压调速系统的控制电路包括给定信号、ASR、限幅器、速度反馈环节等部分，与单闭环直流调速系统没有什么区别，同步脉冲触发器也一样，故不再讨论了。

要说明的是，为了得到比较复杂的给定信号，这里仍采用将简单信号源组合的方法。

控制电路的有关参数设置如下：

速度反馈系数设置为 30/pi；调节器的参数设置如下：

ASR：$K_{pn} = -30$；$\tau_n = 300$；

上下限幅值为 [180，−180]；

限幅器限幅值 [180，30]。

其他没作说明的为系统默认参数。

2. 系统的仿真参数设置

仿真算法为 ode23tb；仿真 Start time 设为 0，Stop time 设为 4.2。

3. 系统的仿真、仿真结果的输出及结果分析

建模和参数设置完成后，即可开始进行仿真。

图 6-8 所示为交流调压调速系统的 A 相电流、给定转速和实际转速曲线。

图 6-8　交流调压调速系统的 A 相电流、给定转速和实际转速曲线

从仿真结果可以看出，在稳态时，仿真系统的实际转速能实现对给定转速的良好跟踪；在过渡过程时，仿真系统的实际转速对阶跃给定信号的跟踪有一定的偏差，从图 6-8 还可以预见，实际转速对斜坡给定信号的跟踪应该是比较不错的。

6. 1. 1. 2　晶闸管串级调速系统的建模与仿真

晶闸管串级调速系统的原理框图如图 6-9 所示。

图 6-9　晶闸管串级调速系统的原理框图

下面介绍各部分的建模与参数设置过程。

1. 系统的建模和模型参数设置

（1）主电路的建模和参数设置

晶闸管串级调速系统的主电路由三相对称交流电压源、绕线转子交流异步电动机、二极

管转子整流器、平波电抗器、晶闸管逆变器、逆变变压器、电动机测试信号分配器等部分组成。图 6-10 所示为晶闸管串级调速系统除三相对称交流电压源、电动机测试信号分配器之外的主电路子系统的仿真模型，脉冲触发电路 Subsystem1 也归在主电路中。图 6-11 所示为串级调速系统主电路子系统接上三相对称交流电压源、电动机测试信号分配器和其他测量装置等模块后的仿真模型。

图 6-10　晶闸管串级调速系统主电路子系统的仿真模型

图 6-11　晶闸管串级调速系统含有子系统的主电路的仿真模型

在图 6-10 和图 6-11 的仿真模型中，同步脉冲触发器、电动机测试信号分配器、平波电抗器、交流异步电动机（此处选择绕线转子异步电动机）的建模和参数设置在前面已经做过讨论，此处主要讨论二极管转子整流器、晶闸管逆变器、逆变变压器的建模和参数设置问题。本模型三相电源的相序是 A-B-C。

1）二极管转子整流器的建模和参数设置。按 SimPowerSystems/Power Electronics/Universal Bridge 路径，在电力电子模块组中找到通用变流器桥。电力电子元器件类型选择二极管，其标签为 "Universal Bridge1"。图 6-12 所示为转子整流器的参数设置。

图 6-12 转子整流器的参数设置

2）晶闸管逆变器的建模和参数设置。同样在电力电子模块组中找到通用变流器桥。电力电子元器件类型选择晶闸管，其标签为"Universal Bridge"。图 6-13 所示为晶闸管逆变器的参数设置。

图 6-13 晶闸管逆变器的参数设置

3）逆变变压器的建模和参数设置。按 SimPowerSystems/Elements/Three-Phase Transform-

er（Two-Windings）路径从元器件模块组中选取"Three-Phase Transformer（Two-Windings）"
模块，其标签为"Three-Phase Transformer（Two-Windings）"。图 6-14 所示为逆变变压器的
参数设置。逆变变压器的参数设置是根据串级调速原理并结合电动机参数而设置的。

将各模块按原理框图所示的关系连接，就可得到上述仿真模型。

注意：二极管转子整流器、晶闸管逆变器、逆变变压器的参数设置原则与第 3 章归纳的
参数设置原则是一致的。

图 6-14　逆变变压器的参数设置

根据图 6-9，采用面向原理框图方法构建的晶闸管串级调速系统的仿真模型如图 6-15
所示。

图 6-15　晶闸管串级调速系统的仿真模型

（2）控制电路的建模和参数设置

从图 6-15 可见，晶闸管串级调速系统的控制电路包括给定信号、ASR、ACR、限幅器、

速度和电流反馈环节等部分。这些与双闭环直流调速系统的控制电路仿真模型没有什么区别，同步脉冲触发器也一样，故不再讨论了。晶闸管串级调速系统比较复杂，为了得到较好的性能，在控制电路的参数设置时，需要进行多次试探加以摸索，进行参数优化。

闭环系统有两个 PI 调节器——ASR 和 ACR。这两个调节器的参数设置如下：

ASR：$K_{pn} = 2$、$\tau_n = 8$，上下限幅值设置为 $[40, 0]$；

ACR：$K_{pi} = 35$、$\tau_i = 300$，上下限幅值设置为 $[70, 0]$；

限幅器参数：上下限幅值设置为 $[150, 80]$；

负载转矩：在 5s 时刻设置值由 10 下降到 5，再扩大 100 倍后去显示；

给定信号：由阶跃信号组合得到（详见图 6-16）。

上述参数也是优化而来的，其他没作详尽说明的参数和双闭环系统一样。

2. 系统的仿真参数设置

经仿真实验比较后，所选择的算法为 ode15s；仿真 Start time 设为 0，Stop time 设为 10。

3. 系统的仿真、仿真结果的输出及结果分析

建模和参数设置完成后，即可开始进行仿真。

图 6-16 所示为晶闸管串级调速系统的给定转速、实际转速和负载转矩曲线。

图 6-16　晶闸管串级调速系统的给定转速、实际转速和负载转矩曲线

从仿真结果可以看出，在稳态时，仿真系统的实际转速能实现对给定转速的良好跟踪；在过渡过程时，仿真系统的实际转速对阶跃给定信号的跟踪有一定的偏差，对斜坡给定信号的跟踪应该是比较不错的。另外，当负载转矩突降时，转速稍微有点速升。但经过系统自身的调节，很快得到恢复。

6.1.2　异步电动机变频调速系统的 MATLAB 仿真实验

6.1.2.1　交-交变频调速系统的建模与仿真

正弦波型交-交变频器可以输出平均值按正弦规律变化的电压，克服了方波型变频器输出波形高次谐波成分大的缺点，是一种实用的低频变频器，其工作原理如下：

方波型交-交变频器的一组晶闸管整流时，其触发延迟角 α 是一个恒定值，该整流组的输出电压平均值也保持恒定。若使 α 在某一组整流工作时，由大到小再变大，如从 $\pi/2 \to 0 \to \pi/2$，这样必然引起整流输出平均电压由低到高再到低的变化，输出按正弦规律变化的

电压。

交-交变频基于可逆整流，单相输出的交-交变频器实质上是一套逻辑无环流三相桥式反并联可逆整流装置，装置中的晶闸管靠交流电源自然换流，当触发装置的移相控制信号是直流信号时，则变流器的输出电压是直流，可用于可逆直流调速；若移相控制信号是交流信号，则变流器的输出电压也是交流，实现变频。和逻辑无环流可逆直流调速系统相比较，交-交变频器采用正弦交流信号作为移相信号，并且要求无环流切换死时小于1ms，其余与逻辑无环流可逆直流调速系统没有多大区别。

鉴于此，下面首先建立基于逻辑无环流可逆直流调速原理的单相交-交变频器仿真模型，然后将三个输出电压彼此差120°的单相交-交变频器仿真模型组成一个三相交-交变频器仿真模型，进而组成交-交变频开环调速系统，并分别进行实例仿真验证。

1. 逻辑无环流可逆电流子系统的建模及仿真

单相交-交变频器的基础是逻辑无环流可逆系统，逻辑无环流可逆系统主要的子模块应包括三相交流电源、反并联的晶闸管三相全控整流桥、同步六脉冲触发器、ACR、DLC。除了同步六脉冲触发器和DLC两个模块需要自己封装外，其余均可从有关模块库中直接复制。

同步六脉冲触发器和DLC两个模块的建模已在教材的第3章中进行过讨论，此处不再重复。用于交-交变频器的逻辑无环流可逆系统除了要求无环流切换死时小于1ms以及采用正弦交流信号作为移相信号外，其他都与逻辑无环流可逆直流调速系统一样。

从DLC的工作原理可知，在逻辑无环流可逆直流调速系统中，任何时候只有一套触发电路在工作。所以，实际系统通常采用选触工作方式。按选触方式工作的、带电流负反馈的逻辑无环流可逆电流子系统的仿真模型如图6-17a所示，封装后的子系统模块符号如图6-17b所示。

图 6-17　带电流负反馈的逻辑无环流可逆电流子系统的仿真模型和子系统模块符号

a) 仿真模型　b) 模块符号

2. 逻辑无环流直流可逆变流器的建模及仿真

当逻辑无环流可逆电流子系统带上负载，并且采用恒定直流给定信号进行移相控制时，就构成了逻辑无环流直流可逆变流器。系统仿真模型如图 6-18a 所示，为了验证系统的正确性，以负载 RL 为例进行仿真实验。

图 6-18　逻辑无环流直流可逆变流器仿真模型和电流波形
a）系统仿真模型　b）电流波形

系统主要环节的参数如下：

交流电源：工频、幅值为 133V；晶闸管整流桥参数：缓冲（Snubber）电阻 $R_s = 500\Omega$、缓冲电容 $C_s = 0.1_{\mu F}$、通态内阻 $R_{on} = 0.001\Omega$、管压降为 0.8V。

负载参数：负载电阻 $R = 7\Omega$、负载电感 $L = 0.5mH$。

给定信号源由正弦信号源、符号函数、放大器共同组成，以获得正、负给定信号。

系统仿真结果如图 6-18b 所示，从负载电流波形可见，当给定信号（图中方波）变极性时，输出电流（图中非光滑的那条曲线）也变极性，实现可逆变流。

3. 逻辑无环流单相交-交变频器的建模与仿真

当逻辑无环流可逆变流器采用正弦信号作为移相控制信号时，逻辑无环流可逆变流器就成为了单相交-交变频器。具体建模时，只需要将图 6-18a 中变流器的直流给定信号换成正弦给定信号，并使 DLC 的总延时不超过 1ms，其他参数不变。图 6-19 中光滑的曲线是正弦参考信号曲线，带锯齿的曲线即为单相交-交变频器的电流输出实际波形，它非常接近于参考信号曲线。

系统中的交流电源、晶闸管整流桥参数与"2. 逻辑无环流直流可逆变流器"系统相同。

负载参数：负载电阻 $R = 2\Omega$、负载电感 $L = 4mH$。

给定信号源是正弦信号源。

4. 三相交-交变频器的建模与仿真

（1）三相交-交变频器的建模

大容量三相交-交变频器输出通常采用星形联结方式，即将三个单相输出交-交变频器的一个输出端连在一起，另一输出端星形输出。三相交-交变频器仿真模型如图 6-20a 所示。本例负载为串联负载 RL，负载采用星形联结，三根引出线与变频器的三根输出线对应相连，移相控制信号 sinA、sinB、sinC 为三个相位互差 120° 的正弦调制信号，Dxjjbpq、Dxjjbpq1、Dxjjbpq2 为经过封装的单相交-交变频器。

图 6-19　单相交–交变频器输出电流波形

a)

b)

图 6-20　三相交–交变频器仿真模型及电流输出波形

a) 仿真模型　b) 电流输出波形

（2）三相交-交变频器的仿真

三相交 - 交变频器的仿真参数如下：

负载参数：负载电阻 1Ω、负载电感 5e-3H；

工频三相对称交流电源：A、B、C 幅值为 133V；

正弦调制波：sinA、sinB、sinC 幅值设置为 30、频率 10Hz。

图 6-20b 中光滑的波形为正弦调制波波形，非光滑的波形为三相交-交变频器输出波形。仿真结果表明，三相交-交变频器的输出波形接近于正弦调制波波形，改变正弦调制波频率时，三相交-交变频器的输出波形频率也改变，实现变频。

晶闸管交-交变频器在大功率场合有很高的实用价值，上述提出的三相交-交变频器建模方法不依赖于数学模型，所建立的三相交-交变频器模型为后面研究高性能的交-交变频器调速系统奠定了坚实的基础。

5. 交-交变频异步电动机转速开环调速系统的建模与仿真

将构建好的三相交-交变频器和异步电动机组成一个最简单的转速开环交-交变频调速系统，以检验其变频效果。图 6-21a 所示为转速开环交-交变频调速系统的仿真模型，它是将图 6-20a 中的负载 RL 换成异步电动机负载而得到的。图 6-21b、c 分别是三相交-交变频器输出频率为 $f=5$Hz 和 10Hz 时异步电动机定子三相电流中的 A 相电流和转速波形。由于未运用高性能电动机控制策略，调速系统性能还不够好，但已经能看到交-交变频的变频调速效果。

有关仿真参数如下：

三相正弦给定信号：幅值为 30、频率为 5Hz 和 10Hz；

工频三相对称交流电源：A、B、C 幅值为 133V；

异步电动机参数：$U_e=220$V、$P_e=2.2$kW、$f_e=50$Hz、$R_s=2Ω$、$R_r=2Ω$、$L_{11}=L_{21}=10$mH、$L_m=69.31$mH、转动惯量 $J=2$kg·m^2、极对数为 2。

采用同步旋转坐标系。

6.1.2.2 交-直-交变频调速系统的建模与仿真

图 6-22 所示为一个带有矢量控制的交-直-交变频调速系统的仿真模型。

下面介绍各部分的建模与参数设置过程。

1. 系统的建模和模型参数设置

（1）主电路的建模和参数设置

由图 6-22 可见，异步电动机变频调速系统的主电路由交-直-交变频器、异步电动机、测量装置等部分组成。测量装置的建模在图中比较明确，此处只对交-直-交变频器和异步电动机的建模和参数设置问题作简要说明。

1）交-直-交变频器的建模和参数设置。交-直-交变频器由三相交流电源、二极管整流器、滤波电容器和 IGBT 逆变器组成，这是一个电压型的交-直-交变频器。三相交流电源的 A 相电源、二极管整流器、滤波电容器、IGBT 逆变器的参数设置对话框分别如图 6-23a ~ d 所示。

2）异步电动机的参数设置。异步电动机的参数设置如图 6-24 所示。

测量装置中的 Iabc 和 Speed 端子的输出信号用于控制环节中的电流和转速反馈。负载转矩设置为 10。

图 6-21　转速开环交-交变频调速系统的仿真模型及电动机定子 A 相输出电流和转速波形
a）调速系统仿真模型　b）$f = 5\,\mathrm{Hz}$ 时的定子 A 相电流和转速波形　c）$f = 10\,\mathrm{Hz}$ 时的定子 A 相电流和转速波形

图 6-22　带有矢量控制的交-直-交变频调速系统的仿真模型

图 6-23　A 相交流电源、二极管整流器、滤波电容器、IGBT 逆变器的参数设置
a) A 相交流电源的参数设置　b) 二极管整流器的参数设置
c) 滤波电容器的参数设置　d) IGBT 逆变器的参数设置

图 6-24　异步电动机的参数设置

（2）控制电路的建模和参数设置

异步电动机矢量控制变频调速系统的控制电路包括给定信号和矢量控制环节，其核心部分是矢量控制环节。矢量控制是高性能变频调速系统使用的典型控制策略，由于本模型主要是说明主电路中交-直-交变频器的建模和参数设置，因此这里不对矢量控制环节的建模和参数设置进行说明，有关矢量控制环节的建模和参数设置留待后面矢量控制的仿真进行说明。

控制电路的有关参数设置如下：

给定输入为阶跃信号：在 2.5s 时刻，设置值由 100 阶跃到 200。

其他没作说明的为系统默认参数。

2. 系统的仿真参数设置

仿真算法为 ode45；仿真 Start time 设为 0，Stop time 设为 6。

3. 系统的仿真、仿真结果的输出及结果分析

建模和参数设置完成后，即可开始进行仿真。

图 6-25 所示为异步电动机矢量控制变频调速系统的 A 相电流、实际转速和转矩曲线。

图 6-25　异步电动机矢量控制变频调速系统的 A 相电流、实际转速和转矩曲线

从仿真结果可以看出，系统的实际转速能实现对给定转速的良好跟踪，并且能实现调速。

6.1.2.3　SPWM 变频调速系统的建模与仿真

采用面向原理框图方法构建的 SPWM 变频调速系统的仿真模型如图 6-26 所示。

图 6-26　SPWM 变频调速系统的仿真模型

这是一个转速开环的 SPWM 调速系统，系统由给定信号、SPWM 变频电源、交流电动机和测量装置等部分组成。

下面介绍各部分的建模与参数设置过程。

1. 系统的建模和模型参数设置

(1) 主电路的建模和参数设置

开环 SPWM 变频调速系统的主电路由 SPWM 变频电源、交流电动机和测量装置等部分组成。下面分别进行建模。

1) SPWM 变频控制信号发生器的建模和参数设置。SPWM 变频控制信号发生器的仿真模型如图 6-27 所示。它由正弦波发生器、三角波发生器、SPWM 波形发生器等环节组成。

图 6-27　SPWM 变频控制信号发生器的仿真模型

正弦波发生器的仿真模型如图 6-28 所示。

正弦波发生器仿真模型的频率输入信号 f 乘上 2π 后得到正弦波的角频率 ω，再与 clock 模块提供的时间变量 t 相乘，得到输入三相正弦波发生器（sin 运算模块）；正弦波初相位由一个 constant 模块提供，参数设置为 $2\pi/3 * [0 \quad -1 \quad 1]$，每相互差 120°。

三角波频率通过 constant 模块进行设定，三角波的频率设置为 1650，它由图 6-29 所示仿真模型实现。

图 6-28　正弦波发生器的仿真模型

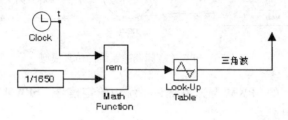

图 6-29　三角波发生器的仿真模型

SPWM 波形发生器：sin 运算模块输出的正弦波和三角波发生器（Math Function 和 Look Up Table 的组合）输出的三角波比较后经 Relay 模块进行选择，得到系统所需要的 SPWM 波。

2）SPWM 变频电源的建模和参数设置。SPWM 变频信号发生器的输出是 Simulink 控制信号，要去驱动电动机必须用电源模块组中的受控电压源模块（Controlled Voltage Source）获得三相交流电压来控制电动机的运行。SPWM 变频控制信号发生器和受控电压源模块经过图 6-26 所示的连接，就可得到驱动电动机的三相交流变频电压。受控电压源模块 2 的参数设置如图 6-30 所示。

图 6-30　受控电压源模块 2 的参数设置

3）电动机的参数设置。电动机采用三相笼型异步电动机，参数设置如图 6-31 所示。

图 6-31 三相笼型异步电动机的参数设置

4）电动机输出信号测量装置的建模。本系统输出了 A 相电流和转速信号，此处转速信号增大 2 倍只是为了使输出信号之间分开，便于看清楚。

（2）控制电路的建模和参数设置

控制电路只有一个变频给定环节，系统仿真模型中用阶跃输入信号模块来实现，其初始值为 50Hz，在 1.2s 时刻阶跃到 25Hz，通过改变正弦调制波的频率来实现系统的变频，进而实现调速。本系统采用异步调制，改变正弦调制波的频率时，三角载波的频率不变。

2. 系统的参数设置及仿真结果分析

系统的仿真终止时间为 2.5s，仿真算法为 ode23tb，相对允许误差和绝对允许误差均设置为 1e-3，变步长仿真。

SPWM 变频调速系统的转速和 A 相电流仿真结果如图 6-32 所示。

图 6-32 SPWM 变频调速系统的转速和 A 相电流仿真结果

由图 6-32 可以看出，电动机起动时电流很大，随着转速的升高，电流逐渐减小，在转速稳定时达到最小且基本稳定。这是因为，在起动时，转差率很大，电动机的等效阻抗很小，所以起动时电流很大；而在电动机正常运行时，其转差率很小，电动机的等效阻抗很大，从而限制了转子电流。另外，由于电动机惯性的作用，转速波形没有出现脉动，因此转速波形是平滑的。

6.1.2.4　矢量控制变频调速系统的建模与仿真

图 6-33 所示为构建的磁链开环而转速和电流闭环的异步电动机矢量控制变频调速系统的仿真模型。

图 6-33　磁链开环而转速和电流闭环的异步电动机矢量控制变频调速系统的仿真模型

下面介绍各部分的建模与参数设置过程。

1. 系统的建模和模型参数设置

（1）主电路的建模和参数设置

由图 6-33 可见，异步电动机矢量控制变频调速系统的主电路由 IGBT 逆变器、异步电动机、测量装置等部分组成。测量装置的建模在图中比较明确，此处只对 IGBT 逆变器和异步电动机的建模和参数设置问题作简要说明。

1）IGBT 逆变器的建模和参数设置。IGBT 逆变器的仿真模型和参数设置如图 6-34a、b 所示。

IGBT 逆变器由一个 780V 恒定直流电压源和一个 IGBT 器件构成的通用变流器组成。通用变流器的参数设置如图 6-34b 所示。

2）异步电动机的参数设置。异步电动机的参数设置如图 6-35 所示。测量装置中的 Iabc 和 Speed 端子的输出信号用于矢量控制环节中的电流和转速反馈。负载转矩为 10N·m。

（2）控制电路的建模和参数设置

异步电动机矢量控制变频调速系统的控制电路包括给定信号和矢量控制环节，其核心部分是矢量控制环节，下面给予重点说明。

矢量控制环节的仿真模型及封装后的子系统模块符号如图 6-36a、b 所示。

从图 6-36a 所示的矢量控制环节的仿真模型可以看出，矢量控制环节是由速度控制器、

图 6-34　IGBT 逆变器的仿真模型和参数设置

a) 仿真模型　b) 参数设置

图 6-35　异步电动机的参数设置

定子电流励磁分量给定值"i_d^* 计算电路"、转矩分量给定值"i_q^* 计算电路"、dq→ABC 及 ABC→dq 变换电路、电流控制器、磁链位置角"θ 计算电路"、"磁通计算电路"等部分组成的。

　　在该环节中，磁链给定 ψ_r^*（phir*）为固定值 0.96，经 i_d^* 计算电路（i_d^* Calculation）得到定子电流励磁分量给定值 i_d^*，定子电流转矩分量给定值 i_q^* 来自转速控制器和 i_q^* 计算电

图 6-36　矢量控制环节的仿真模型及子系统符号

a）矢量控制环节的仿真模型　b）矢量控制环节子系统模块符号

路（i_q^* Calculation）的输出。有了 i_d^* 和 i_q^* 后，经"同步旋转 dq 坐标系"到"静止 ABC 坐标系"的坐标变换（dq to ABC），得到物理上存在的定子三相电流的给定值。系统中设置了以定子电流控制器为核心的电流控制系统，其给定值来自于 dq→ABC 变换电路，反馈输入为定子三相电流实际值，电流控制器的输出作为 IGBT 逆变器的触发控制信号 pulses。dq→ABC 的坐标变换所需要的"磁链位置角 θ（Teta）"是通过磁链位置角 θ 计算电路（Teta Calculation）得到的。

系统中主要环节的数学模型如下：

1）定子电流励磁分量给定值 i_d^* 计算电路。在不考虑弱磁时，异步电动机定子电流励磁分量给定值 i_d^* 可以通过转子磁链给定值 ψ_r^* 来计算，其中 $i_d^* = \dfrac{\psi_r^*}{L_m}$，$L_m$ 为电动机定、转子的互感。

2）定子电流转矩分量给定值 i_q^* 计算电路。异步电动机定子电流转矩分量给定值 i_q^* 可以通过电磁转矩给定值 T_e^* 来计算，T_e^* 来自于 ASR 的输出，其中 $i_q^* = \dfrac{2}{3}\dfrac{2}{p_m}\dfrac{L_r}{L_m}\dfrac{T_e^*}{\psi_r^*}$，$p_m$ 为电动机极对数；L_r 为电动机转子的电感。

3）电流模型。此处通过定子电流励磁分量给定值 i_d^* 来计算 ψ_r^*，其中 $\psi_r^* = \dfrac{L_m}{1 + T_r s} i_d^*$，$T_r$ 为转子时间常数。

4）转子磁链位置角 θ 计算电路。转子磁链位置角 $\theta = \int (\omega_r + \Delta\omega^*)\mathrm{d}t$，而转差频率 $\Delta\omega^*$ 可通过定子电流转矩分量给定值 i_q^* 及电动机参数来计算，其中 $\Delta\omega^* = \dfrac{L_m}{\psi_r T_r} i_q^*$。

其他如 dq→ABC 及 ABC→dq……在 SimPower System 工具箱中有现成的模块，可直接调用，不需自己建模，故此处不再讨论其数学模型。

系统中建模所需的电动机参数如下：

定子电阻 $R_s = 0.087\Omega$、漏感 $L_{1s} = 0.8\text{mH}$；

转子电阻 $R_r = 0.228\Omega$、漏感 $L_{1r} = 0.8\text{mH}$；

互感（Mutual inductance）$L_m = 34.7\text{mH}$；

转动惯量（Inertia）$J = 1.662\text{g} \cdot \text{m}^2$；

极对数 $P_m = 2$。

系统中主要环节的建模如下：

1）定子电流励磁分量给定值 i_d^* 计算电路的建模。图 6-37 给出的是本环节的数学模型、仿真模型及封装后的子系统模块符号。其他各环节类同。

图 6-37　定子电流励磁分量给定值 i_d^* 计算电路的仿真模型及子系统模块符号

2）定子电流转矩分量给定值 i_q^* 计算电路的建模。图 6-38 所示为定子电流转矩分量给定值 i_q^* 计算电路的仿真模型、数学模型及封装后的子系统模块符号。

图 6-38　定子电流转矩分量给定值 i_q^* 计算电路的仿真模型、数学模型及子系统模块符号

3）电流模型的建模。图 6-39 所示为电流模型的仿真模型、数学模型及封装后的子系统模块符号。

4）转子磁链位置角 θ 计算电路的建模。图 6-40 所示为转子磁链位置角 θ 计算电路的仿真模型、数学模型及封装后的子系统模块符号。

5）转速调节器 ASR 和电流调节器 ACR 的建模。ASR 是一个 PI 调节器，它的仿真模型、封装后的子系统模块符号以及参数设置如图 6-41 所示。

ACR 是一个带滞环控制的调节器，它的仿真模型、封装后的子系统模块符号以及参数设置如图 6-42 所示。电流环宽度为 20A。

图 6-39　电流模型的仿真模型、数学模型及子系统模块符号

图 6-40　转子磁链位置角 θ 计算电路的仿真模型、数学模型及子系统模块符号

图 6-41　ASR 的仿真模型、子系统模块符号和参数设置

图 6-42　ACR 的仿真模型、子系统模块符号和参数设置

系统中还用到一些其他环节，如 dq→ABC 及 ABC→dq 变换等。这些模型在 SimPower System 工具箱中已做成库元件，可直接调用，其模块符号如图 6-43 所示。

图 6-43　dq→ABC 和 ABC→dq 变换模块符号

控制电路的有关参数设置如下：

给定输入为阶跃信号：在 2.5s 时刻，设置值由 100 阶跃到 200。

其他没作说明的为系统默认参数。

2. 系统的仿真参数设置

仿真算法为 ode45；仿真 Start time 设为 0，Stop time 设为 5。

3. 系统的仿真、仿真结果的输出及结果分析

建模和参数设置完成后，即可开始进行仿真。

图 6-44 所示为异步电动机矢量控制变频调速系统的 A 相电流、实际转速和转矩曲线。

从仿真结果可以看出，系统的实际转速能实现对给定转速的良好跟踪，并且能实现调速。

图 6-44　异步电动机矢量控制变频调速系统的 A 相电流、
实际转速和转矩曲线

6.2　交流调速系统的实物实验

6.2.1　双闭环三相异步电动机调压调速系统实验

1. 实验内容和目的

1）测定三相绕线转子异步电动机转子串电阻时的人为机械特性，了解转子串电阻的绕线转子异步电动机的机械特性。

2）测定双闭环交流调压调速系统的静态特性，了解调节定子电压调速时的机械特性。

3）测定双闭环交流调压调速系统的动态特性，了解并熟悉双闭环三相异步电动机调压调速系统的原理及组成。通过测定系统的静态特性和动态特性，进一步理解交流调压系统中电流环和转速环的作用。

2. 实验设备和器材

DKSZ—1 型电机调速控制系统实验装置和有关的常用仪器仪表、器材，如 DK01 主控制屏、三相绕线转子异步电动机-直流发电机（用直流电动机代替）-测速发电机组、（DK02、DK03、DK15）组件挂箱、双臂滑线变阻器、双踪慢扫描示波器、记忆示波器、万用表等。实验者可根据需要选用。

3. 参考实验电路和组成部件

（1）参考实验电路和原理

双闭环三相异步电动机调压调速系统实验电路如图 6-45 所示。

整个系统采用了速度、电流两个反馈控制环。这里，速度环的作用基本上与直流调速系统相同，而电流环的作用则有所不同。在稳定运行情况下，电流环对电网扰动仍有较大的抗扰作用，但在起动过程中电流环仅起限制最大电流的作用，不会出现最佳起动的恒流特性，

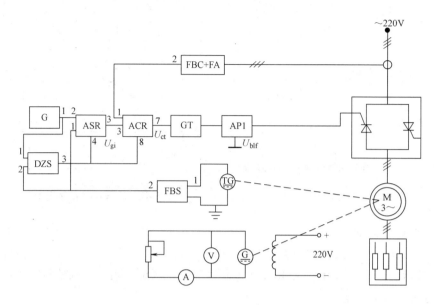

图 6-45　双闭环三相异步电动机调压调速系统实验电路

也不可能是恒转矩起动。异步电动机调压调速系统在恒转矩负载下不能长时间低速运行，否则会使转子过热。

（2）参考实验电路构成部件

双闭环三相异步电动机调压调速系统的主电路由三相晶闸管交流调压器及三相绕线转子异步电动机（转子回路串电阻从而使电动机成为高转差电动机）等部分组成。控制系统由给定器 G、零速封锁器 DZS、ASR、ACR、触发装置 GT、速度变换器 FBS、过电流保护器 FA、电流变换器 FBS、一组脉冲放大器 API 等部分组成。

4. 预习要求

1）复习有关三相晶闸管调压电路和异步电动机晶闸管调压调速系统的内容，掌握调压调速系统的工作原理。

2）学习有关三相晶闸管触发电路的内容，了解三相交流调压电路对触发电路的要求。

5. 建议的实验方法和步骤

（1）主控制屏调试及开关设置

1）开关设置。调速电源选择开关："交流调速"；触发电路脉冲指示："宽"；Ⅱ桥工作状态指示："任意"（U_{blr} 悬空）。

2）用示波器观察触发电路"双脉冲"观察孔的波形，此时的触发脉冲应是后沿固定、前沿可调的宽脉冲，如图 6-46 所示。

3）将 G 输出 U_g 直接接至 U_{ct}，调节偏移电压 U_b，使 $U_{ct} = 0$ 时，α 接近 180°，如图 6-47 所示。

4）将面板上的 U_{blr} 端接地，将正组触发脉冲的六个开关拨至"接通"，观察正桥 VT$_1$ ～ VT$_6$ 晶闸管的触发脉冲是否正常。

图 6-46　触发电路的宽脉冲　　　　　　图 6-47　$U_{ct} = 0$ 时 α 接近 180°

（2）控制单元调试

调试方法与第 3 章 3.2.2 节实验相同。

1）调节器的调整。ACR 和 ASR 的调零和调节器正、负限幅值的调整与第 3 章 3.2.4 节实验中的方法、数值相同。

2）将系统接成双闭环调压调速系统，电动机转子回路每组串 3Ω 左右的电阻，逐渐加给定 U_g，观察电动机运行是否正常。

3）调节 ASR、ACR 的外接电容及放大倍数电位器，用双踪慢扫描示波器观察突加给定的动态波形，确定较佳的调节器参数。

（3）人为机械特性 $n = f(T)$ 测定

1）系统开环，将 G 输出直接接至 U_{ct}，电动机转子回路接入每相为 3Ω 左右的电阻。

2）增大 U_g，使电动机端电压为额定电压 U_N，改变直流发电机的负载，测定机械特性 $n = f(T)$。转矩可按下式计算：

$$T = 9.55(I_G U_G + I_G^2 R_s + P_0)/n$$

式中，T 为三相异步电动机电磁转矩；I_G 为直流发电机电枢电流；U_G 为直流发电机电枢电压；R_s 为直流发电机电枢电阻；P_0 为机组空载损耗。

3）调节 U_g，降低电动机端电压，在 $(1/3)U_N$ 及 $(2/3)U_N$ 时重复上述实验，以取得一组人为机械特性，记录于表 6-1 中。

表 6-1　人为机械特性测定记录

参数	数　据					
$n/(\text{r/min})$						
U_G/V						
I_G/A						
$T/\text{N} \cdot \text{m}$						

（4）系统调试

1）调压器输出接三相电阻负载，观察输出电压波形是否正常。

2）按第 3 章 3.2.4 节实验的调试方法确定 ASR、ACR 的限幅值和电流、转速反馈的极性及反馈系数。

注意以下两点：

①起动时，先加正给定至 $2 \sim 3\mathrm{V}$，再调 FBC 上的 $\mathrm{RP_1}$，使电动机有一定的转速后，再调给定电压至 $5\mathrm{V}$；

②保证转速反馈的极性正确。

（5）系统闭环特性的测定

1）调节 U_g 使转速至 $n = 1400\mathrm{r/min}$、$I_G = 0.55\mathrm{A}$，从额定负载按一定间隔减少到轻载，测出闭环静态特性 $n = f(T)$。

2）测出 $n = 800\mathrm{r/min}$ 时的系统闭环静态特性，T 可由式 $T = 9.55(I_G U_G + I_G^2 R_s + P_0)/n$ 计算（注意 800r/min 的测量时间不能太长），数据记录于表 6-2 中。

表 6-2 系统闭环特性测定记录

参数	数 据						
$n/(\mathrm{r/min})$	1400						
U_G/V							
I_G/A							
$T/\mathrm{N \cdot m}$							
$n/(\mathrm{r/min})$	800						
U_G/V							
I_G/A							
$T/\mathrm{N \cdot m}$							

（6）系统动态特性的观察

用双踪慢扫描示波器观察以下波形：

1）突加给定起动电动机时的转速 n（速度变换器"2"端）及电流 i（电流变换器"2"端）及 ASR 输出 u_{gi} 的动态波形。

2）电动机稳态运行时，突加、突减负载（$20\%I_N \leftrightarrow 80\%I_N$）时的 n、i 动态波形。

6. 实验报告

1）根据实验数据，画出开环时电动机人为机械特性 $n = f(T)$。

2）根据实验数据画出闭环系统静态特性 $n = f(T)$，并与开环机械特性进行比较。

3）根据记录下的动态波形分析系统的动态过程。

7. 注意事项

1）在实验时，应保证触发器输出的是后沿固定、前沿可调的宽脉冲。

2）在进行低速实验时，时间应尽量短，以免电阻器过热引起串接电阻数值的变化。

3）转子串接电阻为 3Ω 左右；可根据需要进行调节，以使系统有较好的性能。

4）计算转矩 T 时用到的机组空载损耗值 P_0 由实验室提供。

6.2.2 双闭环三相异步电动机串级调速系统实验

1. 实验内容和目的

1）了解控制单元及系统的调试，熟悉双闭环三相异步电动机串级调速系统的组成及工作原理，掌握串级调速系统的调试步骤及方法。

2）测定开环串级调速系统的静态特性，测定双闭环串级调速系统的静动态特性，了解串级调速系统的静态与动态特性。

2. 实验设备和器材

DKSZ—1 型电机调速控制系统实验装置和有关的常用仪器仪表、器材，如 DK01 主控制屏、绕线转子异步电动机-直流发电机（用直流电动机代替）-测速发电机组、〔DK02、DK03、DK15、DK14 三相组式变压器挂箱（用高-中压）〕组件挂箱、双臂滑线变阻器、双踪慢扫描示波器、光线示波器或记忆示波器、万用表等。实验者可根据需要选用。

3. 参考实验电路和组成部件

（1）参考实验电路和原理

本系统为晶闸管次同步双闭环串级调速系统，采用二极管三相桥式整流器将转子三相电动势整流成直流电压，由晶闸管有源逆变电路代替附加电动势，从而方便地实现调速，并将能量回馈至电网。绕线转子异步电动机串级调速系统原理框图如图 6-48 所示。

图 6-48　绕线转子异步电动机串级调速系统原理框图

（2）参考实验电路构成部件

参考实验电路构成部件如下：

G—给定器，DZS—零速封锁器，ASR—转速调节器，ACR—电流调节器，GT—触发装置，FBS—速度变换器，FA—过电流保护器，FBC—电流变换器，AP1—Ⅰ组脉冲放大器。

4. 预习要求

1）复习有关异步电动机晶闸管串级调速系统的内容，掌握串级调速系统的工作原理。

2）掌握串级调速系统中逆变变压器二次绕组额定相电压的计算方法。

5. 建议的实验方法和步骤

（1）主控制屏调试及开关设置

1）开关设置。调速电源选择开关："交流调速"；触发电路脉冲指示："窄"；Ⅱ桥工作状态指示："任意"（U_{blr}悬空）。

2）用示波器观察触发电路"双脉冲"观察孔的波形，此时的触发脉冲应为相隔 $60°$ 的双窄脉冲。

3）将 G 输出 U_g 直接接至 U_{ct}，调节偏移电压 U_b 使 $U_{ct}=0$ 时，$\beta=30°$。

4）将面板上的 U_{blf} 端接地，将正组触发脉冲的六个开关拨至"接通"，观察正桥 $VT_1 \sim VT_6$ 晶闸管的触发脉冲是否正常。

（2）控制单元调试

调节器正负限幅值的整定，按第 3 章 3.2.4 节实验中的方法，加正给定 +5V 时，调节 ACR 正限幅电位器，使脉冲停在 $\beta=90°$ 的位置，ASR 负限幅值为 8.5~9V；加负给定 −5V 时，调节 ACR 负限幅电位器，使 ACR 输出为 0V，调整 U_b 使 $\beta=30°$，ASR 正限幅值为零。

（3）开环静态特性的测定

1）将系统接成开环串级调速系统，直流回路电抗器 L_d 接 700mH，将二极管 $VD_1 \sim VD_6$ 连成三相不控整流桥，逆变变压器采用 DK14 三相组式变压器，其二次电压 U_2 可按下式进行选择：

$$U_2 = (s_{min}/\cos\beta_{min})E_{r0}$$

式中，s_{min} 为调速系统要求的最低速度时的转差率；β_{min} 为逆变电路的最小逆变角，一般取 30°；E_{r0} 为异步电动机转子不转时转子回路开路线电压的有效值。

2）测定开环系统的静态特性 $n=f(T)$，T 可按交流调压调速系统的同样方法来计算，测定数据记录于表 6-3 中。

表 6-3 开环静态特性测定记录

参数	数 据						
$n/(\text{r/min})$							
U_G/V							
I_G/A							
$T/\text{N}\cdot\text{m}$							

（4）系统调试

1）按第 3 章 3.2.4 节实验中的调试方式确定 ASR、ACR 的转速、电流反馈的极性及反馈系数。

2）将系统接成双闭环串级调速系统，逐渐加正给定 $U_g = +5V$，观察电动机运行是否正常，β 应在 30°~90°之间移相。

3）调节 ASR、ACR 的外接电容及放大倍数电位器，用慢扫描示波器观察突加给定时的动态波形，确定较佳的调节器参数。

（5）双闭环串级调速系统静态特性的测定

测定 n 分别为 1400r/min、800r/min 时的系统静态特性 $n=f(T)$，测定数据记录于表 6-4 中。

表 6-4 双闭环串级调速系统静态特性的测定记录

参数	数 据						
$n/(\text{r/min})$	1400						
U_G/V							
I_G/A							

（续）

参数	数据						
$T/\text{N}\cdot\text{m}$							
$n/(\text{r/min})$	800						
U_G/V							
I_G/A							
$T/\text{N}\cdot\text{m}$							

（6）系统动态特性的测定

用双踪慢扫描示波器观察以下波形：

1）突加给定起动电动机时的转速 n（速度变换器"2"端）和电动机定子电流 i（电流变换器"2"端）的动态波形。

2）电动机稳定运行时，突加、突减负载（$20\%I_N \leftrightarrow 100\%I_N$）时的 n、i 动态波形。

6. 实验报告

1）根据实验数据画出开环、闭环系统静态特性 $n=f(T)$，并进行比较。

2）根据动态波形，分析系统的动态过程。

7. 注意事项

1）在实验过程中应确保 β 在 $30°\sim90°$ 的范围变化，不得超过此范围。

2）逆变变压器为三相组式变压器，其二次侧三相电压应对称。

3）应保证有源逆变桥与不控整流桥间直流电压极性的正确性，严防顺串短路。

4）绕线转子异步电动机转子绕组接成星形联结。

6.2.3 串联二极管式电流型逆变器-异步电动机变频调速系统实验

1. 实验内容和目的

1）了解控制单元和系统的调试，掌握串联二极管式电流型逆变器变频调速系统的原理及组成，掌握各控制单元的原理、作用和调试方法，掌握该系统的调试步骤及方法。

2）电动机机械特性的测定。

3）系统各主要参量的静态、动态波形观察。

2. 实验设备和器材

DKSZ—1 型电机调速控制系统实验装置和有关的常用仪器仪表、器材，如 DK01 主控制屏、三相异步电动机-直流发电机-测速发电机组、（DK02、DK03、DK06、DK07、DK08、DK15）组件挂箱、双臂滑线变阻器、双踪慢扫描示波器、光线示波器或记忆示波器、万用表等。实验者可根据需要选用。

3. 参考实验电路和组成部件

（1）参考实验电路和原理

串联二极管式电流型逆变器-异步电动机变频调速系统原理框图如图 6-49 所示。

该系统采用交-直-交变频器来驱动三相异步电动机。逆变器为串联二极管式 120° 导电电流源型逆变器，其输出端加整流型阻容吸收回路以抑制换流尖峰电压。

图 6-49　串联二极管式电流型逆变器-异步电动机变频调速系统原理框图

当系统不稳定时，可选择使用微分调节器 ADR 来抑制振荡。频率显示器 DF 由 8031 单片机构成，频率显示直观、稳定、响应快。

在此系统中，主电路直流环节串入了大电感，使直流环节类似于高内阻性质的电流源。由给定器 G 输出的给定信号经给定积分器 GI 后分成两路，分别控制整流桥的输出电压和逆变桥的输出频率，以保证控制过程中 U/f 值不变。

整流桥侧的控制信号经函数发生器 GF 后接到 AVR 的输入端，AVR 输出接至 ACR 的输入端，使 ACR 输出控制整流桥的输出电压，以满足 U/f 恒定关系的要求。逆变桥的信号经电压-频率变换器 GVF 转换成频率信号，经环形分配器 DRC、转向控制显示器 DR 及脉冲放大后接至逆变桥晶闸管，使逆变桥的输出频率能满足要求。

（2）参考实验电路构成部件

参考实验电路构成部件如下：

G—给定器，DZS—零速封锁器，GI—给定积分器，GAB—绝对值放大器，GF—函数发生器、AVR—电压调节器，ACR—电流调节器，GT—触发装置，AP1—整流桥脉冲放大器，AR—反相器，AP2—逆变桥脉冲放大器，GM-1—调制波发生器，GVF—电压-频率变换器，DRC—环形分配器，DR—转向控制显示器，DF—频率显示器，FBV—电压变换器，FA—过电流保护器，FBC—电流变换器。

4. 预习要求

1）学习有关串联二极管式电流型逆变器变频调速系统的内容，掌握其工作原理。

2）阅读有关实验系统各控制单元的内容，了解其工作原理，熟悉实验系统的组成。

3）熟悉串联二极管式电流型逆变器的主电路，画出逆变器主电路实验接线图。

5. 建议的实验方法和步骤

（1）主控制屏及开关设置

1）开关设置。调速电源选择开关："交流调速"；触发电路脉冲指示："窄"；Ⅱ桥工作状态指示："变频"。

2）观察整流桥触发脉冲是否正常，并调节 U_b 使 $U_{ct} = 0$ 时，$\alpha = 90°$，即整流桥输出电压为零。

（2）控制单元调试

1）按第 3 章 3.2.4 节实验中的同样方法调试 AVR、ACR。其中，AVR 的正限幅为 0，负限幅为 $-6V$，ACR 的负限幅为 0，正限幅值应保证 $\alpha_{min} = 20°$。

2）函数发生器的调试。将 G 输出 U_g 接至 GF 的输入端，当 $U_g = 0$ 时，调节电位器 RP_1（RP_1 等图中未示出）使 GF 输出为 $-2.5V$ 左右；当 $U_g = -5V$ 时，GF 输出为 5V 左右，并调节电位器 RP_4，将 GF 输出限幅在 5V。在系统调试时，可根据需要对 GF 再作调整。

3）GVF 的调试。将 G 的负载给定电压直接送入 GVF 输入端，调节电位器 RP_1，使 $U_g = -5V$ 时，DF 显示的频率约为 50Hz 左右。

（3）系统调试

1）按第 3 章 3.2.4 节实验的方法确定 ACR 的反馈极性和反馈系数，ACR 的输出限幅要考虑限制 α_{min}，一般 α_{min} 取 20° 左右，应避免触发脉冲移出 α 区。

2）AVR 的整定方法与转速闭环系统中的 ASR 相似，应保证其反馈极性为负反馈，输出限幅应能限制过渡过程时的最大电流，并尽可能不影响系统的快速性。

3）按系统原理图连线，逆变桥输出可先接三相电阻负载，换流电容选取 $1\mu F$ 左右。

4）接通控制电源，渐增 U_g，用示波器观察整流桥脉冲的移相，观察 DF 上的频率变化情况。接通主电路，观察逆变桥输出电压波形是否正常。

5）等逆变桥工作正常后，可将负载换接成三相异步电动机。渐加给定，电动机应能在 5Hz 内起动；如不能起动，可微调 GF 中的电位器 RP_1。

6）增加给定，使 DF 显示为 50Hz，微调 GF 中的电位器 RP_3，使 GF 的输出正好限幅。调节电压变换器 FBV 中的反馈强度电位器 RP_1，使此时异步电动机的端电压（线电压）为 230V 左右，可配合微调电压-频率变换器 GVF 的输入衰减电位器 RP_1 来满足要求。

7）在整个调速范围内（5～50Hz），U/f 应成一定的比率关系（230V/50Hz），即满足 U/f 恒定要求。在低频时稍有补偿（U/f 略大于 230V/50Hz），频率大于 50Hz 时，输出电压应限幅于 230V，可微调 GF 曲线及电压反馈强度来达到上述要求。

8）将 G 从正给定拨至负给定，重复上述 5）～7）的调试过程，使电动机能正常正、反转。

（4）机械特性 $n = f(T)$ 的测定

分别测定正、反转 $f = 50Hz$、30Hz、10Hz 时的电动机机械特性 $n = f(T)$，T 的计算与第 6 章 6.2.1 节实验中的方法相同，测定数据记录于表 6-5 中。

表 6-5　机械特性测定记录

工作状态　　参数	f/Hz	I_G/A	U_G/V	$n/(r/min)$	$T/N \cdot m$
正转	10				
	30				
	50				

（续）

参数 工作状态	f/Hz	I_G/A	U_G/V	$n/(r/min)$	$T/N \cdot m$
反转	10				
	30				
	50				

（5）系统特性 $U=f(f)$ 的测定

电动机空载，渐加给定，使频率从 5Hz 增至 60Hz。在此过程中，记录电动机端线电压 U 和频率 f 的数据多组，并记录于表 6-6 中。

表 6-6　电压频率特性测定记录

参数	数据						
f/Hz							
U/V							

（6）系统稳态波形观察

用示波器观察不同频率时逆变器输出线电压波形、晶闸管两端电压波形、隔离二极管两端电压波形及换流电容两端电压波形。

（7）系统动态波形观察

用双踪慢扫描示波器观察以下波形：

1）突加给定起动时，转速 n（转速调节器"2"端）及电流 i（电流调节器"2"端）的动态波形。

2）突加、突减负载时（$20\% I_e \leftrightarrow 100\% I_e$），转速 n 及电流 i 的动态波形。

6. 实验报告

1）根据实验数据分别画出正、反转 $f=50Hz$、30Hz、10Hz 时的电动机机械特性。

2）根据实验数据画出 $U=f(f)$ 特性曲线，并分析是否符合 U/f 为常数的要求。

3）分析系统的动态过程。

7. 注意事项

1）接通主电路前，应确定逆变器的六个触发脉冲工作是否正常。

2）换流电容的数值可根据需要选择。

3）系统出现振荡时，可加微分调节器 ADR 来消除，也可通过调节 ACR、AVR 的参数及电流、电压反馈系数来消除振荡。

6.2.4　正弦脉宽调制变频调速系统实验

1. 实验内容和目的

1）用双踪慢扫描示波器观察、研究正弦脉宽调制（SPWM）调制波的形成机理，加深理解自然采样法生成 SPWM 波的机理和过程。

2）用 SPWM 变频器驱动三相异步电动机，在不同的调制方式下，观察变频器调制波形、不同负载时的电动机端部线电压、线电流波形，熟悉 SPWM 变频调速系统中直流回路、逆变桥功率器件和微机控制电路之间的连接。

3）改变 U/f 曲线，观察变频器在不同低频补偿条件下的低速运行情况，改变变频器调速系统的加速时间，观察系统的加速过程，了解 SPWM 变频器的运行参数和特性。

2. 实验设备和器材

DKSZ—1 型电机调速控制系统实验装置和有关的常用仪器仪表、器材，如 DK01 主控制屏、异步电动机-直流发电机组、SPWM 变频调速系统实验 DK17 组件挂箱、双臂滑线变阻器、双踪慢扫描示波器或记忆示波器、万用表等。实验者可根据需要选用。

3. 参考实验电路和组成部件

（1）参考实验电路和原理

SPWM 变频器供电的异步电动机变频调速系统原理框图如图 6-50 所示。其中，控制键盘与运行显示面板如图 6-51 所示。

图 6-50   SPWM 变频调速系统原理框图

图 6-51   SPWM 变频器控制键盘与运行显示面板

SPWM 变频调速系统主要由不可控整流桥、电容滤波、直流环节电流采样（串采样电阻）、MOSFET 逆变桥、MOSFET 驱动电路、8031 单片机数字控制器、控制键盘与运行显示等部分组成。整个系统可按图 6-50 所示的接线端编号一一对应接线。

（2）本实验系统的性能指标

1）运行频率 f_1 可在 1~60Hz 范围内连续可调。

2）调制方式。

①同步调制：调制比 F_r 在 3~123 范围内变化，步增量为 3；

②异步调制：载波频率 f_0 在 0.5~8kHz 范围内变化，步增量为 0.5kHz；

③混合调制：系统自动确定各运行频率下的调制比。

3）U/f 曲线。有四条 U/f 曲线可供选择，以满足不同的低频电压补偿要求，如图 6-52 所示。

曲线 1：$f_1 = 1~50$Hz，$U_1/f_1 = 220$V/50Hz = 4.4V/Hz，$f_1 = 51~60$Hz，$U_1 = 220$V；

曲线 2：$f_1 = 1~5$Hz，$U_1 = 21.5$V，$f_1 = 6~50$Hz，$U_1/f_1 = 220$V/50Hz = 4.4V/Hz，$f_1 = 51~6$Hz，$U_1 = 220$V；

曲线 3：$f_1 = 1~8$Hz，$U_1 = 34.5$V，$f_1 = 9~50$V，$U_1/f_1 = 220$V/50Hz = 4.4V/Hz，$f_1 = 51~60$Hz，$U_1 = 220$V；

图 6-52 不同的 U/f 曲线

曲线 4：$f_1 = 1~10$Hz，$U_1 = 43$V，$f_1 = 11~50$V，$U_1/f_1 = 220$V/50Hz = 4.4V/Hz，$f_1 = 51~60$Hz，$U_1 = 220$V。

4）加速时间。可在 1~10s 区间设定电动机从静止加速到额定转速时所需时间，步增量为 1s。

4. 预习要求

1）复习有关 MOSFET、SPWM 逆变器等内容，掌握其工作原理。

2）根据实验装置的情况，拟定具体的实验操作步骤。

5. 建议的实验方法和步骤

按图 6-50 所示连接好主电路，异步电动机用笼型异步电动机，并接成三角形联结；将该组件挂箱的控制电源接入 220V 交流电，闭合控制电源开关，电源指示灯亮，表示挂箱通电。此时控制键盘上的数码管显示"P"，表示微机系统处于等待接收指令的状态。"运行"、"停止"键用来起动、关闭变频器。

SPWM 变频器运行参数的设定可通过图 6-51 所示的键盘显示部分来实现。发光管用来指示运行方式及数码管的显示内容。按"设置"键可进入设置状态，数码管闪烁显示。进入设置状态后，可按"加速时间"、"U/f 曲线"、"同步调制"、"异步调制"、"混合调制"、"调制比"、"载波频率"、"运行频率"等键选择各个参数。按"上升"、"下降"键可进行参数设置。设置完毕后按"确认"键以输入设定的参数，同时退出设置状态，数码管恢复正常显示。设置后需再按"运行"键才能使变频器以设定好的参数运行。"运行频率"也可在退出设置状态后，直接按"上升"、"下降"键进行设置。

设置时应注意各个参数之间的依赖性，如在混合调制方式时，不允许设置调制比和载波频率；在同步调制方式时，不允许设置载波频率；在异步调制方式时，不允许设置调制比。如果没有按允许进行设置，系统将不响应键盘操作。

调制方式重新设置后，相关参数将变成以下默认值：同步调制 $F_r = 12$，异步调制

f_0 = 500 Hz，U/f 曲线和加速时间这两个参数不受影响。

退出设置状态后，按 "加速时间"、"U/f 曲线"、"调制比"、"载波频率"、"运行频率" 等键可查看相应的参数值。

实验中可通过观察孔来观察 SPWM 的形成过程、合成波形（10 和 11 之间）、各功率器件上的栅极驱动信号（建议观察下桥臂器件，即 12、13、14 和 11 之间）、开关器件上的电压波形（7、8、9 与 5 之间）、直流母线电压波形（1 和 3 之间）、直流母线电流波形（5 和 4 之间）、输出线电压波形（A、B、C 之间）、输出线电流波形（7、8、9 和 A、B、C 之间）。

本系统的实验项目如下：

（1）同步调制实验

1）分别设置调制比 F_r 为 3 和 21，观察、记录、比较运行频率 f_1 分别为 25Hz、50Hz 时的正弦波、三角载波和所形成的 SPWM 波形。

2）观察这种设定条件下电动机空载及额定负载下直流母线电流波形、电动机线电压、线电流波形及系统的运行情况。

（2）异步调制实验

1）分别设定载波频率 f_0 为 500Hz 和 4kHz，观察、记录、比较 f_1 = 50Hz 时的正弦波、三角载波及合成的 SPWM 波形。

2）观察、记录这种设定条件下电动机空载及额定负载下的线电压、线电流波形及系统的运行情况。

3）设置运行频率 f_1 = 5Hz，选择第 2 条 U/f 曲线，观察、记录在不同载波频率 f_0 = 0.5～7.5kHz 时的电动机线电压、线电流波形及系统的运行情况，特别注意系统运行时的噪声和平稳情况。

（3）混合调制实验

1）设置加速时间为 10s，观察加速过程中 SPWM 波和电动机线电压、线电流波形的变化情况。

2）观察不同加速时间设置参数下，电动机起动情况。

6. 实验报告

1）根据实验记录画出不同调制方式下正弦调制波、三角载波及形成的 SPWM 波形。

2）根据实验记录画出不同调制方式下电动机空载、额定负载时三相 SPWM 波形及相应的电动机线电压、线电流波形。

3）分析讨论不同 U/f 曲线对电动机低频运行时的电压补偿情况及对系统运行性能的影响。

7. 注意事项

1）观察记录各处波形时注意观测点的参考地的选择，注意微机系统地（▽）和变频器主电路功率地（⊥）的区分。

2）如运行中显示 "OC" 字样，表示变流器过电流保护动作，一般按 "复位" 键可消除故障继续运行；如按 "复位" 键后运行又出现过电流故障，则应关机检查。

3）出现严重故障时应先按 "复位" 键，以取消功率开关器件上的触发信号并使开关器件关断，然后关功率电源，以确保故障不扩大。

4）注意控制电源和功率电源的开关顺序，应先开控制电源（主控制屏上的），后开功率电源（挂箱上的）；先关功率电源，后关控制电源。

5）注意功率电源的熔丝（挂箱内）电流值（1.5A）不可随意放大。

实验机组铭牌参数见表 6-7。

表 6-7　实验机组铭牌参数

名称＼参数	P_N/W	U_N/V	I_N/A	$n_N/(r/min)$
直流发电机	100	220	0.5	1600
直流电动机	185	220	1.16	1600
三相笼型异步电动机	100	220(△)	0.48	1420
三相绕线转子异步电动机	100	220(丫)	0.5	1420

6.3　交流调速系统的实例分析

6.3.1　异步电动机调压调速系统实例

下面介绍成套产品 KJF 系列双向晶闸管调压调速装置。

1. 主要技术指标

1）控制对象：三相异步电动机、交流输入三相 50Hz，进线电压 380V。

2）装置功率：小于 40kW。

3）调速范围：5∶1 左右，对力矩电动机可达 10∶1。

4）稳态精度：静态误差不大于 2.5% ~5.5%。

5）控制电压：0~8V。

6）交流输出：交流三相电压连续可调。

该调压装置既能对异步电动机实现无级平滑调速，也能作为工业加热、灯光控制用的交流调压器。

2. 系统原理图

KJF 系列双向晶闸管调压调速系统如图 6-53 所示。

（1）主电路

本系统采用三只双向晶闸管，它具有体积小，控制极接线简单的优点。A、B、C 为交流输入端。A_3、B_3、C_3 为输出端——接电动机定子绕组。为了保护晶闸管，在晶闸管两端接有阻容吸收装置和压敏电阻。

（2）控制电路

速度给定电位器 RP_1 所给出的电压经运算放大器 3A 组成的速度调节器送入移相触发电路。3A 还可得到来自测速发电机的转速反馈信号或来自受电器端电压的电压反馈信号，以构成闭环系统。

（3）移相触发器

双向晶闸管有四种触发方式，本系统中采用"Ⅰ"和"Ⅲ"方式，即要求在主电路电

图 6-53　KJF 系列双向晶闸管调压调速系统

压正、负半波时都给出一个负脉冲，因为负脉冲触发所需要的门极电压和电流较小，可保证可靠触发。T_s 是同步变压器，为保证晶闸管在正、负半波电压时都能被触发，且又有足够的移相范围，所以 T_s 采用 Yd11（△/Y −11）联结。

移相触发器电路采用锯齿波同步方式，可产生双脉冲并有强触发脉冲电源（+40V）经 X_{31} 送到脉冲变压器的一次侧。

6.3.2　异步电动机串级调速系统实例

1. 单片机控制的串级调速系统实例

图 6-54 所示为一种用单片机控制的串级调速系统，该系统由主电路、8031 单片机及接口电路等部分组成。其中，主电路与前面介绍过的串级调速系统主电路完全相同。

下面主要介绍单片机和接口电路的组成及其工作原理。

在图 6-54 中，系统所用的单片机是 MCS-51 系列中的 8031，并扩展了 8155 I/O 接口、2716 程序存储器。8031 单片机中的 P_0 口及 P_2 口用于片外扩展的程序存储器及 I/O 口的数据/地址总线。P_1 口用来接收故障检测输入信号。$P_{3.4}$、$P_{3.5}$ 与升、降速按钮 SB1、SB2 相接。8031 内设转速计数器，在运行中查询 $P_{3.4}$、$P_{3.5}$，得到触发器移相控制电压，再配合程序软件实现升、降速。

微机数字触发器的同步信号则是来自电源相电压 U_{WN}，经变压器 T_1 降压、二极管整流及光耦合器耦合之后，送给 8031 单片机的外部中断源 $\overline{INT_0}$，使每周期 U_{CN} 为零时产生一次外部中断，作为同步信号。8031 单片机每周期发 6 对触发脉冲，经过 8155 的 PA 口、7406 驱动器、4N25 光耦合器、脉冲变压器 TI 等隔离及功率放大后，作为逆变桥晶闸管的触发脉冲。

图 6-54 单片机控制的串级调速系统

图 6-54 的系统可对晶闸管不导通、三相电源严重不对称或同步信号丢失这三种故障状态进行检测。每当发出触发脉冲后，要检测相应的晶闸管是否已正常导通。即从晶闸管阳、阴极两端取出信号，此信号经光耦合器耦合、施密特触发器整形后送给 8031 单片机的 P_1 口。若晶闸管导通，则管压降很小，施密特触发器输出为低电平；若晶闸管未导通，则施密特触发器输出为高电平。因此，在触发脉冲发出后，检测 P_1 口的状态，可以检测出晶闸管导通与否。

为了检测三相电源是否严重不对称，将三相电源通过三个数值相同的电阻接成星形。三相电源电压对称时，中心点电压 $U_{NN'} = 0$，两个电压比较器 LM339 的输出均为低电平，外部中断源 $\overline{INT_1}$ 为高电平。当三相电源电压严重不对称时，$U_{NN'} \neq 0$，于是光耦合器有输出，电压比较器输出翻转，使 $\overline{INT_1} = 0$，8031 单片机收到电源严重不对称信号。

为了检测同步信号是否丢失，可在 8031 单片机内设置一脉冲计数器。每当接收到同步信号后，发一个触发脉冲，计数器就加 1。由于在同步信号的一个周期之内只能发 6 个触发脉冲，因此，若计数器的计数值小于 6，则说明同步信号丢失。

当 8031 单片机一旦检测出晶闸管未导通，或三相电源严重不对称，或同步信号丢失的故障时，一方面 8031 单片机由程序软件将逆变角 β 推至最小逆变角 β_{min}，限制主电路电流；另一方面，由 8155 的 PA 口、7406 驱动器、4N25 光耦合器等输出保护信号，使继电器 K（图中未画出）通电动作，由该继电器触点控制有关接触器的通、断电，实现系统主电路从串级调速运行状态到绕线转子异步电动机固有特性运行状态的切换。

图 6-54 所示系统的显示电路可实现对给定转速及故障的显示。其中，用 8155 的 PB 口、14513 译码、驱动器及 LED 显示器实现字形的显示，用 8155 的 PC 口及 7406 驱动器控制 4 位 LED 显示器中每一位输出。

2. PLC 在晶闸管串级调速系统电气改造中的应用

某单位原选用上海电器成套厂 TJCI—80/220—521 型晶闸管串级调速系统实现水泵调速供水，其电动机为 40kW。该装置已运行多年，由分立元器件构成的控制电路性能较差，继电操作电路故障不断；另外，开环控制供水质量较差。为此，决定利用 PLC 对原水泵控制系统进行电气改造。具体方案是采用串级调速压力转速双闭环控制系统对输水管进行恒压控制。水泵串级调速压力转速双闭环控制系统原理框图如图 6-55 所示。

图 6-55　水泵串级调速压力转速双闭环控制系统原理框图

本系统是以转速为内环参量，压力为外环参量的双闭环控制系统，压力控制采用泵出口压力控制方式。当用户用水量增加时，管内水压下降，压力反馈电压减小，通过控制系统的自动调节，调速泵的电动机加速，供水管道水压提高，维持输水管路要求的供水压力。

（1）PLC 构成的双闭环串级调速系统

本系统是由带有模拟量 I/O 模块及具有数据运算功能的 FX2 系列 PLC 组成的压力转速双闭环控制系统，原理框图如图 6-56 所示。

图 6-56　PLC 组成的压力转速双闭环控制系统原理框图

数字压力给定、压力调节器 YT 及转速调节器 ASR 的控制规律均由 PLC 实现。为省去模拟量输入单元，压力反馈和转速反馈采用电压 – 频率变换器（U/f）将反馈电压转换成频率信号，从 PLC 的高速计数端输入 PLC；ASR 的数字量输出经模拟量输出单元转换成模拟信号送给由集成触发器构成的触发电路去控制串调系统的逆变器。

1）部分控制环节的 PLC 实现。

①压力给定环节。该环节主要是为了设定管路压力。供水系统一般要求该压力为恒值，故压力给定信号为恒值给定。为了避免系统受到冲击，此处采用斜坡信号实现软起动。利用 FX2 系列 PLC 的功能指令——倾斜指令 RAMP FNC67 能方便地实现这一功能。

②压力反馈与转速反馈环节。在水泵压力闭环控制系统中，压力反馈信号是通过压力传感器将管路压力转换成电压而获得，转速反馈信号是用测速发电机将转速转换成电压而得到。以转速检测为例，为节省 PLC 输入单元，可采用电压 – 频率变换器（U/f），将转速反馈电压转换成脉冲频率信号输入 PLC，通过计数器定时计数，即可检测电动机转速和反馈电压。

根据工程实际情况，转速环的采样周期一般取 10ms，可使用 10ms 定时计数方法来测量转速。在 FX2 系列 PLC 中，设有"速度检测"功能指令 SPD FNC56，它可测出 10ms 内的脉冲数，并将其送给数据寄存器用于转速控制。

2）PLC 串级调速压力转速双闭环控制系统的软件结构。用 PLC 控制串级调速闭环压力控制系统，要求在一定的时间内完成采样、数据处理、控制算法的计算和实时控制（转速环每 10ms 采样、处理和控制一次；压力环每 6s 采样、控制一次）。为此，把压力环和转速环的控制看成是两个用户程序，分别用 10ms 和 6s 的定时中断来激活。同时，由于速度环的响应比压力环快，因而把速度环设置为优于压力环的中断优先级。速度环和压力环用户程序是并行的两个中断处理程序，整个程序是在时钟中断调度下的一个多道子程序并行系统。

系统程序由主程序、速度环中断处理子程序和压力环中断处理子程序组成，结构如图 6-57 所示。主程序中"初始化"主要是在执行功能程序前，对有关数据单元、计数器、定时器等送数或清零，在没有中断处理时，PLC 的 CPU 反复执行故障自诊断及越限报警子程序。速度环中断处理主要完成 PI 运算，经 PI 控制算法计算获得控制量，再经限幅处理得移相控制电压数字量。压力环中断处理也是完成 PI 运算，且中断处理期间允许速度环中断进入，所以现场保护后应开中断。FX2 系列 PLC 具有中断处理功能，由于上述中断响应速度要求不高，完全可由 PLC 来实现。

图 6-57　系统程序结构

（2）用 PLC 实现串级调速系统的继电操作功能

串级调速系统有严格的操作顺序。这部分功能在原设备上由一套继电接触器控制系统来完成，由于长期运行故障较多，为此可利用 PLC 强大的逻辑控制能力，实现对原继电接触器控制系统的改造。

1）串级调速系统主电路的组成。TJC1 型串级调速装置是上海电器成套厂生产的晶闸管开环串级调速系统，其主电路如图 6-58 所示（图中只画出了有关元器件，并沿用了原图样的旧符号），图中，GLJ 与 GYJ 为直流回路的过电流与过电压保护继电器。

2）用 PLC 实现串级调速系统的继电操作功能。TJC1 型串级调速装置有现成的继电接触器控制电路，用 PLC 实现时只需将其转换成梯形图即可。

①PLC 的输入/输出端子分配。FX2 系列 PLC 的输入端子 X0 ~ X5 为高速计数输入；从 X10 开始分配输入端子；由于模拟量 I/O 输出单元要占用输出端口，故从 Y10 开始分配输出端子，端子具体分配如图 6-59 所示。1XC ~ 5XC 均为大功率接触器，PLC 的输出端子不能直接驱动，故通过中间继电器 1XC′ ~ 5XC′ 再驱动 1XC ~ 5XC，2ZK 作为 PLC 的电源开关，又 1ZJ ~ 6ZJ 用通用辅助继电器 M0 ~ M5 实现；1SJ ~ 3SJ 用定时器 T0 ~ T2 实现（2ZK、1ZJ ~ 6ZJ、1SJ ~ 3SJ 为原继电器控制系统中的元件）。

图 6-58　串级调速系统主电路　　　　　　　图 6-59　PLC 输入/输出端子分配

②梯形图。实现串级调速控制的梯形图如图 6-60 所示。利用梯形图可编制出语句表，由 PLC 完成继电操作功能。

图 6-60　串级调速控制梯形图

习题与思考题

6-1　采用面向控制系统原理框图的建模与仿真方法，对交流调压调速系统自行进行建模与仿真练习，进行系统的参数优化，并探讨系统的调速范围和抗负载扰动能力。

6-2 采用面向控制系统原理框图的建模与仿真方法，对次同步串级调速系统自行进行建模与仿真练习，并探索设置系统的有关参数，确定系统的调速范围，研究系统的抗负载扰动能力。

6-3 试比较逻辑无环流可逆直流调速系统和交 – 交变频调速系统在建模方面的异同点，并探讨用第 3 章介绍的逻辑无环流可逆直流调速电路模型来搭建交 – 交变频器。

6-4 采用面向控制系统原理框图的建模与仿真方法，对本章所介绍的交 – 交变频调速系统自行进行建模与仿真练习，并探讨系统的抗负载扰动能力。

6-5 试分析 SPWM 变频控制信号发生器的建模原理。

第7章 交直流调速系统课程设计

本章主要包括课程设计大纲、课程设计任务书和课程设计资料三个部分。

7.1 课程设计大纲

适用专业：电气工程及其自动化、自动化。

总学时：2~3周。

1. 课程设计的目的

课程设计是本课程教学中极为重要的实践性教学环节，它不但起着提高本课程教学质量、水平和检验学生对课程内容掌握程度的作用，而且还将起到从理论过渡到实践的桥梁作用。因此，必须认真组织，周密布置，积极实施，以期达到下述教学目的：

1）通过课程设计，使学生进一步巩固、深化和扩充在交直流调速及相关课程方面的基本知识、基本理论和基本技能，达到培养学生独立思考、分析和解决实际问题的能力。

2）通过课程设计，让学生独立完成一项直流或交流调速系统课题的基本设计工作，达到培养学生综合应用所学知识和实际查阅相关设计资料能力的目的。

3）通过课程设计，使学生熟悉设计过程，了解设计步骤，掌握设计内容，达到培养学生工程绘图和编写设计说明书能力的目的，为学生今后从事相关方面的实际工作打下良好基础。

2. 课程设计的要求

1）根据设计课题的技术指标和给定条件，在教师指导下，能够独立而正确地进行方案论证和设计计算，要求概念清楚、方案合理、方法正确、步骤完整。

2）要求掌握交直流调速系统的设计内容、方法和步骤。

3）要求会查阅有关参考资料和手册等。

4）要求学会选择有关元器件和参数。

5）要求学会绘制有关电气系统图和编制元器件明细表。

6）要求学会编写设计说明书。

3. 课程设计的程序和内容

1）学生分组、布置题目。首先将学生按学习成绩、工作能力和平时表现分成若干小组，每小组成员按优、中、差合理搭配，然后下达课程设计任务书，原则上每小组一个题目。

2）熟悉题目、收集资料。设计开始，每个学生应按教师下达的具体题目，充分了解技术要求，明确设计任务，收集相关资料，包括参考书、手册和图表等，为设计工作做好准备。

3）总体设计。正确选定系统方案，认真画出系统总体结构原理框图。

4）主电路设计。按选定的系统方案，确定系统主电路形式，画出主电路及相关保护、操作电路原理草图，并完成主电路的元器件计算和选择任务。

5）控制电路设计。按规定的技术要求，确定系统闭环结构和调节器形式，画出系统控制电路原理草图，选定、检测元器件和反馈系数，计算调节器参数并选择相关元器件。

6）校核整个系统设计，编制元器件明细表。

7）绘制正规的系统电路原理图，整理编写课程设计说明书。

4. 课程设计说明书的内容

1）题目及技术要求。

2）系统方案和总体结构。

3）系统工作原理简介。

4）具体设计说明，包括主电路和控制电路等。

5）设计评述。

6）元器件明细表。

7）系统电路原理图。

5. 课程设计的成绩考核

教师通过课程设计答辩、审阅课程设计说明书和学生平时课程设计的工作表现评定每个学生的课程设计成绩，一般可分为优秀、良好、中等、及格和不及格五等，也可采用百分制相应记分。

7.2　课程设计任务书

为了便于教师组织课程设计，下面给出一个直流调速系统课程设计参考课题，各校也可根据实际情况自行选题。

1. 设计题目和设计要求

（1）题目名称：十机架连轧机分部传动直流调速系统的设计

在冶金工业中，轧制过程是金属压力加工的一个主要工艺过程，连轧是一种可以提高劳动生产率和轧制质量的先进方法，连轧机则是冶金行业的大型设备。其主要特点是被轧金属同时处于若干机架之中，并沿着同一方向进行轧制，最终形成一定的断面形状。每个机架的上下轧辊共用一台电动机实行集中拖动，不同机架采用不同电动机实行部分传动，各机架轧辊之间的速度实现协调控制。

本课题的十机架连轧机的每个机架对应一套直流调速系统，由此形成十个部分，各部分电动机参数见表 7-1。

表 7-1　十机架连轧机各部分电动机参数

机架序号	电动机型号	P_n/kW	U_n/V	I_n/A	n_n/(r/min)	R_a/Ω	GD_a^2/N·m²	极对数 p
1	Z2—92	67	230	291	1450	0.2	68.60	1
2	Z2—91	48	230	209	1450	0.3	58.02	1
3	Z2—82	35	230	152	1450	0.4	31.36	1
4	Z2—81	26	230	113	1450	0.5	27.44	1
5	Z2—72	19	230	82.55	1450	0.7	11.76	1

（续）

机架序号	电动机型号	P_n/kW	U_n/V	I_n/A	$n_n/(r/min)$	R_a/Ω	$GD_a^2/N \cdot m^2$	极对数 p
6	Z2—71	14	230	61	1450	0.8	9.8	1
7	Z2—62	11	230	47.8	1450	0.9	6.39	1
8	Z2—61	8.5	230	37	1450	1.0	5.49	1
9	Z2—52	6	230	26.1	1450	1.1	3.92	1
10	Z2—51	4.2	230	18.25	1450	1.2	3.43	1

（2）技术数据

1）电枢回路总电阻取 $R = 2R_a$；总飞轮力矩 $GD^2 = 2.5GD_a^2$。

2）其他未尽参数可参阅教材第 2 章 2.3.2 节中"工程设计方法在双闭环直流调速系统中的应用"的"4.设计举例"的有关数据。

3）要求：调速范围 $D = 10$，静差率 $s \leqslant 5\%$；稳态无静差，电流超调量 $\sigma_i\% \leqslant 5\%$，电流脉动系数 $S_i \leqslant 10\%$；起动到额定转速时的转速退饱和超调量 $\sigma_n\% \leqslant 10\%$。

4）要求系统具有过电流、过电压、过载和断相保护。

5）要求触发脉冲有故障封锁能力。

6）要求对拖动系统设置给定积分器。

2. 设计的内容

（1）调速的方案选择

1）直流电动机的选择（根据表 7-1 按小组顺序选择电动机型号）。

2）电动机供电方案的选择（要求通过方案比较后，采用晶闸管三相全控桥变流器供电方案）。

3）系统的结构选择（要求通过方案比较后，采用转速电流双闭环系统结构）。

4）确定直流调速系统的总体结构原理框图。

（2）主电路的计算

1）整流变压器计算：二次电压计算；一、二次电流的计算；容量的计算。

2）晶闸管器件的选择：晶闸管的额定电压、电流计算。

3）晶闸管保护环节的计算：①交流侧过电压保护；②阻容保护、压敏电阻保护计算；③直流侧过电压保护；④晶闸管及整流二极管两端的过电压保护；⑤过电流保护，包括交流侧快速熔断器的选择、与元器件串联的快速熔断的选择、直流侧快速熔断器的选择。

4）平波电抗器计算。

（3）触发电路的选择与校验

触发电路的种类较多，可直接选用，触发电路中元器件参数可参照有关电路进行选用，一般不用重新计算，只需根据主电路选用的晶闸管对脉冲输出级进行校验，输出脉冲功率能满足要求即可。

（4）控制电路设计计算

控制电路设计计算主要包括给定电源和给定环节的设计计算、转速检测环节和电流检测环节的设计与计算、调速系统的静态参数计算（可参考本教材第 1 章有关内容）等。

（5）双闭环直流调速系统的动态设计

系统的动态设计主要设计转速调节器和电流调节器，可参阅本教材第 2 章 2.3.2 节中"工程设计方法在双闭环直流调速系统中的应用"的"4. 设计举例"的有关内容。

3. 系统的计算机仿真

对所设计的系统进行计算机仿真，既可用面向传递函数的 MATLAB 仿真方法，也可用面向电气系统原理框图的 MATLAB 仿真方法，具体方法可参阅本教材第 3 章的有关内容。

4. 设计提交的成果材料

1）设计说明书一份，与课程设计任务书一并装订成册。

2）直流调速系统电气原理总图一份（用 1 号或 2 号图纸绘制）。

3）仿真模型和仿真结果清单。

7.3　课程设计资料

本部分分类辑录了直流调速系统课程设计可能用到的大部分相关资料，可供学生参考。主要包括晶闸管整流电源的工程设计、常用元器件。

7.3.1　晶闸管整流电源的设计指导

晶闸管直流调速系统设计的重要内容是晶闸管整流电源的设计。

晶闸管整流电源的设计包括：确定主电路结构形式、整流变压器、晶闸管器件、电抗器、过电流和过电压保护装置、快速熔断器计算、触发器选择。

1. 整流器主电路结构形式的确定

（1）晶闸管整流器主电路形式

整流器主电路结构形式多种多样，选择时应从电源相数及容量、传动装置的功率、允许电压和电流脉动率等方面考虑。常用的整流器主电路比较见表 7-2。

（2）常用整流电路的计算系数

常用整流电路的计算系数见表 7-3。

2. 整流变压器计算

整流变压器一次侧接交流电网，二次侧连接整流装置。整流变压器的计算内容主要有联结方式、额定电压、额定电流、容量的选择等。

（1）整流变压器的联结方式

晶闸管整流器所用变压器常用联结方式及联结组标号如图 7-1 所示。

（2）整流变压器二次相电压的计算

1）整流变压器的参数计算应考虑的因素。

①最小触发延迟角 $\alpha_{\min}$：一般可逆系统的 $\alpha_{\min}$ 取 30° ~ 35°，不可逆系统的 $\alpha_{\min}$ 取 10° ~ 15°。

②电网电压波动：电网电压允许波动范围为 +5% ~ - 10%，为在电网电压最低时仍能保证最大整流输出电压的要求，通常取电网电压波动系数 $b = 0.9 \sim 1.05$。

③漏抗产生的换相压降 ΔU_{X}。

④晶闸管或整流二极管的正向导通压降 $n\Delta U$。

表 7-2　常用的整流器主电路比较

特点 ＼ 形式	单相半整桥式	单相全控桥式	三相半波	三相全控桥式	双反星形带平衡电抗器	三相半控桥式	双三相桥式带平衡电抗器
变压器利用率	较好 (0.9)	较好 (0.9)	差 (0.74)	好 (0.95)	一般 (0.79)	好 (0.95)	好 (0.97)
直流侧脉动情况	一般 ($m=2$)	一般 ($m=2$)	一般 ($m=3$)	较小 ($m=6$)	较小 ($m=6$)	较小 ($m=6$)	小 ($m=12$)
器件利用率（导通角）	好 (180°)	好 (180°)	较好 (120°)	较好 (120°)	较好 (120°)	较好 (120°)	较好 (120°)
直流磁化	无	无	有	无	无	无	无
波形畸变（畸变因数）	一般 (0.9)	一般 (0.9)	严重 (0.827)	较小 (0.955)	较小 (0.955)	较小 (0.955)	小 (0.985)
应用场合	10kW 以下不可逆	10kW 以下（不可）逆	50kW 以下及电动机励磁	10～200kW 可（逆），应用范围广	低压大电流	10～200kW 不可逆	1000kW 以上可逆，四象限运行

表 7-3　常用整流电路的计算系数

电路形式	换相电抗压降计算系数 K_X	整流电压计算系数 K_{UV}	晶闸管 电压计算系数 K_{UT}	电流计算系数 K_{IT}	二次相电流计算系数 K_{IV}	一次相电流计算系数 K_{IL}	整流变压器 视在功率计算系数 K_{SI}	漏抗计算系数 K_{TL}	漏抗折算系数 K_L	电阻折算系数 K_R
单相半整桥式	0.707	0.9	1.41	0.45	1	1	1.11	1	0	1
单相全整桥式	0.707	0.9	1.41	0.45	1	1	1.11	1	1	1
三相半波	0.866	1.17	2.45	0.367	0.577	0.472	1.35	2.12	1	1
三相半控桥式	0.5	2.34	2.45	0.367	0.816	0.816	1.05	1.22	0	2
三相全控桥式	0.5	2.34	2.45	0.367	0.816	0.816	1.05	1.22	2	2

图 7-1 变压器常用联结方式及联结组标号

2）二次相电压 U_2 的计算。

①对用于电枢电压反馈的调速系统的整流变压器

$$U_2 = \frac{U_N}{K_{UV}\left(b\cos\alpha_{min} - K_X U_{dL}\dfrac{I_{Tmax}}{I_N}\right)} \tag{7-1}$$

式中，U_2 为变压器二次相电压，单位为 V；U_N 为电动机的额定电压，单位为 V；K_{UV} 为整流电压计算系数；b 为电网电压波动系数，一般取 $b = 0.90 \sim 0.95$；α 为晶闸管的触发延迟角；K_X 为换相电抗压降计算系数；U_{dL} 为变压器阻抗电压比，100kVA 以下取 0.05，容量越大，U_{dL} 也越大（最大为 0.1）；I_{Tmax} 为变压器的最大工作电流，它与电动机的最大电流 I_{dmax} 相等，单位为 A；I_N 为电动机（整流变压器二次侧）的额定电流，单位为 A。

②对用于转速反馈的调速系统的整流变压器

$$U_2 = \frac{\left(\dfrac{I_{dmax}}{I_N}\right)I_N R_a + U_N + \left(\dfrac{I_{Tmax}}{I_N} - 1\right)I_N R_a}{K_{UV}\left(b\cos\alpha_{min} - K_X U_{dl}\dfrac{I_{Tmax}}{I_N}\right)} \tag{7-2}$$

式中，R_a 为电动机的电枢电阻，单位为 Ω。

③在要求不高的场合，以上的几种情况可以采用简便计算，即

$$U_2 = (1 \sim 1.2)\frac{U_N}{K_{UV}b} \tag{7-3}$$

④当调速系统采用三相桥式整流电路并带转速负反馈时，一般情况下变压器二次侧采用星形联结，也可按下式估算：

对于不可逆系统

$$U_2 = (0.95 \sim 1.0)U_N/\sqrt{3} \tag{7-4}$$

对于可逆系统

$$U_2 = (1.05 \sim 1.1) U_N / \sqrt{3} \tag{7-5}$$

（3）整流变压器二次相电流的计算

1）二次相电流 I_2 的计算

$$I_2 = K_{IV} I_{dN} \tag{7-6}$$

式中，K_{IV} 为二次相电流计算系数；I_{dN} 为整流器额定直流电流，单位为 A。

当整流器用于电枢供电时，一般取 $I_{dN} = I_N$。在有环流系统中，变压器通常设有两个独立的二次绕组，其二次相电流为

$$I_2 = K_{IV} \left(\frac{1}{\sqrt{2}} J_N + I_R \right) \tag{7-7}$$

式中，I_R 为平均环流，通常 $I_R = (0.05 \sim 0.1) I_N$。

2）一次相电流 I_1 的计算

$$I_1 = \frac{K_{IL} I_N}{K} \tag{7-8}$$

式中，K_{IL} 为一次相电流计算系数；K 为变压器的电压比。

考虑变压器自身的励磁电流时，I_1 应乘以 1.05 左右的系数。

（4）变压器的容量计算

一次容量

$$S_1 = m_1 \frac{K_{IL}}{K_{UV}} U_{d0} I_{dN} \tag{7-9}$$

二次容量

$$S_2 = m_2 \frac{K_{IV}}{K_{UV}} U_{d0} I_{dN} \tag{7-10}$$

平均总容量

$$S = \frac{1}{2} (S_1 + S_2) \tag{7-11}$$

式中，m_1、m_2 分别为变压器一次、二次绕组相数，对于三相全控桥，$m_1 = m_2 = 3$；K_{IL} 为一次相电流计算系数；U_{d0} 为整流器空载电压；K_{IV} 为二次相电流计算系数；K_{UV} 为整流电压计算系数。

3. 整流器件的计算

（1）晶闸管选择

晶闸管的选择主要是计算晶闸管电压、电流值，选择晶闸管的型号规格。

1）额定电压 U_{TN} 选择。额定电压 U_{TN} 选择应考虑下列因素：

①分析电路运行时晶闸管可能承受的最大电压值。

②考虑实际情况，器件应留有裕量。通常可按下式计算，即

$$U_{TN} = (2 \sim 3) U_{TM} \tag{7-12}$$

式中，U_{TM} 为晶闸管可能承受的电压最大值，单位为 V。

当整流器的输入电压和整流器的连接方式确定后，常采用查计算系数表来选择计算，即

$$U_{TN} = (2 \sim 3) K_{UT} U_2 \tag{7-13}$$

式中，K_{UT} 为晶闸管的电压计算系数；U_2 为整流变压器二次相电压。

③按计算值换算出晶闸管的标准电压等级值。

2）额定电流 $I_{T(AV)}$ 选择。晶闸管选择额定电流时，通常考虑选择 $1.5 \sim 2$ 倍的安全裕量。

①通用计算式，即

$$I_{T(AV)} \geq (1.5 \sim 2)\frac{I_T}{1.57} \tag{7-14}$$

式中，I_T 为流过晶闸管的最大电流有效值，单位为 A。

②实际计算中，常常是负载的平均电流已知，整流器连接方式已经确定，即流经晶闸管的最大电流有效值和负载平均电流有固定系数关系。这样通过查对应系数可使计算过程简化。当整流电路电抗足够大且整流电流连续时，可用下述经验公式近似地估算晶闸管额定通态平均电流 $I_{T(AV)}$：

$$I_{T(AV)} \geq (1.5 \sim 2)K_{IT}I_{dmax} \tag{7-15}$$

式中，K_{IT} 为晶闸管电流计算系数；I_{dmax} 为整流器输出最大平均电流，单位为 A，当采用晶闸管作为电枢供电时，取 I_{dmax} 为电动机工作电流的最大值。

整流二极管的计算与选择和晶闸管相同，故可参照相关方法进行。

（2）晶闸管串联、并联使用

1）晶闸管的串联使用。

①晶闸管器件串联时的分压不均匀，要采取均压措施。通常在串联器件上并联阻值相等的电阻 R_j 实现均压，如图 7-2 所示。均压电阻 R_j 值为

$$R_j \geq (0.1 \sim 0.25)U_{TN}/I_{DRM} \tag{7-16}$$

式中，U_{TN} 为晶闸管额定电压；I_{DRM} 为断态重复值电流（漏电流峰值）。

均压电阻的功率为

图 7-2　串联晶闸管的均压电路

$$P_{Rj} \geq K_{Rj}\left(\frac{U_{TM}}{n_s}\right)^2 \frac{1}{R_j} \tag{7-17}$$

式中，U_{TM} 为作用于器件上的正反向峰值电压；n_s 为串联器件数；K_{Rj} 为计算系数，单相为 0.25，三相为 0.45，直流为 1。

②器件两端并联的阻容吸收电路，在晶闸管串联时可以起到动态均压作用，R、C 的选择可以参考表 7-4 的经验数据。

表 7-4　晶闸管串联时动态均压阻容元件经验数据

晶闸管额定电流/A	$1 \sim 5$	$10 \sim 20$	$50 \sim 100$
$C/\mu F$	$0.01 \sim 0.05$	$0.1 \sim 0.25$	$0.25 \sim 0.5$
R/Ω	100	50	20

③串联晶闸管的额定电压计算，即

$$U_{TN} = (2 \sim 3)\frac{K_{UT}U_2}{n_s K_U} \tag{7-18}$$

式中，K_{UT} 为晶闸管的电压计算系数，见表 7-3；U_2 为整流变压器二次相电压，单位为 V；n_s 为每个桥臂上晶闸管的串联数；K_U 为均压系数，一般取 $K_U = 0.8 \sim 0.9$。串联数 n_s 越多且触

发器性能较差时，K_U 值应取小些。

④晶闸管串联后的额定电流选择可参照式（7-14）计算。

2）晶闸管的并联使用。同型号的晶闸管并联使用时应采用均流措施。

①电阻均流法。图 7-3 所示为串联电阻均流电路。由于电阻功耗大，因此电阻均流法只适应小电流的整流电路。

②电抗均流法。图 7-4 所示为串联电抗均流电路，其均流原理是利用电抗器上感应电动势的作用，使管子的电压分配发生变化，原来电流大的管子管压降降下来，电流分配小的管子管压降升上去。这样以迫使并联管中电流分配基本一致。

图 7-3　串联电阻均流电路　　　　图 7-4　串联电抗均流电路

③并联晶闸管的额定电流计算

$$I_{T(AV)} \geq (1.5 \sim 2) \frac{K_{IT} U_{dmax}}{n_p K_I} \tag{7-19}$$

式中，K_{IT} 为晶闸管电流计算系数；U_{dmax} 为最大整流电流，单位为 A；n_p 为每个桥臂上晶闸管的并联数；K_I 为均流系数，一般取 $K_I = 0.8 \sim 0.9$。

根据上述计算可选择合适的整流器件。

4. 平波和均衡电抗器选择

（1）平波和均衡电抗器在主电路中的作用及布置

为限制晶闸管整流电流的脉动、保持电流连续，常在整流器的直流输出侧接入平波电抗器。

有环流可逆系统中，常在环流通路中串入均衡电抗器，将环流限制在一定的数值内。电抗器在回路中的位置不同，其作用不同。对于不可逆系统，在电动机电枢端串联一个平波电抗器，可使得电动机负载得到平滑的直流电流，若取合适的电感量，则不但能使电动机在正常工作范围内不出现电流断续，还能抑制短路电流上升率。连接方式如图 7-5 所示。

图 7-5　电抗器连接方式之一

对于有环流系统，一般有两种安排方式：

1）限制环流用的环流电抗器和平波电抗器合并在一起。这时只用两只电抗器，分别放在每组变流器的输出端，电抗器既起抑制环流作用，又起平波作用，如图 7-6 所示。

2）环流电抗器和平波电抗器分开设置。在电枢端专门设置一个平波电抗器，然后在两组变流器的环流电路中分别设置环流电抗器，如图 7-7 所示。

图 7-6 电抗器连接方式之二　　　　　图 7-7 电抗器连接方式之三

（2）平波和均衡电抗器选择

电抗器的主要参数有额定电抗、额定电流、额定电压降及结构形式等。

计算各种整流电路中平波电抗器和均衡电抗器电感值时，应根据电抗器在电路中的作用进行选择计算。例如，①从减小电流脉动出发选择电抗器；②从保持电流连续出发选择电抗器；③从限制环流出发选择电抗器。此外，还应考虑限制短路电流上升率等。

由于一个整流电路中，通常包含有电动机电枢电抗、变压器漏抗和外接电抗器的电抗三个部分，因此，首先应求出电动机电枢（或励磁绕组）及整流变压器的漏感，再求出需要外接电抗器的电感值。

1）电动机的电感。电动机的电感 L_D（mH）可按下式计算：

$$L_D = K_D \frac{U_N}{2pn_N I_N} \times 10^3 \tag{7-20}$$

式中，U_N 为直流电动机的额定电压，单位为 V；I_N 为直流电动机额定电流，单位为 A；n_N 为直流电动机额定转速，单位为 r/min；p 为直流电动机磁极对数；K_D 为计算系数，一般无补偿电动机取 8～12，快速无补偿电动机取 6～8，有补偿电动机取 5～6。

2）整流变压器的漏感。整流变压器折算到二次侧的每相漏感 L_T（mH）可按下式计算：

$$L_T = K_T U_{dL} \frac{U_2}{I_N} \tag{7-21}$$

式中，K_T 为计算系数，三相全桥取 3.9，三相半波取 6.75；U_{dL} 为整流变压器阻抗电压百分比，一般取 0.05～1.0；U_2 为整流变压器二次相电压，单位为 V；I_N 为直流电动机额定电流，单位为 A。

3）保证电流连续所需电抗器的电感值。使输出电流在最小负载电流时仍能连续所需的临界电感值 L_1（mH）可用下式计算：

$$L_1 = K_1 \frac{U_2}{I_{dmin}} \tag{7-22}$$

式中，K_1 为临界计算系数，单相全控桥为 2.87，三相半波为 1.46，三相全控桥为 0.693；U_2 为整流变压器二次相电压，单位为 V；I_{dmin} 为电动机最小工作电流，单位为 A，一般取电动机额定电流的 5%～10%。

实际串联的电抗器的电感值 L_P（mH）为

$$L_P = L_1 - (L_D + NL_T) \tag{7-23}$$

式中，N 为系数，在三相桥路中取 2，其余取 1。

4）限制电流脉动所需电抗器的电感值。晶闸管整流装置的输出脉动电流可以看成是由一个恒定直流分量和一个交流分量组成的。通常负载需要的是直流分量，因此，应在直流侧串联平波电抗器以限制输出电流的脉动量。将输出电流的脉动量限制在要求的范围内所需要的最小电感量 L_2（mH）可按下式计算：

$$L_2 = K_2 \frac{U_2}{S_i I_{dmin}} \tag{7-24}$$

式中，K_2 为临界计算系数，单相全控桥为 4.5，三相半波为 2.25，三相全控桥为 1.045；S_i 为电流最大允许脉动系数，通常单相电路 $S_i \leqslant 20\%$，三相电路 $S_i \leqslant 5\% \sim 10\%$；$U_2$ 为整流变压器二次相电压，单位为 V；I_{dmin} 为电动机最小工作电流，单位为 A，取电动机额定电流的 $5\% \sim 10\%$。

实际串接的电抗器 L_P（mH）的电感值为

$$L_P = L_2 - (L_D + N L_T) \tag{7-25}$$

式中，L_D 为电动机的电感，单位为 mH；L_T 为整流变压器折算到二次侧的每相漏感，单位为 mH；N 为系数，在三相桥路中取 2，其余电路取 1。

5）限制环流所需的电抗器的电感值。限制环流所需的电感值 L_R（mH）的计算公式为

$$L_R = K_R \frac{U_2}{I_R} \tag{7-26}$$

式中，K_R 为计算系数，单相全控桥为 2.87，三相半波为 1.46，三相全控桥为 0.693；I_R 为环流平均值，单位为 A；U_2 为整流变压器二次相电压，单位为 V。

实际所需的均衡电感量为

$$L_{RA} = L_R - L_T \tag{7-27}$$

式中，L_T 为整流变压器折算到二次侧的每相漏感，单位为 mH。

如果均衡电流经过变压器两相绕组，计算 L_{RA} 时，应代入 $2L_T$。

5. 晶闸管的保护

晶闸管是整流装置的核心器件，但它的过载能力较差。所以，对晶闸管必须进行保护。

（1）过电流保护

晶闸管承受过电流的能力比一般电器差得多，必须在极短的时间内把电源断开或把电流值降下来。

常见的过电流保护方案如图 7-8 所示。图中，1 为交流接触器，2 为过电流检测互感器，3 为快速熔断器，4 为桥臂快速熔断器，5 为直流侧快速熔断器，6 为直流侧过电流保护，7 为快速开关。这些方案都有过电流保护作用，具体应用时可以根据实际需要选用方案中的一种或多种。

图 7-8　常见的过电流保护方案

1）快速熔断器保护。快速熔断器有快速熔断的特性，熔断时间小于 20ms，能保证在晶闸管损坏之前自身熔断。

快速熔断器可以安装在交流侧、直流侧或直接与晶闸管串联，如图 7-9 所示。其中，图 7-9a 的接法对交流、直流侧过电流均起作用；图 7-9b 的接法只能在直流侧过载和短路时起作用；图 7-9c 的接法对保护晶闸管最为有效。使用时可根据实际情况选用图 a、b、c 中的一种。

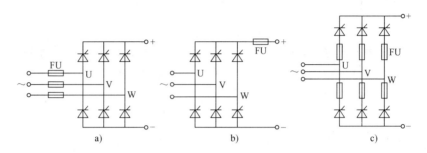

图 7-9　快速熔断器的安装方式
a) 交流、直流侧均保护　b) 保护直流侧　c) 保护晶闸管

快速熔断器的选择主要考虑下述几个方面：

①快速熔断器的额定电压应大于线路正常工作电压的有效值，即

$$U_{\mathrm{FN}} \geqslant \frac{K_{\mathrm{UT}}}{\sqrt{2}} U_2 \tag{7-28}$$

②快速熔断器熔体的额定电流（有效值）I_{FN} 应大于等于被保护晶闸管额定电流。

若熔断器与桥臂晶闸管串联时，熔体的额定电流 I_{FN} 可按下式计算：

$$1.57 I_{\mathrm{T(AV)}} \geqslant I_{\mathrm{FN}} \geqslant I_{\mathrm{TM}} \tag{7-29}$$

式中，$I_{\mathrm{T(AV)}}$ 为被保护晶闸管额定电流，单位为 A；I_{FN} 为快速熔断器熔体的额定电流，单位为 A；I_{TM} 为实际流过晶闸管的最大电流有效值，单位为 A。

由于晶闸管额定电流在选择时已考虑了安全裕量 1.5 ~ 2，因此，通常按下式选择：

$$I_{\mathrm{T(AV)}} = I_{\mathrm{FN}}$$

由于快速熔断器价格较高，一般情况下，总是先让其他过电流保护措施动作，尽量避免直接使快速熔断器熔断。

2）过电流继电器保护。过电流继电器可以安装在交流侧或直流侧，检测主电路的电流。由于过电流继电器和断路器或接触器动作需要几百毫秒，只能用于当机械过载引起的过电流或短路电流不大时保护晶闸管。

3）直流快速开关。直流快速开关常用于大中容量的整流器的直流侧过载和短路保护。快速开关的动作时间为 2 ~ 3ms，分断时间不超过 25 ~ 30ms。选择时，其额定电压、额定电流应不小于变流装置的额定值。

（2）过电压保护

针对形成过电压原因的不同，可采取不同的抑制方法。通常采用的过电压保护方案如图 7-10 所示。

图 7-10　常用的过电压保护方案

图 7-10 中，1 为进户避雷器；2、3、4 为交流阻容吸收；5、9 为硒堆保护；7 为晶闸管阻容吸收；8 为直流侧阻容保护；6、10 为直流侧压敏电阻保护。

1）交流侧过电压保护措施。

①阻容吸收保护。阻容吸收保护电路通常采用电阻 R 和电容 C 的串联支路，并联在变压器的二次侧进行保护，如图 7-11 所示。

图 7-11　交流侧的阻容吸收保护

a）三相二次 D 联结　b）三相二次 Y 联结　c）整流式接法

对于单相回路电容（μF）的估算式为

$$C \geqslant 6I_{em}\frac{S}{U_2^2} \tag{7-30}$$

电容的耐压 $\geqslant 1.5U_m$。

电阻（Ω）的估算式为

$$R \geqslant 2.3\frac{U_2^2}{S}\sqrt{\frac{U_{dL}}{I_{em}}} \tag{7-31}$$

电阻功率（W）为

$$P_R \geqslant (3\sim4)I_R^2R \tag{7-32}$$

通过电阻的电流（A）为

$$I_R = 2\pi fCU_C^2 \times 10^{-6} \tag{7-33}$$

式中，S 为变压器容量，单位为 kVA；U_2 为变压器二次相电压有效值，单位为 V；I_{em} 为变压器励磁电流百分比，对于 10～100kVA 的变压器，一般为 10%～4%；U_{dL} 为变压器的阻抗电压比，对于 10～100kVA 的变压器，一般为 5%～10%；U_C 为阻容元件两端正常工作时交流电压峰值，单位为 V。

对于三相电路，R、C 的数值可按表 7-5 参数进行换算。

表 7-5　R、C 的参数换算表

变压器联结方式	单相	三相二次 Y 联结		三相二次 D 联结	
RC 装置联结方式	与二次侧并联	Y	D	Y	D
C	C	C	$(1/3)\,C$	$3C$	C
R	R	R	$3R$	$(1/3)\,R$	R

对于大容量晶闸管装置，三相阻容保护器件功率比较大，可以采用图 7-11c 所示的整流式接法。电容 C 的计算公式同式（7-30），R_C、R、P_{RC} 的计算可按下式计算：

$$R_C = \frac{5U_{21}}{I_{21}} \tag{7-34}$$

$$R = \frac{5U_d}{I_d} \tag{7-35}$$

$$P_{RC} \geqslant (2 \sim 3)\frac{(\sqrt{2}U_{21})^2}{R_C} \tag{7-36}$$

式中，U_{21}、I_{21} 分别为变压器二次线电压和线电流；U_d、I_d 分别为整流器输出电压和电流。

在电阻 R 中，过电压时只有瞬时电流，所以电阻 R 的功率不必专门考虑，一般可取 $4 \sim 10W$。

②非线性电阻保护方式。非线性电阻保护主要有硒堆和压敏电阻的过电压保护。

压敏电阻的主要参数如下：

标称电压 U_{1mA}：指漏电流为 1mA 时，压敏电阻上的电压值。

通流量：在规定冲击电流波形（前沿为 $8\mu s$，波形宽为 $20\mu s$）下，允许通过的浪涌峰值电流。

残压：压敏电阻通过浪涌电流时在其两端的电压降。

压敏电阻标称电压 U_{1mA} 的选择为

$$U_{1mA} = 1.3\sqrt{2}U \tag{7-37}$$

式中，U 为压敏电阻两端正常工作电压有效值，单位为 V。

通流量应按大于实际可能产生的浪涌电流选择，一般取 5kA 以上。

2）直流侧过电压保护措施。直流侧过电压保护一般用压敏电阻作过电压保护。

压敏电阻标称电压 U_{1mA} 按下式选择：

$$U_{1mA} \geqslant (1.8 \sim 2)U_{DC} \tag{7-38}$$

式中，U_{DC} 为正常工作时加在压敏电阻两端的直流电压，单位为 V。

流通量和残压的选择同交流侧方法。

3）晶闸管换相过电压保护措施。为了抑制晶闸管的关断过电压，通常采用在晶闸管两端并联阻容保护电路的方法，如图 7-12 所示。阻容保护的元件参数可以根据表 7-6 列出的经验数据选定。

图 7-12　换相过电压保护

表7-6　阻容保护的元件参数

参数	数据						
晶闸管额定电流/A	10	20	50	100	200	500	100
电容/μF	0.1	0.15	0.2	0.25	0.5	1	2
电阻/Ω	100	80	40	20	10	5	2

电容耐压值，通常按加在晶闸管两端工作电压峰值 U_m 的 1.1 ~ 1.5 倍计算。

电阻功率 $P_R(\mathrm{W})$ 为

$$P_R = fCU_m^2 \times 10^{-6} \tag{7-39}$$

式中，f 为电源频率，单位为 Hz；C 为电容值，单位为 μF；U_m 为晶闸管两端工作电压峰值，单位为 V。

（3）电压上升率 du/dt 与电流上升率 di/dt 的限制

限制电压上升率 du/dt 及电流上升率 di/dt 的方法如下：

1）交流进线电抗器限制措施。交流进线电抗器电感量 L_B 的计算公式为

$$L_B = \frac{0.04 U_2}{2\pi f \times 0.816 I_{dN}} \tag{7-40}$$

式中，I_{dN} 为变流器输出额定电流，单位为 A；f 为电源频率，单位为 Hz；U_2 为变压器二次相电压，单位为 V。

2）在桥臂上串联空心电感。电感值取 20 ~ 30μH 为宜。

3）在功率较大或频率较高的逆变电路中，在桥臂导线上套铁淦氧磁环。

6. 触发装置的选择

（1）移相触发器的主要技术指标

移相触发器的主要技术指标有同步信号类型（正弦波和锯齿波）、同步信号幅值、移相范围、脉冲幅值、脉冲宽度等。

（2）常用触发电路的对比

触发电路的种类很多，表7-7 列出了几种常用触发电路类型、优点、缺点和适应范围对比，以便选用。

表7-7　常用触发电路对比

类型	优点	缺点	适应范围
单结晶体管触发电路	结构简单，成本低，触发脉冲前沿陡，工作可靠，抗干扰能力强，易于调试	脉冲宽度窄，输出功率小，控制线性度差，移相范围小于 180°。电路参数差异大，在多相电路中使用不易一致	不附加放大环节，可触发 50A 以下的晶闸管，常用于要求不高的小功率单相或三相半波电路中，但在大电感负载中不宜采用
正弦波同步触发电路	电路简单，易于调整，能输出宽脉冲，输出电压 U_d 与控制电压 U_{ct} 为线性关系，能部分地补偿电网电压波动对输出电压 U_d 的影响。在引入正反馈时，脉冲前沿陡度可提高	受电网电压的波动及干扰影响大，实际移相范围只有 150° 左右	可用于功率较大的晶闸管装置中，电网波动较大的场所不适用

（续）

类型	优点	缺点	适应范围
锯齿波同步触发电路	不受电网电压波动与波形畸变的直接影响，抗干扰能力强，移相范围宽。具有强触发、双脉冲和脉冲封锁等环节，可触发 200A 以上的晶闸管	输出电压 U_d 与控制电压 U_{ct} 近似呈线性关系，电路比较复杂	在大中容量晶闸管装置中得到广泛的应用
集成触发电路	体积小，功耗低，调试方便，性能稳定可靠	移相范围小于180°，为保证触发脉冲对称度，要求交流电网波形畸变率小于5%	广泛应用于各种晶闸管装置中
数字式触发电路	控制灵活，触发准确，精度高	电路复杂，脉冲输出同其他电路	用于要求较高的场合，广泛使用

7.3.2　常用元器件资料

1. 电阻

（1）电阻的分类

碳膜电阻——表面一般涂有绿色保护漆，温度系数小，价格低。

金属膜电阻——表面一般涂有红色或棕红色保护漆，稳定性和精密度高，温度系数小，体积小，耐热性好，价格比碳膜电阻稍贵。

金属氧化膜电阻——具有金属膜电阻的特性，成本低，耐热性更好，适用于高温。

线绕电阻——稳定性高，耐热性好，可以制成功率更大的电阻。

（2）电阻标称值系列与容许误差等级

电阻标称值与容许误差见表7-8。实际生产的电阻系列为表列值 $\times 10^n$，n 为整数。

表 7-8　电阻标称值与容许误差

容许误差（等级）	系列代号	系　列　值
±5%（Ⅰ）	E24	1.0　1.1　1.2　1.3　1.5　1.6　1.8　2.0　2.2 2.4　2.7　3.0　3.3　3.6　3.9　4.3　4.7　5.1 5.6　6.2　6.8　7.5　8.2　9.1
±10%（Ⅱ）	E12	1.0　1.2　1.5　1.8　2.2　2.7　3.3　3.9　4.7 5.6　6.8　8.2
±20%（Ⅲ）	E6	1.0　1.5　2.2　3.3　4.7　6.8

（3）电阻的额定功率系列

电阻的额定功率系列的单位为 W。

$\dfrac{1}{16}$、$\dfrac{1}{8}$、$\dfrac{1}{4}$、$\dfrac{1}{2}$、1、2、4、5、8、10、16、25、40、50、75、100、150、…

（4）电阻选用说明

一般低压控制电路可选用金属膜电阻，其额定功率应取为实耗功率的 2 倍以上；阻容过电压保护电路应选线绕电阻，既便于安装，又能得到相应的大功率。

2. 电容

（1）电容分类及标称容量系列

电容类别及标称容量系列见表 7-9。

表 7-9　电容类别及标称容量系列

电容类别	允许误差	容量范围	标称容量系列
（金属化）纸介电容、纸膜复合介质电容、低频（有极性）有机薄膜介质电容	±5%	10pF~1μF	1.0　1.5　2.2　3.3　4.7　6.8
	±10% ±20%	1~100μF	1　2　4　6　8　10　15 20　30　50　60　80　100
高频（无极性）有机薄膜介质电容、瓷介质电容、玻璃轴电容、云母电容	±5%	1~10μF	1.0　1.1　1.2　1.3　1.5　1.6 1.8　2.0　2.2　2.4　2.7　3.0 3.3　3.6　3.9　4.3　4.7　5.1 5.6　6.2　6.8　7.5　8.2　9.1
	±10%	1~10μF	1.0　1.2　1.5　1.8　2.2　2.7 3.3　3.9　4.7　5.6　6.8　8.2
	±20%	1~10μF	1.0　1.5　2.2　3.3　4.7　6.8
铝、钽、铌、钛电解电容	±10% ±20% ±30% ±40%	1~10μF	1.0　1.5　2.2　3.3　4.7　6.8

（2）电容的耐压

常用电容的额定直流工作电压（单位为 V），系列有

1.6、6.3、10、16、25、32、40、50、63、100、160、250、300、400、450、500、630、1000、…

（3）电容的选用说明

直流电源滤波多用有极性的电解电容；控制电路多用无极性电容；阻容保护电路多用（金属化）纸介电容。

3. 二极管

二极管是单向导电的半导体器件，必须依据使用场合和性能要求来正确选用，且应注意其最大反向电压和正向电流不能超过额定值。在直流拖动系统中，通常需用下列几类二极管。

（1）整流二极管

整流二极管一般用于直流电源或单向电路，可选用国产 2CZ52 ~ 2CZ57 二极管，或选用进口 1N4001 ~ 1N4007，其主要电参数列于表 7-10 中。

表 7-10　整流二极管的主要电参数

型　　号	最高反压/V	整流电流/A	型　　号	最高反压/V	整流电流/A
2CZ52（A、B、C）	25、50、100	0.10	1N4001	50	1.0
2CZ53（A、B、C）	25、50、100	0.30	1N4002	100	1.0
2CZ54（A、B、C）	25、50、100	0.50	1N4003	200	1.0
2CZ55（A、B、C）	25、50、100	1.0	1N4004	400	1.0
2CZ56（A、B、C）	25、50、100	3.0	1N4005	600	1.0
2CZ57（A、B、C）	25、50、100	5.0	1N4006	800	1.0
			1N4007	1000	1.0

注：表中所有器件的正向压降均小于或等于 0.5V。

（2）稳压管

稳压管用于需要稳压的电路中，可选用 2CW50～2CW60；2CW100～2CW110 或进口 1N47××系列，其主要电参数列于表 7-11 中。

表 7-11　稳压管的主要电参数

型　　号	稳定电压/V	最大工作电流/mA	正向压降/V	最大功耗/W
2CW50（100）	1～2.8	83（330）	≤1.0	0.25（1.0）
2CW51（101）	2.5～3.5	71（280）	≤1.0	0.25（1.0）
2CW52（102）	3.2～4.5	55（220）	≤1.0	0.25（1.0）
2CW53（103）	4.0～5.8	41（165）	≤1.0	0.25（1.0）
2CW54（104）	5.5～6.5	38（150）	≤1.0	0.25（1.0）
2CW55（105）	6.2～7.5	33（130）	≤1.0	0.25（1.0）
2CW56（106）	7.0～8.8	27（110）	≤1.0	0.25（1.0）
2CW57（107）	8.5～9.5	26（100）	≤1.0	0.25（1.0）
2CW58（108）	9.2～10.5	23（95）	≤1.0	0.25（1.0）
2CW59（109）	10～11.8	20（83）	≤1.0	0.25（1.0）
2CW60（110）	11.5～12.5	19（76）	≤1.0	0.25（1.0）

（3）开关二极管或快速二极管

一般用于脉冲电路和开关电路，可选用国产 2AK1～2AK20、2CK42～2CK86，或进口 FR103～FR107，其主要电参数列于表 7-12 中。

表 7-12　开关二极管的主要电参数

型　　号	正向压降/V	正向电流/mA	最高反向电压/V
2CK70（A、B、C、D、E）	≤0.8	≥10	20、30、40、50、60
2CK72（A、B、C、D、E）	≤0.8	≥30	20、30、40、50、60
2CK73（A、B、C、D）	≤1.0	≥50	20、30、40、50
2CK74（A、B、C、D）	≤1.0	≥100	20、30、40、50

（续）

型　　号	正向压降/V	正向电流/mA	最高反向电压/V
2CK75（A、B、C、D、E）	≤1.0	≥150	20、30、40、50
2CK78（A、B、C、D、E）	≤1.0	≥270	20、30、40、50
1N4148	≤1.0	≥10	20
FR103～FR107	≤1.0	1000	200、400、600、800、1000

4. 晶体管

晶体管是一种电流控制的半导体器件，依其用途可分为放大管和开关管；依其频率可分为低频管和高频管；依其结构和导电极性可分为 NPN 型管和 PNP 型管。晶体管的主要参数包括电流放大倍数 h_{Fe} 和三个极限参数（即集电极最大允许电流 I_{cm}、集电极—发射极击穿电压 BU_{CEO}、集电极最大允许耗散功率 P_{CM}）等。选用时必须注意用途、频率和管型适当，并要保证放大倍数足够大且极限参数不被超出。

在直流调速系统中，主要用到中、低频放大管和开关管。若干常用晶体管的主要电参数列于表 7-13 中，供参考。

表 7-13　晶体管的主要电参数

型　　号	极限电流 I_{CM}/mA	击穿电压 BU_{CEO}/V	最大功耗 P_{CM}/mW	放大倍数 h_{Fe}	管型	用　　途
3DG（101、102、6）	20	>20	100	25～270	NPN	触发电路前级
3CG（112、131、21）	50	>20	300	25～270	PNP	触发电路恒流源
3DK4（A～C）	800	>20	700	20～150	NPN	触发电路末级和电子保护（BU406 管用于大容量系统）
3DK9（A～J）	800	>25	700	20～300	NPN	
3DK104（A～D）	400	>45	700	25～180	NPN	
2SC1008	800	>70	700	>150	NPN	
BU406	7000	>400	60W	>20	NPN	

5. 场效应晶体管

场效应晶体管是一种电压控制的三极半导体器件，其主要参数包括夹断电压 U_P（耗尽型管）或开启电压 U_T（增强型管）、饱和漏电流 I_{DSS}、跨导 g_m 和漏源击穿电压 BU_{DS} 等。选用时应注意不要超过管子的额定参数，使用过程中栅源间电压极性不能接反。在直流调速系统中，使用场效应晶体管是为了实现调节器的输出锁零。常用场效应晶体管的主要电参数列于表 7-14 中。

表 7-14　场效应晶体管的主要电参数

型　　号	最大功耗 P_{DM}/mW	夹断电压 U_P/V	跨导 g_m/mA·V^{-1}	饱和漏电流 I_{DSS}/mA	漏源击穿电压 BU_{DS}/V
3DJ6（G、H）	100	<｜-9｜	>1000	15	20
3DJ7（I、J）	100	<｜-9｜	>3000	10	20

6. 晶闸管

普通晶闸管是广泛用于中、大功率调速系统中的可控整流半导体器件，它有功率大、导电角度可控的特殊优点，也有过电流过电压容易损坏、性能比较脆弱的明显缺陷。因此，选用时必须对参数留有足够裕量，并在使用过程中加以充分保护。现将本课程设计可能用到的晶闸管的主要电参数列于表 7-15 中，以供参考。

表 7-15　晶闸管的主要电参数

型　号	额定电流/A	额定电压/V	触发电流/mA	触发电压/V	峰值功耗/W
KP(3CT)10, 20	10, 20	50 ~ 2000	5 ~ 100	3.5	5
KP(3CT)30, 50	30, 50	50 ~ 2000	8 ~ 150	3.0 ~ 3.5	5
KP(3CT)100	100	50 ~ 3000	8 ~ 250	3 ~ 3.5	5 ~ 10
KP(3CT)200,300	200, 300	50 ~ 3000	10 ~ 250	4	5 ~ 10
KP(3CT)400, 500	400, 500	50 ~ 3000	10 ~ 350	4	5 ~ 10
KP(3CT)600, 800, 1000	600, 800, 1000	100 ~ 3000	30 ~ 450	4 ~ 5	15 ~ 20

7. 压敏电阻

压敏电阻是一种过电压保护元件，它有体积小、重量轻、安装简便和可恢复等优点，因此得到了广泛应用。其主要参数和选用方法前面已述，这里仅将几种常用国产压敏电阻的主要电参数列于表 7-16 中，以供参考。

表 7-16　压敏电阻的主要电参数

型　号	标称电压/V	通流容量/kA	残压比	漏电流/μA
MYL1—1	47 ~ 1000	1	< 3	< 80
MYL1—2	47 ~ 1000	2	< 3	< 80
MYL1—3	47 ~ 1000	3	< 3	< 80
MYL1—5	47 ~ 1000	5	< 3	< 80
MYL1—10	56 ~ 820	10	< 4	< 10
MYL1—15	100 ~ 680	15	< 4	< 10
MYL1—20	330 ~ 660	20	< 4	< 10
MY21	100 ~ 820	0.5 ~ 10	< 1.9	< 30
MY23	100 ~ 1000	0.5 ~ 20	< 1.9	< 30

8. 运算放大器

运算放大器是调速系统中构成调节器的常用线性集成电路，运算放大器的性能好坏对调速系统的控制性能有很大影响。对于高精度系统，必须选用高精度运算放大器。选择运算放大器时，首先必须考虑输入失调电压 U_{io} 和输入失调电流 I_{io} 要尽可能小，以提高系统的调节精度；其次，运算放大器的输入电压峰 – 峰值 U_{ipp} 和输出电压峰 – 峰值 U_{opp} 范围必须满足控制电压的幅度要求；再次，运算放大器的开环放大系数 A_0 与共模抑制比 K_{CMP} 要足够大，以提高灵敏度和抗扰能力；运算放大器的输入电阻 R_i 要大，输出电阻 R_0 要小，以消除负载效应；此外，尽量选用无需外部补偿、接线简单的运算放大器来构成调节器为好。总之，要根据系统的具体要求来选用合适的运算放大器。下面仅将几种常用运算放大器的主要电参数列于表 7-17 中，以供参考。

表 7-17 几种常用运算放大器的主要电参数

型 号	U_{ic}/mV	I_{io}/nA	U_{ipp}/V	U_{opp}/V	A_0	K_{CMR}/dB	$R_i/M\Omega$	R_0/Ω
F741	1	7	±13	±13	25×10^3	90	2	75
F007	2	0.3	±12	±12	94dB	80	1	200
FC72	1	5	±12	±12	120dB	120	1.5	150
F747（双）	1	20	±13	±13	25×10^3	90	6	75
OP07	250μV	8	±13	±13	4×10^5	120	33	60
LM324（四）	2	5	±13	±13	100dB	100	2	100
F148（四）	1	7	±13	±13	25×10^3	90	2	75

参 考 文 献

[1] 史国生. 交直流调速系统 [M]. 2 版. 北京：化学工业出版社，2006.
[2] 周渊深. 交直流调速系统与 MATLAB 仿真 [M]. 北京：中国电力出版社，2007.
[3] 洪乃刚. 电力电子、电机控制系统的建模和仿真 [M]. 北京：机械工业出版社，2010.
[4] 陈伯时. 电力拖动自动控制系统 [M]. 2 版. 北京：机械工业出版社，1997.
[5] 汤天浩. 电力传动控制系统——运动控制系统 [M]. 北京：机械工业出版社，2010.
[6] 丁学文. 电力拖动运动控制系统 [M]. 北京：机械工业出版社，2007.
[7] 潘再平. 电力电子技术与电机控制实验教程 [M]. 杭州：浙江大学出版社，2000.
[8] 周渊深. 异步电动机交/交变频调速系统的建模与仿真 [J]. 微特电机，2002 (5).
[9] 周渊深，宋永英. 电力电子技术 [M]. 2 版. 北京：机械工业出版社，2010.
[10] 李华德，等. 电力拖动自动控制系统 [M]. 北京：机械工业出版社，2009.
[11] 厉无咎，等. 可控硅串级调速系统及其应用 [M]. 上海：上海交通大学出版社，1985.
[12] 周德泽. 电气传动控制系统的设计 [M]. 北京：机械工业出版社，1985.
[13] 陈坚. 交流电机数学模型及调速系统 [M]. 北京：国防工业出版社，1988.
[14] 郭庆鼎. 异步电动机的矢量变换控制原理及应用 [M]. 沈阳：辽宁民族出版社，1988.
[15] 周渊深. PLC 在晶闸管串级调速系统电气改造中的应用 [J]. 电气自动化，2000 (3).
[16] 宋书中. 交流调速系统 [M]. 北京：机械工业出版社，1999.
[17] 廖晓钟. 电气传动与调速系统 [M]. 北京：中国电力出版社，1998.
[18] 陈振翼. 电气传动控制系统 [M]. 北京：中国纺织出版社，1998.
[19] 易继锴，等. 电气传动自动控制原理与设计 [M]. 北京：北京工业大学出版社，1997.
[20] 黄忠霖. 控制系统 MATLAB 计算及仿真 [M]. 北京：国防工业出版社，2001.